U0791336

重 整 心 灵 做 巨 人

超凡成功者的九大心灵重整技巧

心力成功学丛书
XINLICHENGGONGXUE

成功＝心力×（智力＋办事力）

重整心灵做巨人

超凡成功者的九大心灵重整技巧

吴甘霖◎著

世界青年成功学会副会长、超级畅销书**《方法总比问题多》**
作者**吴甘霖**的最新力作

中国首套原创性成功学

被中外100多家媒体誉为"成功学的东方奇葩"

超越西方心理学　超越情商理论

WUHAN UNIVERSITY PRESS
武汉大学出版社

图书在版编目(CIP)数据

重整心灵做巨人:超凡成功者的九大心灵重整技巧/吴甘霖著.—武汉:武汉大学出版社,2008.4
心力成功学丛书
ISBN 978-7-307-06177-4

Ⅰ.重…　Ⅱ.吴…　Ⅲ.成功心理学—通俗读物
Ⅳ.B848.4-49

中国版本图书馆 CIP 数据核字(2008)第 029081 号

责任编辑:郭　静　　责任校对:黄添生　　版式设计:马　佳

出版发行:**武汉大学出版社**　(430072　武昌　珞珈山)
(电子邮件:wdp4@whu.edu.cn 网址:www.wdp.com.cn)
印刷:华中科技大学印刷厂
开本:950×1260　1/32　印张:7.125　字数:119 千字　插页:2
版次:2008 年 4 月第 1 版　　2008 年 4 月第 1 次印刷
ISBN 978-7-307-06177-4/B·207　　定价:22.00 元

目录

CONTONTS

第一章

承担"第二次出生"

1

谁不想取得最大的成功？

谁不想取得生命的最大辉煌？

但是，最大的成功不会自动发生，生命的最大辉煌也不会自动呈现。

因为所有的成功都不可能一朝造就，所有的辉煌都不可能凭空而降。

当我们起点较低的时候，当我们的素养和力量不够的时候，我们往往会觉得辉煌与巨大的成功遥不可及。

但是，我们也看到：有不少人，和我们一样，起点很低，素养也不够，力量也很弱小，但是，他们最终却取得了我们无法想象的成功，创造了我们难以想象的辉煌。

那么，他们是怎样做到的呢？

至关重要的一点，就是首先从心灵上进行

脱胎换骨的改造，彻底进行心灵的重整。

心灵的重整是我们每个人都需要做的功课。因为，要超越过去，就必须经常进行生命重整。而生命的重整，其基本点和最重要的一点，就是心灵的重整。

不要怕我们起点低，不要怕我们力量小，只要你学会了心灵的重整，你就有可能脱胎换骨，就有可能像那些杰出和伟大的人士一样，成为了不起的巨人！

成功人生与“两次出生”

一个真正成功的人必须有两次出生：

一次是来到世界的出生，一次是在回应生活挑战中的再生。

来到世界的出生，对每个人来说都是十分被动的——没有谁被征求意见，没有谁有选择的自由，没有谁知道自己会在什么时候、什么地点出生，没有人知道自己将出生在怎样的家庭，反正就这样来到这个世界上。

不仅如此，在出生后相当一段时期内，人都是被动的。他感受到的痛苦与欢乐，充满力量与无能为力，在相当程度上都是由自己的父母和早年环境决定的。

正因如此，在相当程度上，人们把成功和幸福的原因，归之于外界。

然而，人总有一天，必须去独自面对属于自己的那份人生挑战。不管是你的父母，还是其他关心你的人，都无法在根本上帮助你去面对、承担。

假如你还保持那种依恋和依赖，你的生活就会充满被动和忧伤。生命的出现，是上天赐给你最丰盛的一笔财富，同时也是一个你必须独自去迎接的挑战。

你独生、独死、独来、独往，没有任何外在力量能够真正决定你生命的本质。

于是，人便必须回应生活的挑战，来完成第二次出生。

与第一次出生相比，第二次出生有如下特点：

1. 第一次出生是肉体，第二次出生是心灵。

2. 第一次出生是被动的，第二次出生有其内在的要求。

第二次出生不是他人的要求，而是自己的要求。人往往会在生命到了一定阶段，受到了挫折的时候，突然感觉到要全面、整体地把握生命。

3. 第一次出生由父母决定，第二次出生却是由自己决定。

“生”你的人，不是别人，而是你自己！你要成为自己的父亲和母亲，你必须亲自承担出生的担忧和苦痛。换言之，你必须对自己的“出生”负有全部责任！

其实这并不难理解，我们先看一个事例：

日本松下电器集团的创始人松下幸之助，幼年时家里很穷。

他9岁的时候，就不得不远离家乡和亲人，到一个火盆店工作。

环境陌生而冷酷，他还要承受种种沉重的劳务与责骂，这其中的辛酸与痛苦，难以用语言来表达。

小松下白天强撑着干活，夜里常常哭湿了枕头。

后来，松下实在无法再忍受这种非人的日子，终于离开了那里，进了一家自行车行当伙计，一干就是5年。

自行车行的条件比在火盆店里强不了多少，松下后来回忆说：

“我孩提时，肚子不太好，说起来不好听，经常大便失禁。有时骑自行车外出时，中途肚子发病，想拉大便，无法忍耐，结果边骑车边拉了出来。

因为人矮，骑车时只能从侧面凑合着骑，因而更想拉了。自行车上、裤子上尽是大便，又没能力处理，只好哭哭啼啼地跑去找父亲诉说。”

父亲对孩子的遭遇也深感伤心，但家庭那么困难，他也没有办法，只好经常给小松下打气：

“孩子，你长大后会有出息的。从前的伟人，小时候都在别人家里做工，下苦功夫，后来才成为优秀人才，你不要觉得辛酸委屈，一定要学会忍耐……”

父亲的勉励给了松下力量，与此同时，他深深感到：

要想创造幸福和成功，只有依靠自己！

任何人无法帮助他改变这种命运，任何人也无法代替他经历这种命运，即使是自己的父亲。

于是，他始终咬牙坚持。而痛苦和逆境也给了他极大的磨炼，最终他成为世界闻名的大企业家。

松下的成功，并不是源于他的第一次出生。他的身世甚至在别人看来很卑微，但是他成功了，这样的成功来自他的第二次出生，那种超越自我，奋斗不息的再生。

波图尔特·布莱希特说：“如果你自己不改变，没有人能改变你。”

是的，人只有改变自己才会完成第二次重生，并且让你生得伟大，生得有意义。

大平光代是日本著名的律师，专门帮助不良少年，让他们重新做人。然而，谁也想不到，曾经的大平光代，是一个误入黑道的人。

读初一时，她不小心得罪了班上的“大姐大”，从此全班没有人敢和她讲话，同学们都骂她，在课桌上刻污辱她的字句，甚至将她的学习用品扔进垃圾桶。

善良的她不敢报告老师和父母。第二学期开始，光代突然被一群同学“批斗”，批斗的人群中竟然有光代自认为的知心好友！为此她自杀过，但没有死成。

这一连串的遭遇使她开始逃学，在街上游荡，结识了盗窃、勒索的不良少年，并学会了抽烟，打骂父母亲，捣毁家具。

令人更加难以置信的是，16 岁时，光代成了某黑道组织老大的夫人。她为了争取同道的认同，竟在背上刺了大片刺青。

6 年后，光代离婚并流落风尘，直到她遇到了父亲的好友大平。大平每周约光代恳谈，希望她离开风尘。最终，在大平先生的劝说下，光代决定重新做人。

但光代学历低，求职让她心灰意冷。在大平先生的鼓励下她开始读书，并且一鼓作气在 3 年内通过了不动产中介师考试，并考取代书资格。

但即使这样，光代却还是忘不了以前折磨过她的同学。

大平先生却告诉她：

“爬到人生的顶峰就是对那些人最好的报复。”

这句话让光代一下子豁然开朗，于是她立志参加司法官和律师两考合一的“司法考试”。

就在光代觉得一切都好起来时，传来她父亲得晚期癌症的消息。光代悲痛之余，决心要在父亲余生考上律师执照，以报父恩。

光代创造了奇迹。她在半年内连过三关，通过“司法考试”的一般考、论文考和最终口试，当时她29岁。

她一直不肯抹去背上的刺青，并不是为了追求个性，而是为了能随时提醒自己，对他人伸出援助之手。

大平光代最喜欢的话是成为她养父的大平先生送给她的：

“现在就是出发点。我的将来就从现在开始。”

可以说大平光代的转变过程，就是一个再生的过程。她成功了，她迎来了人生中的春天。

“我的将来从现在开始”，人生也从现在开始，改变自己，摒弃之前让人不满的自己，才会有一个成功的人生。

以己为筏

释迦牟尼是佛教的创始人。在临终时，他的弟子向他请教：

“您逝世后，我们该怎么办？”

释迦牟尼的回答是：

“自以为灯，自以为靠，不要靠别人。”

这句话十分值得我们重视。对许多人来说，佛祖的说法可能大大出乎他们的意料。释迦牟尼是佛教的创始者，在人们的印象中，教主一般只需要接受别人的膜拜就行了。

但是佛教与其他宗教不同，在最早的时候，却是主张“自度”而非“他度”的。至于后来的偶像崇拜，在相当程度上是被异化了。

佛祖的遗言，就是要我们去掉对他人的依赖：

“自以为灯”——自己照亮自己。

“自以为靠”——自己给自己提供依靠。

禅宗经常讲“自悟自度”，重视的都是自我承担、自我负责。

在这里，我们可以得出这样的结论：

人在根本上还是要靠自己；

不把自己的本分尽好，不在根本上靠自己努力，怎么可以获得人生的成功与幸福？

成功不能靠外界的灌输和赐予，在根本上靠的是自己的努力。

成功人生是从“迷”到“悟”的飞跃。

假如把“迷”与“悟”当做一条河的两岸，那么，自我，依旧是把自己从此岸渡向彼岸的工具！

如果要渡到幸福与成功的彼岸，就要学习“以己为筏”：

将自己当做渡人的木筏，不要企图依靠别人来渡你。

这些，不仅对于佛教徒有指导意义，对于许多想通过心灵突破而获得人生突破的人，也同样有很大的启示：

要让心灵的力量从弱到强，根本的着力处还是自己。

英国著名作家肖伯纳曾经说过：

“世界上最能革新的人，都是最先对自己进行革新的人。”

美国石油大亨保罗·盖蒂曾经是个大烟鬼，烟瘾一来，怎么也抵挡不住，没有一根烟叼在口中，他就感觉无法忍受。

有一次，他在一个小城的旅馆过夜，很快进入梦乡。

清晨两点钟，盖蒂醒来，想抽一根烟，不料烟盒是空的，一根烟也没有。

而此时，旅馆的餐厅、酒吧早关门了，唯一得到香烟的办法是到几条街外的火车站去买。

越没烟，烟瘾就越大。盖蒂脱下睡衣，穿好了衣服准备出门，在伸手去拿雨衣时，他突然停住了。

他问自己："我这是在干什么?"

盖蒂站在那儿寻思：

"我是一个所谓的知识分子，而且现在也是相当成功的商人，一个自以为有足够理智对别人下命令的人，为何竟有如此可笑的举动? 竟要在三更半夜离开旅馆，冒着大雨走过几条街，仅仅为了得到一支烟?

难道自己竟然如此懦弱，让一支烟主宰自己? 而自己对这个懦弱的自我，甚至只有屈膝投降吗?"

这一反思，使他的心灵受到巨大震撼。

于是，盖蒂很快下定决心，将空烟盒揉成一团扔进了纸篓，换上睡衣回到了床上，酣然入睡。

不仅如此，在经历过这一事件后，保罗·盖蒂再也没有抽过香烟。他以坚强的意志，战胜了曾经懦弱的自我，不仅事业越做越大，成为世界顶尖富豪之一，而且身体也很好，到了80多岁的高龄，都能通宵加班。

分析这一故事，我们看到，这里讲述了三个盖蒂：

1. 被动的盖蒂：烟瘾一发作就不惜深夜里到几条街外去买烟。

2. 主动的盖蒂：能够控制烟瘾。

3. 超级主动的盖蒂：也就是能够促使被动的盖蒂

变化为主动的盖蒂。

在三个盖蒂中，第三个是最关键的，也就是“以己为筏”的盖蒂。没有自我作主的心力，这一从弱到强、从被动到主动的心力转换就不可能发生。

为了让大家对此有更深的认识，不妨来看宋代大儒朱熹的两句名言：

“人只有个心，若不降伏得，算什么人？”

“人唯有一心是主，要常常唤醒……学者常用提省此心，使如日之升，则群邪自息。”

这两句话看起来是矛盾的定义，但是细加分析，就知道这是两个不同的概念。

前面那个“心”，是“常心”，即平时为喜怒哀乐支配的心，人向其屈服，就是选择被动。后面那个“心”，是自主之心。

但是还有一个掩藏的“心”，就是“提省此心”的“心”，即“超级主动”之心。也就是能够对前面各种心进行主宰、调控的心。也就是超级自我，“以己为筏”的自我。

上述观点，牵涉到心力突破的一个关键问题：

心力要突破，要发展，根本要靠自己，自己对自己突破即“自我革命”。

不仅像盖蒂这样改变一个不良习惯是这样，整个人生的突破和改变也是这样。

“第二次出生”的全面意义

“第二次出生”，毫无疑问是充满自主性的。但是，其含义并不只是限于自主。

从根本上讲：“生”出来的自我，不应该是局限的，而应该是全面的、整体的。

布迪兹是西班牙的一位富翁，1986 年被摩洛哥王室授予“哈桑国王勋章”。

他之所以获得这一勋章，是因为他曾连续 10 年给他家乡的人民捐款，以解决他们的生计问题，帮助他们走出困境。

但对这一项至高无上的荣誉，布迪兹却没有接受。

对其中的原因，一直众说纷纭。有的说，那是因为他对王室不满；有的说，他认为自己做的还不够好，不配接受那枚勋章。

时隔多年，摩洛哥《先知报》的一位记者去采访布迪兹，人们才知道了其中真正的原因。

他给记者讲述了这样一件事：

有一次，他回到一个叫索里曼的地方，下榻在地中海金兰湾的一栋别墅里。

晚上的时候，他去海滨散步。

没想到，一不小心，他踏进了沙滩上的水洼里，伴随着溅起的水花，一群小海蟹纷纷窜动起来。

它们有的爬入石缝中，有的钻进沙子里。

于是，他就随手抓了一只，带回住地。

回到住地，他把蟹拿出来给大家看，一个当地人告诉他：

“这种蟹叫寄居蟹，大多生活在岸边的浅水里，但是，如果它们能爬进大海，就会长得如盘子那么大。”

他听了非常不解，于是就好奇地问：“那它们为什么不爬进大海？”

大家听了这个问题，都摇了摇头表示不知道。

后来，经过了解，他才知道，这种蟹有一种安贫乐道的习性，它们之所以寄居在远离大海的浅水洼里，是因为每次涨潮都能给它们带来点可怜的食物，只要有定期的潮水，它们都会赖着不返回大海。

由于浅水洼的食物时断时续，它们的生活总是处于饥一顿饱一顿的状态，因此这种蟹很难长大。

但是一遇到枯水期或一连几个星期潮水涨不到它们寄居的水洼，它们也会不辞辛苦地爬向大海，最终长成一只盘子大小的螃蟹。

这对他触动很大，于是他决定不再去救济自己家乡的人。

就在他刚刚做出决定的时候，恰好接到了王室要授予他勋章的通知。

于是，他便拒绝了这枚勋章。

1997年10月17日，是国际消除贫困日，摩洛哥《先知报》全文刊登了对布迪兹的采访，一场误会消除了。

但一个引人深思的话题却产生了——救济是不是真的能帮助穷人？

最后的结论是，对穷人施以经常性的物质救济，有可能会给他们造成永久的贫穷，因为他们会安于别人的救济，并由此产生一种依赖，始终处于一种非自我的状态。

不肯承担自己的第二次出生，便不会达到一种超自我的状态，便不会自己争取脱离贫穷。

因此，人与外界尤其是与他人的关系，应该遵循以下成长次序：

依赖—独立—互赖。

真正自我的完成，也应该是三个阶段：

非自我—自我—超自我。

“非自我”是依赖性的自我，是把自己的幸福与成功的根源，依托于外界。这是很多人所采取的姿态。

“自我”是独立性的自我，他有自己的主见与个性，不随波逐流，不容易被一些表面现象迷惑，能比较好地解决自己的问题。

所以，人生的第一重突破，应该是从“非自我”转到“自我”阶段。

公孙仪特别喜欢吃鱼，在他做鲁国宰相时，很多人为了拉拢他，争着买鱼送给他，他却不接受。

他的弟弟劝道：

“你既爱吃鱼，为什么不接受人家的馈赠呢?”

公孙仪回答说：

“正是因为我爱吃鱼，所以才不接受。如果接受了人家的鱼，见人必低三下四。这样，就不能认真执法。如果枉法，就要免相。免去宰相，虽然爱吃鱼又谁能给你呢？不接受鱼而不致于免掉宰相，虽吃不到别人的鱼，却能长久自己买鱼吃。”

公孙仪这样做，是明白靠人不如靠己的道理。

他的做法，是从“非自我”到“自我”的一个转换。

然而，只停留在“自我”阶段，也会有许多毛病。

最明显的是：对于自己之外的事情，他们就比较冷漠，有的人甚至还会成为彻底的自我中心主义者。

正因为对他人没有正确的认识和把握，他们很容易伤害别人，甚至彻底伤害自己。

《颜氏家训》记载：

齐武成帝的儿子琅邪王高俨，是太子高纬的同母弟弟。他天生聪慧，武成帝和明皇后都非常喜欢他，吃的穿的，都让他与太子相同。

武成帝经常当面称赞他说：

“这孩子很聪明，今后一定会有所成就。”

等到太子即位，当了皇帝后，琅邪王迁到北宫去住，他的礼遇与诸王相比要优厚得多。

即使如此，太后还嫌不足，并且经常提及此事。

琅邪王十多岁时，骄横放肆，没有节制，吃穿用度，一律要与皇帝相比。

一次，他到南殿朝拜，看到典御官、钩盾令向皇上进献新从地窖里取出的冰块和早熟的李子，他回府后就派人去索取，没有得到，就大发脾气道：

“皇上有的东西，我为什么没有？”

像这样不懂得君臣之别的事还有很多。

后来，琅邪王因为讨厌宰相，就假传圣旨将之斩首，又担心有人来相救，竟然集合手下军士把守殿门。

其实他也没有反心，受安抚后也就撤兵了，但后来最终因此事而被朝廷秘密处死。

“超自我”，是人格的完成，它既包括自己的也包括他人的自我，既是承担自己的也是为人承担的自我，既是自利的也是能利人的自我，既是自成也是成人的自我。

“超自我”不是“非自我”，是包容了自我又能够对自己超越的自我，是我们应该追求的理想自我！

其实，在历史上，这样的人物大有人在。

苏东坡居阳羡时，居所十分简陋，于是找人帮自己另外购置一处住宅。他倾其囊中所有，才勉强买下来，准备选一良辰吉日迁居。

但在迁居前的一天晚上，他趁着月光在村庄里散步，忽然听到一个老妇人在悲伤地哭泣，忙走近前去，细问缘故。

老妇说：

“我家的房子，已传数代百年，儿子不肖，竟将它卖给了别人，我怎能不为此伤心呢？”

苏东坡问清旧居何在，方知恰恰是自己刚买的那处住宅，就再三安慰道：

“老太太不必悲伤，我这就将房屋还给你。”

然后，他随即让人取回房契，当着老妇人的面烧毁，并让她儿子接她重返故居。自己也不再索要购宅的钱，仍然住在旧居。

这是一个人格高尚的人，在以“君子”的标准要求自己。虽然他花钱买物，自行享用，天经地义，但真正的“君子”，总是能够“先天下之忧而忧，后天下之乐而乐”，能够通过放弃自己的利益换来别人的快乐。

苏东坡给我们树立了为人的典范。与此相对，那些贪官污吏，无一不是把自己的快乐建立在巧取豪夺之上。他们不仅给社会造成祸害，而且由于利令智昏，不知“回头是岸”，导致身败名裂。

于是，我们的训练也必须遵循这样的次第：第一，自我突破；第二，突破自我。完满型的人格的达成，必须树立这样的理念：只有走出自我，才能成为自我；只有完整出生，才能彻底达成。

至此，我们再一次展示心力学与一般成功学的不同之处：

我们不是追求局部的成功，而是追求生命的整体丰盈；

不是追求个人人格的局部突破，而是人格的全面发展；

不是追求单个自我的物心幸福，而是将这份幸福和成功，也体现在对社会的价值上来。

当“第二次出生”的主人

要实现完整意义上的“第二次出生”，绝非易事，因为，他不只是“蜕一层皮”，而是“蜕二层皮”。

蜕第一层皮，是要告别那种处处被动、屈服于外界影响的自我，这本来就够痛苦了，很不容易做到。

蜕第二层皮，实际就是要告别只以单个自我的需求和兴趣为中心的“小我”，而转为更有存在价值和创造价值的“大我”，那就更痛苦了。

但是，这并不是做不到的。

人类历史上有不少伟人，开始的时候也存在普通人的很多毛病：懦弱、依赖、摇摆。但是后来，他们以其惊人的心力战胜了这一切，培养了自主、自强、自信等优秀的品质，从“非自我”转为“自我”。

之后，他们又能够打破“小我”的牢笼，成为社会的明灯或栋梁。

完成这一切的，固然有外在的力量，但更主要的是：他们自身能够承担这两次蜕变，能彻底当“第二次出生”的主人。他们的举止，无疑为普通人树立了榜样。

印度的“圣雄”甘地幼年时性格不太开朗，对父母十分顺从，对周围的事物非常敏感，一旦被人奚落，马上就会哭鼻子。

他曾经这样回忆：

“我是一个感受性极强的孩子。如果有人稍稍触犯我，我就会大哭不止。因此，我经常受到老师的批评。

受到批评是我最不能忍受的。我只受过一次体罚，对我来说，这次体罚的精神折磨远远超过肉体折磨，我感到非常痛苦，非常悲伤，并为此经常哭泣。”

这一阶段，可以说是甘地软弱、被动的“非自我”阶段。促使他走出这一阶段的，是“戒烟事件”。

不知何故，少年甘地对抽烟发生了兴趣。

起初，他只是模仿大人，怀着一种好奇心试试看。谁知后来真的上了瘾，想戒也戒不掉了，渐渐发展到偷兄长的钱买烟抽的地步。

这一行为与他所受的家庭教育产生很大冲突。他深知自己的行为无脸见人，但又不可自拔。他痛苦极了，甚至想过自杀。

最后，在不堪忍受痛苦与烦恼的折磨之际，他下决心把自己的堕落过程，详细地记录在笔记本上，并把笔记本交给父亲，渴望得到父亲的宽恕。

他想父亲若狠狠批评自己一顿，也可以让自己得到精神上的解脱。

但父亲看了笔记本，什么话也没有说，只是眼泪像断了线的珠子一样，从脸颊上滚滚落下……这种神情，给了甘地极大的刺激。

父亲对这件事并没有直接评判，也没有替他作主，而是将最终评判和处理权，全交给了甘地自己。

甘地由此也懂得了：

“除非自己下最大决心，自我作主，否则，谁也没法代替自己彻底改变这一恶习。”

于是，他痛改前非。从那以后，他再也没有偷过东西，抽烟的恶习也戒掉了。

甘地毕业后到南非工作。在那里，他发现种族歧视严重，印度人受到极不公平的待遇，于是，他下决心向这种不公平的政策挑战。

在开始时，他是孤立无援的，他也曾经不止一次地动摇和彷徨过，但每次他都抱着自我作主的精神，向自己身上吸取力量，战胜了这些，终于心力越练越强，成为反种族歧视政策的领袖，取得了引人瞩目的效果。

后来回到印度，他又发起了“非暴力不合作运动”，领导人民同英国殖民者进行斗争，为此，他受到多次打击，甚至一次一次坐牢，但他坚持不懈，最终赢得印度独立。

甘地的行为触动了一些保守分子的利益，最后，他被人谋杀，为理想奉献了生命。

他从一个懦弱的人，成长为一个坚强有力的人；从一个偷钱买烟的人，变成了一个为人民奉献生命的人。

无论是从“非自我”到“自我”，还是从“自我”到“超自我”，他都真正做到了“自以为灯，自以为靠”，全面、彻底地承担了自己的“第二次出生”。

承担了自己的“第二次出生”的人不仅可以当第二次出生的主人，而且还可以超越“自我”，将自己的“第二次”出生变得对其他人也都具有巨大的意义。

在19世纪的美国，所有的工匠对于自己赖以为生的技艺，都以父传子、子传孙，代代相传的方式为主来传授。

当时，有位技艺纯熟的鞋匠，也决定将自己的拿手绝活尽早传给他的儿子。于是，他便从儿子7岁起，陆陆续续地教他制鞋的技术。

然而，不幸的事情发生了。

儿子9岁那年的一天，鞋匠如往常一样，和儿子开始工作，一不留神，一把制鞋的锥子从工作台上掉落，恰好刺中了孩子的眼睛。

尽管鞋匠立即将儿子送往医院医治，但当时的医学还处在启蒙阶段，在医术欠发达的治疗条件之下，孩子的双眼严重感染，无药可治，最后没有逃过双眼失明的厄运。

鞋匠悲伤之余，仍然希望儿子长大后能成为有用之人，于是送他到盲人学校就读，让他也能读书识字。

在那个年代，盲人只能借着刻在大木板上的ABC字块来练习认字，那些大木板不仅笨重，而且字母亦不容易辨识，同时，也很难将书本刻成数百片的大木板。基于这些因素的阻碍，盲人的识字及阅读自然是困难重重。

鞋匠的孩子到了盲人学校不久，就对于这种传统的刻字学习方式感到极大的不便。

他在学习之余努力想找出一种更理想、更方便的盲人阅读方式。

只要敢梦想，付诸实践，就会有做到的一天。

几年之后，鞋匠的孩子终于发明出一种新式的盲人阅读法。

这种新式的盲人阅读法不再采用笨重的大木板，而是在纸上敲打出不同排列方式的小点，来代表不同的英文字母及数字，容易学会，而且携带方便，更可以大量印制供盲人阅读的点字书籍。

这个孩子就是后来发明了“布莱叶盲文”的布莱叶，他给盲人带来了认识世界的新机会。

培根说过这样一句话：

“听从了内心的召唤，就能实现自己人生的梦想和价值，最终也获得了成功。”

布莱叶的故事或许就是最好的证明。

布莱叶成功了，也在某种程度上给了其他盲人“光明”。他的“第二次出生”有着更为重大的意义，这意义是他自己创造的。他真正主宰了自己的命运，成了“第二次出生”的主人，也成了自己命运的主人。

一个真正成功的人必须有两次出生：一次是来到世界的出生，一次是在回应生活挑战中的再生。

第二章
从苛求外界到返求于己

走出“外界决定论”的误区

我们要取得真正的成功，就必须学会完成一个转换，从苛求外界到返求于己。

在追求成功中，有一个很普遍的现象：

人们很容易将第一视点，投向外界！

人们追求的目标，受外界的影响而决定。

而追求结果的成与败，在根本上也要归之于周遭的人与事：如命运、经济状况、所处位置、老板、同事、配偶等。

不仅成败问题受制于外界，快乐或痛苦的原因也都来自外部。遇到问题，人们的第一感觉，就是外界环境出了问题，该指责的是外部，该改变的也是外部环境。

上述这种思想与做法，我们不妨把它称作“外界决定论”。

这种做法，其实是有着致命缺陷的，实际上往往也是与真正的成功背道而驰的。

我们且看曾国藩的一段经历：

在中国近代史上，曾国藩是一个响当当的人物。后来许多著名的人物，都表示了对他非同寻常的钦佩。如蒋介石，经常要下属学习“曾文正公”，甚至毛泽东也说：

“我于近代人，独服曾文正公一人”。

然而，曾国藩的成功之路，并非一帆风顺。唐浩明的名著《曾国藩》一书中，有这样一段描写：

曾国藩才气十足，年纪轻轻就是礼部侍郎。

后来，闹太平天国，他奉皇上之命办团练，相信凭借自己的正直和能干，一定会大有作为。仗是打赢了几次，起到了清朝的正规军都无法起到的作用。

但是十分奇怪，越发展，他就感到压力越大，碰壁之事越多。

曾国藩想了不少办法改变这种现状，但是越改越吃力。最后只能赋闲在家，甚至因为忧愤过度而病倒。

后来，他听了一位道人的话，“用心”再读老子的《道德经》，于是豁然开朗。

之前他一直责怪世道不公，好人没好报，老想不通：为何自己一身正气，两袖清风，却不能容忍于湖赣官场，为什么对皇上忠心耿耿，却招来元老重臣的忌恨，甚至皇上也对他不放心？

这时他才知道问题出在自己身上：锋芒太露，自认为是正直的化身，在不知不觉中，给自己制造了许多荆棘和障碍！

原来最大的问题，在于自己对世界、对自我都缺乏足够的认识。

之后，他悟出了“大柔非柔，至刚无刚”的道理，于是，一改原来锋芒毕露的个性，重新处理好和别人的关系，如与左宗棠的关系。

曾国藩与左宗棠都是清朝名重一时的人物，两人都是湖南人。两人本来是多年的朋友，但有一次，曾国藩不待皇上批准，就匆匆回籍奔丧，为此左宗棠对他大骂，说他自私无能，临阵逃脱，甚至给了他一个他最痛恨的词：虚伪。

曾国藩对此一直耿耿于怀。但此时，他已经完全可以战胜自我。不久他奉皇上之命，重掌湘军统帅。

到了长沙，他主动去拜访左宗棠，不穿官服，只穿长褂，隔了很远，就下了轿，徒步上门拜访。

见面后，他只字不提左宗棠对自己的过分指责，反倒感谢他以前对自己和湘军所做的事情，并以很巧妙的方式自责。

之后，曾国藩又遍访长沙各衙门，甚至对小小的长沙、善化两县的县官，也亲自去拜访。

这种不计前嫌、折节下礼的行为，使大家深为感动，也处处开始帮他。这样一来，曾国藩发现事事都变得很顺利，这也真正对他个人的事业和湘军的辉煌起了决定性的作用。

曾国藩的经历给人以极大启示：不是别人，正是你自己，形成了对自己的最大障碍。苛求外界无济于事，唯有寻求自身的改变，才能有外在境遇的改变！

从表面看，在整个事件发展过程中，曾国藩有足够的理由指责和怨恨外界，但是，这种指责和怨恨，并没能给他带来什么。想不通也罢，强求公正、委屈也罢，生活给他的只是冷冷的微笑。

唯有他将外在转向内在，将对外界的要求转为对自己的更大要求，逼迫自己痛苦地改变，才发现世界别有一番天地，于是，艰难变成了容易，困难变成了机会，在这一转之中，乾坤颠倒！

于是，曾国藩在这里就探索出了一个成功的重要法则——**成功是一扇从内向外打开的门**。

必须返求于己，命运操之在我！

为了让大家加深对这一问题的认识，我们再来看一个禅宗的著名故事。

公元4世纪前后，南印度有一个“香至国”，国王笃信佛教。

一天，西土禅宗第二十六代祖师、高僧般若多罗尊者，到香至王的宫中传教。国王召集全家老小听般若多罗尊者教诲，并将一颗贵重的宝珠送给尊者。

尊者手持宝珠，向香至国三位聪颖的王子问道：

“世间有比这颗宝珠更珍贵的宝珠吗？

大王子立刻回答：

“没有比它更珍贵的了。”

尊者再问二王子，二王子的回答与哥哥一样。

尊者点头微笑再问三王子。

大家都想：

“三王子年幼，大概会模仿他的两个哥哥的回答。”

然而出人意料的是，三王子的回答却是：

“这颗珍珠只不过是世俗的珍珠。它虽然光泽明亮，能照亮周围，但是不能照亮自己。

最珍贵的，是内心的智慧！它不仅能够照亮外界，更能照亮自己，它才是能够照彻世间一切迷暗的宝珠。”

这位三王子，就是日后的达摩大师。他后来随尊者出家，成为禅宗的二十七祖，也即中国禅宗的初祖。

“最珍贵的，是内心的智慧!”讲得太好了。

它充分说明：

我们不应该被外部的事物所决定，唯有认识和把握好自己的内心，才掌握了决定一切的根本。

回归《大学》

返求于己并非曾国藩独特的观点，在中国数千年文化中，它是中国文化的核心观念之一，也是中国传统教育学、成功学的核心观念之一。

《大学》本是《礼记》中的一篇文章，后来宋代大儒朱熹把它从《礼记》中抽出来，因为他觉得它太重要了，只放在《礼记》中，容易被埋没。

为此，他还对《大学》下了一个很有意思的解释：

“《大学》者，大人之学也。”

他所谓的“大人”，并非指与小孩子相对的成年人，而是指人格高尚、达到了理想而充实状态的“大丈夫”。

照我们的解释，《大学》者，是做真正成功者的“大学问”也。在当今人们对儒学的认识中，多认为《论语》最重要。

但是，据另一位大儒程颐说：《大学》是孔子留下来，作为初学者进修德行的门径的著作。

到现在还能看出古人做学问的次序，全靠这本书，至于《论语》、《孟子》，还在其次。求学问的人，必须首先从这本书去读，那就差不多不会有错了。

《大学》中有这样一段名言：

“知止而后有定，定而后能静，静而后能安，安而后能虑，虑而后能得。物有本末，事有终始，知所先后，则近道矣。

古之欲明明德于天下者，先治其国；欲治其国者，先齐其家；欲齐其家者，先修其身。

……身修而后家齐，家齐而后国治，国治而后天下平。自天子以至于庶人，壹是皆以修身为本。其本乱而末治者否矣；其所厚者薄，而其所薄者厚，未之有也。”

这段名言的核心，正是说人要真正成功，必须把目光从外面转向自我。

只有完成个人的修养——修身，才会齐家；只有会齐家，才会治理好国家；只有治理好国家，才会对世界产生积极影响。

修身—齐家—治国—平天下的次序，深深地浸透了《易经》乾卦“天行健，君子以自强不息”的精神。

其实，与一般人所理解的中国文化不像西方那样注重个人奋斗不同，中国文化一直有这种自力、自强精神，只是我们所要求的“君子”、“圣人”等，还要将社会责任承担起来。

但是，在“文化大革命”期间，这种精神却被归入封建糟粕之列，受到严厉批判。

所幸的是，随着拨乱反正，中国的优秀传统文化也重新开始被肯定。

而更值得我们注意的是：这种返求于己的理念，竟然也已被西方许多成功学大师，作为成功的首要法则。

戴尔·卡内基是美国最著名的成功学权威，其有关著作在全世界的发行量，据说已经达到仅次于《圣经》的程度。

他最早开设的成功学课程，是关于人际关系的，因为他觉得在现代社会，人际关系是最重要的能力。

但是，在开有关课程时，他发现：仅仅讲人际关系是不够的，没有人的自信心的培养，人际关系也是沙上建塔。

于是，他又开了一门培养自信心的课。

他认为：“要处理好人际关系，首先必须处理好与自己的关系！”

柯维是著名的柯维领导力训练中心的创办人。他曾经也像一般人那样在外在关系上走了弯路。有一天，他突然发现一个人内在的理念、品德与动机等远高于外在的技巧，因此鲜明地提出：操之在我，是圆满人生的首要原则！

彼德·圣吉是《第五项修炼》的作者，由于提出了“学习型组织”的理念而成为世界知名的成功学家，他以自己的体验说明了这种从外在转向自我的转变的价值：

“如果未能发生心灵的变换，我将无从发展这种应付结构性冲突的能力。只要我依然从事件来看问题，我还是会相信自己的问题是由外部引起的……是他们害我的。

一旦看清造成问题的结构，我便开始思考我能够做什么，而不是他们曾做了什么。”

更值得注意的是，联合国教科文组织 21 世纪教育委员会，在其为 21 世纪全球教育提出的纲领性报告《教育——财富蕴藏其中》里面，更是明确提出发展“识自力”教育的意义：

“认识他人必须认识自己。要使青年人正确地认识世界，都应首先使他们认识自己。只有在这个时候，他们才会真正设身处地地去理解他人的反应。在学校培养这种情感同化的态度，会对一个人终身的社会行为产生积极影响。”

千古不易，中外皆然。现在，我们可以真正体会达摩祖师的观点了——假如不能照亮自己，又怎么能够照亮外界！

假如不能自度，又怎么能够度人？

“照亮自己”的智慧，才是真正的“宝珠”！

所以，爱默生也说：

“尽量发挥自己、利用自己，这是你拥有的唯一财富。”

成功学是“关系学”。任何人要成功，必须处理好三个关系——与自然的关系，与社会的关系，与自己的关系。

要成功，这三种关系都必须处理好，但是，越往后越重要，最根本的一点，是处理好与自己的关系。

我们也许可以从不少大学毕业生的成长经历中，对此进行认识。开始时，很多大学生都有这样的观念：“学好数理化，走遍天下都不怕”，认为有知识就够了。

等到踏入社会，遇到挫折，才知道在现代社会，没有处理人际关系的能力，经常是步步荆棘。

再进一步，当要超越自己时，才发现假如处理不好与自己的关系，就更会处处碰壁，甚至连人际关系也一团糟。

于是只好回头，重新找到根本症结：唯有处理好与自己的关系，才能搞好人际关系，甚至也才能真正处理好与“天”的关系。

曾经在《读者》上读到一个故事：

一个出生在农村的小女孩天生丽质，不免有些骄傲，跟其他漂亮女孩一样，她也渐渐养成了爱耍小性子的毛病。

而且，她自认为农村的生活非常艰苦，农民也非常肮脏，她打心眼里看不起别人，总抱怨自己为什么会生在农村。

她也看不起和自己一起上学的同伴们，甚至暗暗盘算女伴的出路：

小学或初中毕业，学两年裁缝或理发混混手，逃避农活，等到二八年纪，便由着媒婆将自己重彩礼典押给山外街道某殷实人家，婚后，挺着个大肚子坐在点心铺或商店门口收钱……

“一群平淡无奇的喇叭花”，她常常这样从心里嘲笑自己的伙伴，并将自己严格地和伙伴们区别开。

不料，同伴们也渐渐跟她疏远了，觉得她高傲、刻薄，凭自己漂亮的外表就看不起别人。

为此，她开始觉得孤单、无助，并且开始烦恼。烦恼像蛇纠缠在心底。

郁闷是只小兽，不甘心关在心笼里，左冲右突，撕噬着她幼小的心。她动辄发无名火，生气，和家人闹别扭。

一次，和自己的弟弟打架之后，她一个人偷偷跑到小树林里哭泣。

她妈妈追了过来，为了引导她，问她：

“竹子是不是草呢?”

她诧异地看着自己的妈妈说：

“竹子怎么会是草呢?”

妈妈笑笑说：

“竹子其实就是草，你其实也和同伴们一样是草，但是，你要长成竹子，你首先得从草长起。”

聪明的她，听了妈妈的话意识到了什么。

从此，她像变了个人一样，一改往日的孤傲刻薄，她好脾气地对待家人，有礼貌地招呼左邻右舍，变着法子和伙伴们打成一片。

她发现，她们的面目不再可憎，她们亦有可爱点。她们勤劳、务实、热心，就像山里的扒根草一样，是山区不可多得的风景。

终于，她成为全县的高考状元，成了这所山村中学有史以来唯一的大学生。

大学毕业她考研，继而出国。

如今，山里的妈妈常守在电视机前，只为看某位国家领导和外国总统会晤的画面。

因为，她常常端坐在这位国家领导身后，边记边翻译。

村里有一所名为“草之梦”的希望小学，校园里种植着一大丛翠绿浓郁的竹子。连她妈妈也不知道，这所小学是她匿名捐建的。

她希望在每个山娃子心里都移植着一个关于竹的绮丽的梦——她真正挺拔成一株竹，怀着草的柔情。

这个小女孩的经历，给我们一个很好的启示：

与其抱怨生活，不如改善自己！

是的，所有追求成功的人都可以悟出类似的道理：

修之愈近，济之愈远。

要了解别人，首先得对自己了解。

先信守对自己的承诺，才能信守对他人的诺言。

欲要被人爱，先得成为一个值得别人爱的人！

要改变世界，首先要改变自己……

受制于外与操之在我的区别

反求于己，正是把自己从一切都归于外界的“奴役”状态中解放出来，让自己充当生命的主人翁。

这就是操之在我。这一原则当然不会否定环境对人的影响，但是它能界定环境对人的影响程度。具体而言，操之在我的人生就是：

☆我的生命品质主要取决于我的努力，而非外界的条件。

☆承认现实，也肯定人有权选择对现实环境作积极回应。唯有逆来顺受，才是不敢面对现实。我首先能决定我对问题的感受和看法，而不是受外来的支配。

☆过去的经历已经发生，虽然我无法重新改写历史，但是我能够决定历史对我的影响程度。

☆我能够决定我将选择什么色彩的人生。

☆我能够决定我对自己成长是否承担应有的责任，以及承担的程度。

由此，再让我们来看一则现实生活中的事例。

有一位年轻人只身一人来到加拿大。

可是，当他下飞机后，本来说好接他、并为他安排工作的朋友，却并没有如约前来。

人生地不熟，语言又不通，他被困在了机场。

一时间他焦虑万分，六神无主，不知该去哪里，就那么失魂落魄地愣在机场。

本来是满怀希望，雄心赤胆的他，竟觉得自己在骤然间陷入了无力自拔的人生泥沼。

就在这时候，他又被视为身份不明的怀疑对象，被警察扣压了起来。

后来他才知道，他的那位加拿大朋友，在他到达加拿大的前三天，因为在工作中化学反应中毒，住进了医院，昏迷不醒，神志不清。

他像一只断了线的风筝，从当地警局出来后，便漫无目的地在街头飘荡。

只几天的工夫，他几乎就花光了身上所带的费用。

没有人可以帮助他走出困境，他觉得自己好像一个被遗弃了的孤儿一样无奈、痛苦。

又过了几天，心中苦闷的他走进一家餐馆，准备吃完最后一顿早餐便打道回府，回中国去。

那一刻，他觉得世界是如此黑暗，情绪低落到了极点。人生无味，连自杀的念头都萌生了出来。

他一个人呆呆地坐在餐馆的桌前，望着窗外美丽的城市，内心的感觉却告诉他，他是一个最滑稽的失败者。他要了简单的饭菜，准备吃完后直奔机场。

“起码在我的家乡还有朋友和家人可以帮助我，不至于这么狼狈。”

他叹了一口气。

这时一个打扮成小丑模样的人出现在他的眼前，举起一块手帕和一只空杯子，春风满面地给他表演起了魔术。

看完魔术后，他不由笑了一下，突然间，他发现自己竟然还会笑，这笑不是别人给他的，而是从他自己身上发出来的。

他马上意识到：

“为什么我这么狼狈？是因为没有朋友的帮助吗？不，是因为我没有想到自己去努力，只是把希望寄托在别人身上！”

走出餐馆时，他已经在想另一个问题：能不能在这片陌生的土地上扎根？可不可以凭借自己的力量成就一番事业？

26年后，他在加拿大这片异国的土地上完成了自己的创业，成为了华人鞋业公司的董事长。

他就是曾被媒体多次报道、在加拿大开设了三家中国餐馆的福建人韩志伟。

开始时，韩志伟单纯地认为自己的命运掌握在朋友和家人手里，没有认识到自己的力量，但是就是那么一个小小的魔术，让他发现了自我中潜藏的伟大力量，并成就了自己的事业。

生活的挫折与美好，命运的困苦与顺畅，并不在于外界的环境，也不在于别人身上，而是在于你的心里。

所以，生活中无论我们遇到什么样的困难与艰辛，我们一定不要受制于外，而是要操之在己。因为只有操之在己才会取得真正的成功！

下面是一个受制于外与操之在己的对比表，请对比一下，找出你在哪些方面属于前者，哪些方面属于后者：

受制于外	操之在我
○ 全怪那该死的命运	○ 首先得检讨我努力不够
○ 要是我有一个有权有势的爸爸就好了	○ 我相信我能行
○ 要是她的脾气好一点……	○ 先得检讨我太敏感
○ 要是其他人像我一样的可靠和体贴	○ 关键是看自己是否尽了最大努力
○ 要是世界没有如此激烈的竞争……	○ 我不能请求世界停滞，只能让自己尽快适应
○ 只要那个人没有毁掉我的前程，我就要……	○ 我现在还可以重新开始
○ 那混蛋使我怒不可遏	○ 其实我可以控制自己的情绪
○ 我已无能为力	○ 试试看有没有其他可能性
○ 我就是这样一个人	○ 我可以选择不同的作风
○ 他们不会接受的	○ 我可以想出有效的表达方式
○ 我被迫……	○ 我能选择恰当的回应
○ 我不能	○ 我选择
○ 我必须	○ 我情愿
○ 如果……	○ 我打算……
○ 办不到，我根本没时间	○ 时间总能挤出来的
○ 我不得不如此	○ 其实还有其他的选择
○ 我就是这样	○ 我应该也能够调整自己

还可以列出类似的对比。你不妨依据上述原则列出更多的表现，越多越好。在心力训练过程中，经常拿出对比，看你自己是否已经有比较大的改变。

如何返求于己

要从“外界决定论”转为返求于己，应该在如下方面下工夫：

（一）恃己而不恃人

这是首先要树立的理念：一个人的命运，关键在于自己的把握。

要成功和幸福，不能将之寄托在依靠、利用他人的支持之上，应该自强，以自己的强大争取主动。

这一原则不仅适用于每个人，也适用于一个团体乃至一个国家、一个民族。

《孙子兵法·九地篇》就强调：

“不争天下之交，不养天下之权，信己之私，威加于敌。”

意即不争着和任何国家结交，也不随意助长别国的威权，要相信自己的力量，以自己的国威加之于敌。

这实际上就是说：不能把生存和胜利的希望寄托在

友邦身上，也不能过多地用人力物力去扶持别国。

最要紧的是相信自己，发展自己的力量。

在中国历史上，历代国威，以唐朝为最。

唐太宗时，即根据“恃己而不恃人”的原则，制定了“中国既安，四夷自服”的外交战略。

贞观时期，民富国强，文治武功，盛况空前。在国内安定、强盛的基础之上，北方强敌突厥，勇于战胜，树立国威，排除主要外患；对邻邦采取各种怀柔政策。

例如，文成公主入藏，许配松赞干布；对天竺、日本、大食等国则广泛开展经济、文化交流。当时的对外关系取得了空前巨大的成功。

宋朝也是有名的王朝。但是，在外交上，却由于不图自强，两次导致灭国之灾。

北宋时，只赖苟且偷安，不求自强，由于辽国对北宋构成巨大威胁，便联金抗辽，想借金国力量以抗敌，结果金国将辽国灭亡，转手又将北宋灭了。

到南宋时，朝廷只图偏安，更是每况愈下。宋理宗不吸取北宋为何而亡的教训，不振兴国势，却想联合蒙古来消灭金国，给予蒙古种种便利，有些便利完全对南宋构成安全危险。

岂知蒙灭金后，随即将南宋也灭了。

（二）“仁者如射”

“仁者如射”的观点出自《孟子》：

“仁者就像射箭，射的人先摆正自己的位置然后发射，没有射中也不怨恨比自己强的人，反过来寻找自己的缺点而后再发射箭。”

在某本书上读到过这样一则故事：

作者曾经的邻居是一个三十多岁的残疾人，没有成家，和母亲生活在一起。他没有工作，每天都拿着一把锋利的小刀做他的根雕。

母亲依靠退休金根本无法维持正常的生活，便天天去捡破烂，稍有空闲，便扛上一把镐去城外刨树根，回来给儿子用。别人对此很不理解，三十多岁的男人，你养着他也就罢了，为什么还要帮他不务正业呢？

久而久之，院子里堆满了母亲刨回来的树根，而他的根雕也渐渐地成形了。那时作者常去他家，看着他吃力地雕刻着树根，他的手上，伤痕纵横交错，记录着他为此付出的努力。

一个残疾人，在看惯了别人的白眼冷遇后，他只能足不出户地与这些树根为伴。生活上的艰难，心境上的艰难，使他的脸上过早地现出了沧桑。

作者曾问过他：

“有那么多的困难与挫折，你还是这样平静，到底你是怎么去面对的呢？”

他却淡淡一笑，说：

“不管多大的困难、多深的打击，我都把它们放在心的下面，脚的上面！”

作者从胸口一直看到他的脚，问：

“为什么要放在那里？”

他说：

“再艰难的事，我都不会放在心上，而那些事我又只能承受，所以还要放在脚的上面！”

看着他的眼睛，作者的心竟慢慢地濡湿了：是的，所有的艰难，他只能放在那里。

后来，作者离开了家乡的小城，去一个遥远的城市工作。走的时候，邻居依然在摆弄根雕，他的母亲依然在为了生活而奔波。

6 年过去了，故乡的许多人事都已被人们淡忘，包括那张布满风霜的脸。

可是没想到，作者在省电视台的一个专访节目中，又见到了那张脸，依然是 6 年前的样子，不同的是那张脸上而今洋溢着自信的微笑。

通过介绍，作者才知道，邻居如今已经成名了，他的根雕艺术已得到了许多同行前辈的赞许，他的作品被送到国外展览，有两件作品还被国家博物馆收藏。

如今，他以一个艺术家的身份出现在电视荧屏上，再一次给了作者很大的震撼。

主持人问他：

“你的艺术之路可谓艰辛无比，开始的时候也可能不为人所理解接受，面对这样那样的困难，你是怎样坚持下来的呢?”

他笑了笑，用手指了指自己的胸口，又指了指双脚，说：

“很简单，所有的困难我都放在心的下面，脚的上面。因为，和那里相比，再大的困难也都是微不足道的了。而且，我不会让自己的心承受一些无谓的负荷!”

现场的观众掌声如潮。而在千里之外，在电视机前，看着高位截瘫、坐着轮椅的他，作者的眼泪也终于落下来。

“心的下面，脚的上面”，我将之归结为是一种“仁者如射”的原则，这个原则，适用于当自己命运不好，或遇到多种困难要改变却无法改变的时候。

这时候，既不要怨天尤人，也不要坐等外在环境的改变，而是要将改变的重心，回返自身，从自己找缺点、弱点。改变了源头的弱点和缺点，要追求的目标也就会很快达到。

这一原则，不仅是使人把成功的根本原因返求于己，还得把改变的根本，返求于己！

其实前面所说的曾国藩走出困境，也是“仁者如射”的体现。

（三）从自身做起

在要影响他人的场合，要时时注意先从自身做起。这包括两个方面：

第一，从最基本的方面来说，如孔子所言：“己所不欲，毋施于人”——自己不想做的事，不要强求他人去做。进一步说，自己做不到的事，不要强求他人做到。

第二，从更高境界来说，要以身作则，要影响他人，自己给他人树立好的榜样。只要你做得比他人好，自然也就容易影响他人。

《围炉夜话》中有这样一段记载：

陆陇其是个有名的孝子，在他担任灵寿县知县时，一个老妇人来到县衙门，状告儿子对自己不孝顺。

陆陇其调查情况属实后，便立即派人把老妇人的儿子找来，一看原来是个十七八岁的少年。

他还得知，这位少年自幼丧父，依靠母亲拉扯大。因为和乡里的一些地痞无赖混在一起，沾染了不少恶习，最后竟然逼得其老母忍无可忍只好告到县衙。

弄清情况后，陆陇其并未当场处罚少年，而是把他留在身边，让他从早到晚跟随左右。

原来，陆陇其也有个老母。每天早上，在母亲起床后，陆陇其就进去问安，为她端进热洗脸水。

遇到母亲有病，陆陇其又是请医，又是熬药，彻夜不眠地守在母亲身边。少年将这一切，都看在眼里，想在心头。

终于有一天，少年忍不住跪在陆陇其面前，嚎啕大哭，对以前不孝顺母亲的行为，深深忏悔，表示今后一定以大人为榜样，重新做人。

陆陇其勉励了他一番便让他回家了。

后来，这个少年成为远近闻名的孝子。

（四）经常反省

这是最能促使人返求于己的手段。

艾森·豪威尔，身兼商业银行理事会的主席、信托公司的董事长以及许多大公司的老板，是美国财经界的一位领袖。当别人向他请教成功的原因时，他说：

“几年来我一直有个习惯，就是把每天的活动都记录在一个小手册里。星期天晚上，我总利用那段时间做一周的总反省，打开记事手册，把一周来所有的会议讨论与拜访约会都仔细审查回想一遍。

然后问自己：

我是不是犯了什么错误了？

该怎么做才好？

怎么做才能促进自己的工作？

从错误的经验中我学到了什么？

当然，有时候这种反省会把我弄得非常不快乐，惊讶地发现自己的失误竟是那么多。可是，随着日子的过去，自己的大多数短处逐渐被治服了，缺点也愈来愈少。”

是的，一个人，如果能经常反省，就能对自己时刻保持一种清醒的态度，不断弥补缺陷，改正错误，获得更大成功。

我们不应该被外部的事物所决定，唯有认识和把握好自己的内心，才掌握了决定一切的根本。

第三章

从自虐到自爱

先和自己交朋友

心灵重整的第三方面，就是要学会从自虐到自爱。而自我的第一个要求，就是要先和自己交朋友。

看到“自虐”这两个字，你是否有点认为作者在危言耸听？如果你真的有这样的感觉的话，请你看下面的故事，你就会觉得自虐往往离我们并不远，甚至就在我们身上。

不仅如此，你还会明白：一个人不从自己没有认识清楚的自虐中走出，会造成何等可怕的后果。

陈云清是中国第一家防治自杀机构——广州市“培爱”防治自杀中心的组织者和负责人。

创办“培爱”十年，他和同事们挽救了数百人的生命，还创作了一部《珍惜生命——论中国的自杀问题》的著作。

可是，人们万万没有想到：1997 年 9 月 7 日，53 岁的陈云清竟然在家悬梁自尽。他的死震惊了许多人，尤其是那些曾经受他影响的人。

这就引起了我们很多的思考：

1. 想当导师而且在一定程度上当了导师的人，为什么最后当不了自己的导师，选择了一条被自己最为否定的道路呢？

2. 假如你是曾经受他影响的人中的一个，早知道他是这样的结局，当初还会相信他所讲的“真理”的权威性吗？

上述故事说明了一个很深刻的道理：一个人在心力发展和运用过程中，必须时时“补充能量”。

假如“能量”被用完，就有毁灭的危险。而这份能量的补充，在根本上依赖于自身——你是自己最重要的“增力器”。

应该说，陈云清当初是颇有力量的，不然他就不能有那样的创举，也不能挽救那么多的生命。

但是，心理服务业是需要从业人员心理素质特别高的行业，尤其是像陈云清从事的这种直接救助自杀者的行业，对人的素质具有最高要求。

由于他经常与有问题的人打交道，不仅他可以影响他们，他们的思想、情感、行为方式等也会在不知不觉中影响到他，这样就潜藏着自己的能量被消耗殆尽的危险。

但也许是当时外在的支持条件不具备（他难以找到能给自己以支持的机构和人，他本身就几乎可以代表当时国内的最高水平），也许是当时他本人没有意识到自己的危险，所以当油尽灯枯之时，不仅他自己的事业，他的生命也走到尽头了。

陈云清的油尽灯枯，其中十分重要的一点原因，就是没有做到“先与自己交朋友”。

虽然他做的是十分崇高的事业，但是，这份崇高，开始时是自愿，慢慢就变成了一种强迫。这种强迫，使他即使已经明明感到力不从心，但还要不断地持续下去。

于是，强迫就演化为自虐。最后，当外在的压力与内在的自虐结合，就编成了一根越来越紧的绳索，最后就把他“套”死了。假如他能够整合好与自己的关系，先与自己交朋友，就不可能出现这种结局。

为了让大家对这一问题有更深入的了解，再看另外一个相反的例子：

被称为日本“推销之神”的原一平，才一米五几的个子，要在竞争十分激烈的保险业里混口饭吃都不容易，更不要说脱颖而出了。

当初他到明治保险公司应聘时，主考官只看他一眼，就给他下了结论：“我看你不是干这个的料。”

这一来倒激发了原一平的斗志。他涨红了脸，问：

“好！请问进入贵公司，究竟要做多少业绩呢？”

“每人每个月一万元。”

“既然这样，我也每月推销那么多好了！”

于是，考官答应让他试一试，但是没有业绩出来，一分钱工资也没有，甚至办公室里也没有他一个座位。

每月一万元的业绩对任何新手都谈何容易，更何况他这种有天然缺陷的人？

但原一平没有丧失信心。

每当苦苦努力却又毫无成效，心中泛起灰心念头的时候，他就面对镜子，对自己说：

“天将降大任于斯人也，必先劳其筋骨，饿其体肤。这是光明之前的黑暗，是成功之前必须承受的苦难。”

“我就是原一平，原一平是独一无二的，举世无双的！你绝对不能垮下去！一定要成功、一定会成功的！”

每一次的自我对话，都是一次向自己灌输勇气、吸收勇气的过程。

就凭这份自爱和自我鼓劲，支撑他熬过最难熬的岁月，并使他找到突破自己的方向：改弱点为长处——坦然接受自己在身体方面的缺陷。

他不断培养自己的幽默感和微笑感染力，消除了人们对推销员常有的戒备心理，使人们容易接受他，最终，他成为日本最有名的推销奇才。

原一平与陈云清一样，也是强迫自己努力，去追求成功，甚至是极限的成功。但是，他和陈云清不一样的是，在强迫自己的同时，他总是充满了对自我的关爱和负责。看看他对自己所说的那些话，是一个对自己何等看得起和关爱的人啊。

正因为有这份关爱，所以遇到任何压力和困难都绝不放弃希望，更不要说放弃生命；

正因为有这份关爱，所以才会时刻感到自己并不是无用之人，而希望就在未来；

正因为有这份关爱，任何努力都会觉得有意义。

虽然原一平有天生的缺陷，但是他在最困难的时候，知道向自己寻求帮助，而他也给了自己最有力的帮助——信心、勇气、决心等，所以他取得了一般人不敢想象的成功。

因此，你必须“先与自己交朋友”，给予自己充分的“自爱”。

自爱包括如下内容：

☆没有自爱的罪恶感，对自己的一切——从心灵到外在，有足够的爱心与耐心，并在这基础上敢于负起全部的责任。

☆去掉与自己的暴力关系，让你敢于对自己去掉面具，和自己坦诚相向。

☆全然悦纳自我，能够接受和整合自己的阴暗面。

☆建立与自己的“信托”关系，让你觉得自己是应该信任自己的，自己是能够信任自己的。

☆永远和自己同行，从身体到心灵都能感到是和自己在一起。并能经常回到自身，从自身中吸取重新出发的力量。

去掉关爱自己的罪恶感

一谈到关爱自己，一些人就会觉得不自在。

因为我们的文化总是在灌输要先关爱别人，因此真的要把关爱自己理直气壮地提出来，不少人就会不由自主地将它与“自私”挂起钩来，总觉得有点罪恶感。

那么，这种罪恶感是否正当呢？

（一）爱自己是个体人生的基本责任

1. 你与自己的关系，是一种最亲密的关系。

不论你感到人生是欢乐还是痛苦，是成功还是失败，最先反馈的对象是你自己。

假如你感到软弱和无助，最先依靠的对象也是你自己。不论你想什么、感受什么、做什么，他比谁都更迅速、更强烈地感受到其效果。

假如连你都不对自己关爱，又有什么资格向他人苛求关爱？假如你都不向自己提供帮助，又有什么资格苛求他人帮助？

2. 你与自己的关系，是一种最全然的关系。

你是自己摆脱不了的存在。人可以飞到天边去，却不可能飞出自己那层薄薄的皮肤。

因此，你只是与完全的你打交道。假如你只重视一方面，而不承认另一方面，那被你厌弃的另一方面，就会紧紧拖住你的手脚，使你无法前行。

3. 你与自己的关系，是一种最长久的关系。

没有一个人，能像你自己那样，每时每刻与自己在一起，你的喜怒哀乐，他比谁都更及时而深刻地感受到。

这点给你提供了感受自己决定一切效果的机会，也提供了改造自己最可贵的时间资源。

当然，到底与自己是一种什么关系，全在于你自己的选择。你可以选择与自己的关系。你可以选择当自己的朋友，也可选择当自己的敌人。

但是，人生在世数十年，转瞬即逝，外界加诸你的苦难、忧患已经够多，你忍心做自己的敌人，对自己落井下石吗？

你能学会对自己体贴一点、温暖一点、光明一点、耐心一点，给自己勇气、信心和爱吗？

（二）自爱是一种基本的社会责任

这是从你作为社会的一员来考虑的。由于条件的限制，有的人不一定能成为对社会有多大贡献的人，但是起码要做一个不给社会添麻烦的人。

假如你连自己的那份责任都没有尽好，就会以不同的方式，向社会索要，就得让别人为了你尽责任，那就是给社会增添负担。

不仅个人，企业也一样，假如企业不赚钱，就是浪费社会资源，就是未尽社会责任。对于这一点，看看中国那么多亏损的国有企业就知道了。

对此，松下电器总裁松下幸之助也说：

“赚钱是一种社会责任。”

所以说：人要当负责人，不一定要当群体的负责人，但起码要当好自己的负责人。

爱自己是一种责任，它虽然不是最高的责任，却是一种最基本的责任。

（三）度人先从自度始

乐于助人、乐于奉献，是一种崇高的情感，但毋容置疑的是，利人也得有利人的本钱。

假如你连自己都不了解，又如何了解他人？

你自己都感受不到生命的可爱，又如何让别人去热爱生命？

如果你不敢面对自己的阴暗，怎么能化解别人的阴暗？

你感觉不到奉献的价值，又如何要别人奉献？

你连自己都不能照亮，又如何照亮别人？

有人说：

“软弱者最残忍，唯强者才温柔待人。”

我们对有奉献精神和崇高理念的人表示极大的尊敬，但是也得提防：奉献精神、崇高理念往往是躲避自己问题的最佳“避难所”。

所谓“本想度众人，反被众生度”。像上述陈云清，就是很典型的例子。

除此之外，还有一点更得提防：假如自己的一些基本问题都没有解决，就忙于去帮助别人解决有关问题，有时不仅无助于解决问题，还有可能走到解决问题的反面。

对中国人来说，最不应该忘记的事件之一，就是“文化大革命”。

众所周知，当时参加“文革”的绝大多数红卫兵热心帮助他人、建设国家的愿望是很纯洁的。但结果却是不仅耽误了自己宝贵的青春，而且还给社会造成了巨大的灾难。

所以，度人当从自度始。

正如约翰·克里斯朵夫所说的那样：

“要散布阳光在别人心里，先得自己心里有阳光。”

（四）好心的奉献可能是他人的不需

不仅如此，你“好心”给予别人的东西，未必就适合别人，很可能是别人不需要甚至厌弃的东西。

如恋爱中，那种总是“我随你”的男人或女人，不一定招人喜爱。

在听人谈论恋爱失败时，经常可以听到有这样的话：

“我不是因为他对我不好，是他对我太好了，好得让我窒息，让我感觉不到一点自由。”

对这种施与、奉献，你还能执著不放吗？

有这样一则故事可以很好地说明这个问题：一对老夫妇，在他们结婚50年后，准备举行金婚纪念。就在这天吃早饭时，老太太想：

“五十年来，每天我都为丈夫着想，早餐吃面包卷时，我都把最好吃的面包卷的头让给他吃。今天我该自己享受享受这个美味了。”

于是她切下了带奶油的面包卷的头给自己，把剩下的部分给丈夫。不料她丈夫很高兴，吻了吻她的手说：

“亲爱的，今天你给了我最大的享受。50年来，我从没吃过面包卷的底部，那是我最爱吃的，我一直想你一定是喜欢吃那个。”

（五）自利与利人的互动

我们如此强调自爱与自利的作用，是否就意味着我们不重视爱人及利人呢？完全不是。我们只是让自利与利人各归其位，让它们都在合适的位置上发挥作用。

关于这一点，生活在两千年前的犹太先哲希勒尔，有非常精彩的论述：

如果我们不为自己努力，我们靠谁？

如果我们只为自己努力，我们成了什么？

如果我们现在还不明白，我们要等何时？

在这里，希勒尔不仅说明了让自利与利人各归其位，而且也说出了明白这两者区别的紧迫性。

那么，我们到底该如何理解这两者的关系呢？我们的回答是：

人不自利，会变成寄生虫；只自利，易成为吸血鬼。

完满的人生，是自利与利人的统一！

拉罗什福科说：

“一个人自私不是由于他有太多的‘自我’，而是他缺乏足够的‘自我’。”

解除对自己的暴力关系

人没法当自己的朋友，经常表现为自己对自己形成一种暴力关系。而且，往往那些最自命不凡的人，对自己的伤害最深。

要解除自己对自己的暴力关系，必须对症下药。

曾经，被称为“外星人”的罗纳尔多也许是世界上令后卫最头痛的前锋。

足球场上，他精确的射门，惊人的起动速度，以及那种无时无刻不在的霸气，足以让每一个对手恐惧。

但是，他开始学踢球时，尽管有非凡的踢球天赋，他的表现并不是特别好。

原因是，他一上场比赛，就紧闭着嘴唇，生怕别人看出他的龅牙。

他宁愿把奔跑的速度放慢，也不愿意把嘴巴张开自由地呼吸，让人看到他的那口龅牙。

直到后来，有个细心的教练发现了这个问题，于是把他换下场，拍了拍他的肩膀，语重心长地对他说：

“你的龅牙不是你的错，你在场上应该忘记你的龅牙。只有你在球场的成功，才能让别人眼中只有你精湛的球技，而忘记你相貌上的缺点。不然，你的缺点永远在别人的眼中。”

罗纳尔多接受了教练的意见，从此他在踢球时不再刻意隐藏自己的龅牙，敢于张嘴自由呼吸。

与此同时，他的球技突飞猛进，17 岁时进入巴西国家队，和队友一起夺得世界杯，不到 20 岁就获得了世界足球先生的称号。

曾经的罗纳尔多因为自己的龅牙而在赛场上不敢张嘴呼吸，这不但影响了他的比赛，还影响了他的前程。

其实，从某种意义上说，他这也是对自己实施一种“暴力”，强迫自己去压制自己的缺点。

幸运的是，细心的教练帮他找到了问题的症结，他也很快放弃了对自己的暴力行为，从此一举成名，给我们带来了精彩绝伦的比赛。

那么，如何将自己从暴力关系中解脱出来呢？

（一）尊重自己的感受，并对自己的各种感受负责

对自己有暴力关系的人，最明显的特征就是冷酷无情。而冷酷无情最明显的表现，就是压制自己的真实感受，否定自己的真实感受，不允许表达自己的真实感受。

他们就像那些封建暴君，不允许自己的臣民“喊痛”。

因此，你应该解除这份强制，让自己可以自由地表述情感与感受。

学会倾听自己内心的呼唤。当自己向自己喊痛的时候，不要漠视他的呼声；当自己对自己说要的时候，也要考虑他是否应该得到满足。

（二）学会“把自己当人看”

对自己行使暴力者，总是不能接受自己作为一个人的不完满，而总是以“神”的标准来要求和逼迫自己，如做事总希望十全十美，总希望“一次搞定”。

假如做不到，他便立即把自己当“鬼”指责：

“你太无能了！”

“你是一个永远没有希望的笨蛋！”

而一个能把自己当朋友看的人，总是能够承认和接受自己只是一个“人”的现实。

他们追求、行动，无论是开始、发展、结束——做任何事都能接受自己作为人的各种不足，然后再从实践中逐步完善。

（三）完整地悦纳自我

对自己行使暴力的人，总是不能完整地悦纳自我。他们总是挑剔地接受一方面，排斥另一方面，不能整合自己的阴暗面。

相反，与自己交朋友，就意味着对自己全盘接收。即使有不足，如平凡、软弱等，也可通过整合方式包容，而非像尼采那样排斥甚至与自己为敌。

（四）“日日是好日”

对自己行使暴力的人，总是“生活在别处”，永远不能容纳此时此刻的自我，他们会不停地追求，但对自己所拥有的，总是不懂得欣赏和珍惜。

而与自己交朋友，既意味着对未来的追求，也意味着对自己现有的欣赏。他们既能为地平线上绚丽的霞光着迷，也不会漏掉自己脚旁的花朵。

一次，晚上闲来无事，看了一个电视节目《鲁豫有约》，采访的是昔日的足球明星曲乐恒。

在此之前，我还关注过他的一场官司。由于一场突如其来的车祸，他失去了双腿，这对于一个踢足球的健将来说，无疑是致命的打击。

于是，他一纸状书，把自己的好友和辽足告上了法庭，风风雨雨，历经四年，逼得曲乐恒在法庭上软弱地哭诉：

“如果不判，我就请求安乐死。”

结果，官司赢了，曲乐恒得到了应得的赔偿。

可是，没有人可以赔给他双腿，所以，有时从电视上，我依然会看到他泪流满面、满腹委屈的表情，以及与他臃肿的上身形成强烈对比的瘦弱下肢。每每看见他，我的心就一阵难受。

我在想，这个曾经显赫一时的足球明星，如何继续他的人生，他是否可以在以后的时日里，战胜自己悲伤的内心。

然而，几年后，我在《鲁豫有约》中再次见到了他，令我惊讶的是，我看到的不再是哀伤的脸，听到的更不是满腹的抱怨，他一直微笑着，甚至用双手熟练地在琴键上跳跃奔跑着，为大家弹奏了一首《梦中的婚礼》。

更让人没有料到的是，曲乐恒接着成了一位击剑手！

2005 年，曲乐恒在南京夺得了全国首届轮椅击剑赛B级男子花剑个人赛铜牌，那时他参加轮椅击剑训练仅两个多月。

采访中，曲乐恒幸福地笑着，抚着剑锋说：

“这是我的宝剑，它带给我全新的生活！”

更耐人寻味的是，曲乐恒在每支剑把上都贴上了一个“乐”字，他说：

“过去踢球时，从不这样，都直接写号码，我在辽宁队是7号，衣服上都标着‘7’呢。现在我们没有号码，我就挑了‘乐’字，表明一种态度，也象征着某种希望。”

曲乐恒彻底地从他人生的阴影中走了出来，他“乐”字当头，每天都过得快乐充实，他的每一天，都变成了“好日子”。

（五）对自己有足够的耐心

对自己行使暴力的人，对自己从来就无耐性又不宽容。总是内“紧”外“急”，无法从容。而当与自己交朋友，对自己有足够的耐心时，那么就会从内心深处流露出一份从容。

（六）与自己平等对话

对自己行使暴力者，总是以居高临下的命令方式，

"你听也得执行，不听也得执行"。

而与自己交朋友，总是采取平等的交心方式、商量方式、鼓励方式行事。

与自己亲密同行

前面各部分，是让你解除对自己的暴力和不平等的关系，最后一步，就要深化——像最亲密的朋友一样，与自己同行。

澳大利亚有个小男孩，他父母看到他出生后不是高兴，而是伤心，因为他长得只有可乐罐那么大，腿是畸形的，甚至没有屁眼。

医生告诉他的父亲，他几乎不可能活过 24 小时，还是给孩子准备后事吧。当悲伤的父亲给儿子准备好小衣服、小棺材、小墓地后，回到医院，发现儿子居然还活着。

医生又断言，他不可能活过一周。然而，小家伙挣扎着，又活过了一周。就这样，这个弱小的生命，挣扎着活了一周又一周，一年又一年。

渐渐长大的他，个子却非常小，到了上学的年龄，由于身体残疾，调皮的学生们经常拿他开玩笑，甚至对他进行让他终生难忘的侮辱。

他没有朋友，没有伙伴，有的只是自己的影子，他养成了怪癖孤单的性格。

甚至，有一次他想到了自杀，幸好母亲及时进入了他的房间，才挽救了他的生命。

母亲泪流满面地抱着他说：

“你永远是我们生命中最美好的孩子！”

面对如此疼爱自己的母亲，他放弃了自杀的念头，并且无论在之后的日子里遇到什么样的困难，他都时时提醒自己：

“永远都不要认为自己很惨，世界上比你更惨的人多的是。”

他中学毕业后，决定给自己找个工作。

他爬在滑板上，敲开一家又一家店门，问是否愿意雇用他。而很多时候，人家打开店门，根本没有发现几乎爬在地上的他，又把门关上。

经过成百上千次应聘失败后，他终于在一家杂货铺找到自己的第一份工作。后来他又做过销售员、技术工人，还在一个仪表箱公司扭过螺丝钉。

他每天凌晨四点半起床，赶火车到镇上，然后爬上他的滑板，从车站赶到几公里之外的工厂。

尽管生活艰辛，但是能够自食其力，他勇敢而快乐地生活着。

另外，他有着希腊血统，他全身上下总是充满竞争和拼搏精神，有着天生的运动员气质。

从12岁起，他开始打室内板球，他还喜欢上了举重和轮椅橄榄球。由于手部的长期使用，他的手臂有着惊人的力量。他的命运其实从那时起就开始转变了。

因为从小被人孤立，运动成了他唯一的生活寄托。所以他对自己的训练要求特别严格，运动成绩也非常好。

1994年他成为了澳大利亚残疾人网球赛的冠军；2000年，他拿到澳大利亚体育机构的奖学金，并在全国健康举重比赛中排名第二。

他还获得了板球、橄榄球的二级教练证书。他用成绩回击所有的嘲笑和侮辱。

一次偶然的公开演讲，给他带来了全新的人生。

在一次午餐会上，他应邀对自己的经历做简短的演讲。

“我一定要把最勇敢的一面呈现给观众！”

他告诉自己。

他的经历和现状让现场观众热泪盈眶，赢得了热烈的掌声。

演讲之后，他独自一个人来到海边，坐在沙滩上，望着汹涌澎湃的大海，他的内心开始激荡。回想起在午餐会上热烈的掌声，他生平第一次大声笑出来——因为在他的一生中，第一次别人如此关注他的讲话，并且报以最真诚的掌声。

这时，他忽然清楚地发现，到讲台上去，讲出自己经历的恐惧和忧伤，讲出自己的挣扎和拼搏，给他人以启迪，真是一件非常重要的事情。

于是，他开始了公众演讲。在演讲过程中，他尽量减少他的生理特性会对听众造成的影响，而且尽可能地讲出有价值、有影响力的话。

他有着天生的演讲家的气质，很快，他名噪一时，到现在为止，他在 190 多个国家，做了 800 多场演讲，他用自己的亲身经历，激励和影响了 200 多万人。

他就是著名的"激励大师"约翰·库缇斯。

约翰·库缇斯从小因为身体残疾，没有朋友，可是他把自己当成了最亲密的朋友，并且在这个"密友"的帮助下走上了讲坛，开始了他人生的成功之旅。

其实，无论我们每个人遇到什么样的困难，无论自己身上存在着什么样的缺陷，一定要与自己亲密同行，只有这样才能战胜苦难，走向属于自己的成功之路。

那么，我们又将如何与自己同行呢?

（一）永远与自己同在

为此，经常在这方面自我提醒是十分必要的。

“你与我同在吗?”

“我是你的力量之源。请时时到我这里补充能量!”

瑞岩和尚每天早上一醒来，就对自己喊道：

“主人翁!”

自己又回答：

“喏!”

“不要混混沌沌!”

“是!”

“不要被人欺瞒!”

“是!”

很多人对这一方法有不同的评价，有的人说：

“这是头上安头——无端弄出那么多‘我’来干什么?”

但也有人认为：

“这是训练自我觉知力和主人翁意识的一种好办法。我们都不是禅宗大德，更应该重视修为，故这种方法未尝不可一用。”

(二) 活用“交友四法”

既然是与自己交朋友，那么就要遵循交朋友的规则。怎么才能交到最好的朋友呢?我这里有一“四字真言”，多年屡试不爽，甚为奏效：

1. 诚。

真诚。真诚是交友的基础。因此，没有建立在真诚基础上的友谊，往往是沙上的城堡。

2. 敬。

尊敬。很多人觉得交朋友需要“亲密无间”，但是交友的真正成功者，都知道最好是“亲密有间”——“距离就是美”。

尤其关键的一点是一定要尊重对方。扪心自问你就知道：你可以和你看不起的人交朋友，但是很少能够和看不起你的人交朋友。

这点给人的最大启示就是：对自己，不要经常以瞧不起的、居高临下的态度对待，而要对自己彻底尊重。

3. 助。

帮助。你是可以向自己要求帮助的，你也是一定能够向自己提供帮助的。而且是——有求必应，“两肋插刀”。

4. 信。

信任。这实际是要你与自己建立一种牢不可破的信任关系：

一方面，愿意把自己交给自己信任。

另一方面，你值得自己信任。

这意味着无论你遇上多难堪、多困难、多痛苦的事，你都不需任何掩饰，可以直接向自己表露你的感觉和看法，不必因害怕奚落、责骂和压制而让自己戴上面具——你将成为自己的第一求助人，你也是自己的第一提供帮助者。

诚、敬、助、信——四者缺一不可，而且次序不可颠倒。

（三）养成善待自我的好习惯

1. 对你自己的需要，在不犯法、不伤害他人的情况下，要尽量满足。

在此刻，不妨先写下你一直想做而没有做的事。不管什么理由，也不管是否能够实现，先写下再说。然后再自问一句：是不是该下点决心帮自己实现？

2. 学习体验内心的感受，而不是一味理性地处理事情，只忙于分析和解决矛盾与冲突；并应培养写下生活感觉和个人情绪的习惯，经常对自己的感受负责。

3. 找一面镜子，好好地面对整体的你，向自己道谢。对那些你向来不喜欢的部分（如低矮的个子），认真地观察，体会心中的厌恶感。

之后，想象一下你是它，遇到你给予它的这种厌恶感，它会如何想？

假如你像它一样感觉到这份不公平，再向那个一直被你讨厌的地方道歉和道谢——感谢它多少年来一直跟着你为你服务，道歉是为此还经常招致你的厌恶。

最后跟它说一声：

“没关系，尽管这点使我不满意，但我能从别处找到我们共同应有的力量、温暖和幸福。”

4. 从肯定自己开始新的一天，以肯定自己结束每一天。

5. 养成遇事与自己对话商量的习惯，这不仅是培养自信心，也是培养自主力。

6. 一遇到进步，经常给自己一点奖励。这奖励可以是物质的，也可以是精神的，如“你太棒了！”

7. 遇到有挑战、有难度的事情，在开始行动之前，就回想自己值得肯定之处，称赞、勉励自己：“你是很不错的，再努力一点就更了不起了。”“你的悟性是一流的，假如更多一点具体性、系统性，就更了不起了。”

8. 即使受到了挫败，在态度上也不要过度自责。毕竟，你有个人的局限，何况一次做不好并不见得永远做不好。在理智上吸取教训，向自己的内在吸收一点力量，又可以重新开始！

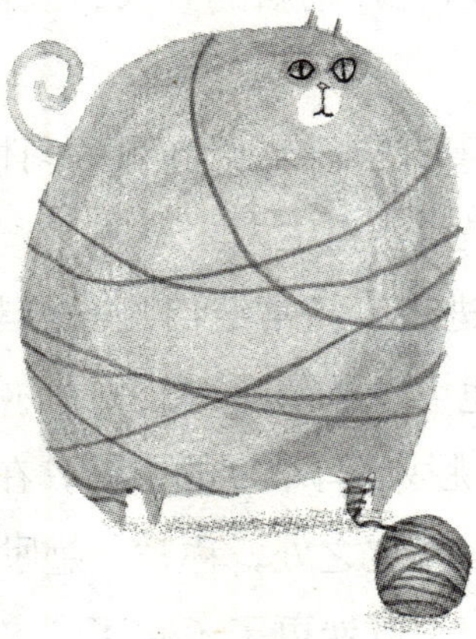

你是自己摆脱不了的存在。人可以飞到天边去，却不可能飞出自己那层薄薄的皮肤。

第四章
整合阴暗面

4

要整合，不要压制

从自虐到自爱，是开发自我潜能的重要前提。

而要培养自爱力和开发更大的潜能，就必须学会整合自己的阴暗面。而对阴暗面，我们只能整合而不可压制。

我们且来进行详细的分析：

“阴暗面”针对“光明面”而言。它们与每个人心灵感觉的角度有关，都体现出自己对自己的态度——喜欢或讨厌；接受或拒绝。

所谓“光明面”是人们认为自己身上“光彩”、“值得自豪”等而喜欢接受的方面。

而所谓“阴暗面”，则是人们认为“不光

彩”、“太气人”等而拒绝接受的方面。

尼采是近代西方影响最大的思想家之一。

这位生活在19世纪的思想斗士，在个性解放方面对20世纪西方社会的影响，很少有人能与之匹敌。

他响亮地喊出“重估一切价值”的口号，提倡“超人”理念和“强力意志”，反抗现有强权与“群盲”。

他像一只永远在发怒的狮子般奋斗了一辈子，但是却不得善终，在人生的最后岁月，在疯狂状态中迎接死亡。

细细分析尼采的悲剧，可以看到他对自己缺乏整合。最典型的是重视控制力，缺乏和解力。

尼采表面看来是向世界宣战，实际上是强迫自己向世界宣战，在这份强迫中，就包含有对自己宣战、过度为敌的性质。

所以，终其一生，他都是停留在“狂妄”层次和低级的“有力”状态，最多是一种高于打架、杀人的“高等疯狂”。

“超人”理念的确带来了他自我个性的最大张扬，但他成不了真正的超人。

每个人都有自己的阴暗面。既包含有形的方面，如不漂亮的容貌，也包含无形的方面，如绝不回想的失恋经历等。

不正视自己的“阴暗面”，是人的天性。绝大多数人，对自己不满意的方面，总是抱着一种不愿意承认和正视的态度。

但是，阴暗面是你整体生命的一部分。它绝不因为你不正视就不存在，它们潜伏在下意识中，实际上还具有超常的能量，一不留心就会向你发动“进攻”，给你造成极大的伤害。

众多的心理学研究成果表明：当一个人的意识和黑暗面失去接触时，黑暗面将是最危险不过的。

不正视和不整合阴暗面，将有如下恶劣效果：

（一）破坏性投射

由于对自己的阴暗面缺乏正视和整合，人内在的破坏性能量，没有能够在内在得到化解，于是，就转向外部，给外界造成极大的破坏。

20 世纪最有影响的心理学家弗洛伊德，以一句名言，表示了这种破坏性投射，导致给自己和他人带来伤害的现象——

“恐惧是残忍的妈妈。”

这一原理，十分辩证地表示：一个表面看来似乎强大的人，为何会给他人带来巨大的伤害——不是由于其外表的“强”，而是由于其内在的“弱”。

希特勒是法西斯德国的元首。当他刚上台时，几乎所有的德国人都把他看成是拯救德国的救星。

的确，他看来是那样的有力，那样的聪明，似乎永远不可战胜。然而，事实证明：他把德国几乎带向了毁灭。

事实上，希特勒表面看来很张狂，似乎很有心力，但内在却是充满不安全感，是一个心性绝对有问题，缺乏将自己的心灵问题进行整合的变态者。

由于缺乏克制、整合自己阴暗面的心力，他便要把自己的阴暗面转移到外在的人，结果不仅给德国带来毁灭性的打击，也造成人类有史以来的战争灾难。

（二）阉割创造力

人们喜欢以“善”、“恶”等标准来评判一个人的价值。但具体到一个人的生命力和创造力这一层次，还得超越性善、性恶两分法评判。

如佛教，就认为人的生命，是“无始”以来的，因此沾有“习气”，其“第八识”——阿赖耶识，就有各种籽，既可为善也可为恶。在西方，美国思想家爱默生提出“我们的一切无不善恶同源”。

现代的心理学家荣格和罗洛·梅，更是重视“原始生命力”的作用。

他们认为：性善与性恶论，都是枝节，最大程度决定人行为的，是生命力，尤其是原始生命力，心灵的整合关键在于生命力的导向与整合。

如人们经常说要以“理性控制感情”，但是，真正的整合却是重视感情，他们要人不当激情的奴隶，并不是要与激情为敌，以理智压抑感情，而是要把激情整合进来。

此外，表面看来的“阴暗面”，往往潜藏着巨大的创造力。

就像里尔克说的那样：

“假如我的魔鬼离开了我，恐怕我的天使也要离开我了。”

去掉它，实际就去掉了创造的源泉。人本主义心理学家马斯洛在研究了众多的成功者之后，总结说：

“为了保护自己而去反对自我内部的地狱，结果也就被自己同自我内部的天堂割裂开了。

在极端的情况下，我们就成了平庸的、封闭的、僵硬的、冷漠的、拘束的、谨小慎微的人，成了不会笑、不会欢乐和爱的人，成了愚笨的、依赖他人的、幼稚的人了。

他的想象，他的直觉，他的温暖，他的富于感情，全都逐渐被扼杀或被歪曲了。”

（三）不整合就会“破罐子破摔”

面对自己的不如意的阴暗面，有不少人开始时很想改变。

但是，由于改善速度慢或者具有反复性，最后他便采取不正视的态度。

于是，就演变成“破罐子破摔”，最终导致全然堕落或毁灭。

南北朝时期，齐显祖建立齐朝。在其创业和登基之初，留心政术，重视人才，又奖罚分明，内外莫不肃然。

不仅如此，每到打仗的时候，他都身先士卒，勇于冲到前面。

但是，几年之后，他就因为有功而自鸣得意起来，开始变得嗜酒淫逸，行为荒诞狂暴。

一次，娄太后因为他老发酒疯，气愤无比，就举杖击地而责骂他。

但他竟向太后开了一句十分轻浮的玩笑，于是太后大怒。

他想逗太后笑，就自己匍匐前行，以身体将床举起来，使太后摔到了地上并受了伤。

酒醒之后，他十分惭愧和悔恨，便弄了堆柴，准备点火跳进去，以此来惩罚自己。

太后又惊又恐，于是把他拖回来，并劝慰他说：

“你那天不过是喝醉了！”

虽然太后原谅了他，但是他还是不肯原谅自己，于是脱去上衣，跪在地上，命令其他人执杖打他，并下令说：

“打不出血，我就杀掉你！”

见此情景，太后上前抱住他，让他不要这样，但他坚决不肯，最后让人在他脚上击打五十下，才算结束。

那天之后，他开始戒酒，但没坚持十天，就又和原来一样。

此后，他便干脆破罐子破摔了。

一次，他到皇后家，竟然用箭射自己的岳母，一边还骂：

“我醉的时候连我的母亲尚且不认识，何况你这个老不死的！”

不仅如此，还用马鞭乱打了她一百多下。

这个案例，不管是对心力训练，还是对一般的心理学研究，都是绝妙的例子。

它的独特之处，不仅在于一个本来励精图治的人，如何最后落到如此荒诞和残暴的地步，更在于在一段时期内，他并不满意自己“堕落”的状况。他想改，却像中了邪一样地无法自拔，最后干脆自暴自弃。

在这位皇帝的身上，我们许多人都可以看到自己无法控制自己心灵的痛苦和无奈。

他们所遭遇的，是面对人生最大的软弱性——心灵对自我的背离：不由自主。这里最缺乏的，不是一个单单想改造自己的愿望，更是对自己阴暗面的整合——整合的意识及整合的技巧。

如上所述，阴暗面不能压抑和排斥，而只能正视和整合。

假如我们与自己排斥的阴暗面建立良好的联系，就能在更完整认知的基础上，减少投射作用造成对事物的认识偏差，减少自我抗拒，达到更诚实的自我接受度，并化解不期而遇爆发的负面情绪，使自己更具建设性、创造性。

烦恼即菩提

阴暗面不仅应该整合，而且也可以整合。更重要的是：假如整合得好，甚至还能更好地转变，将破坏性力量变为积极性力量。

佛家有句名言：

"迷时，菩提即烦恼。悟时，烦恼即菩提。"

这最明显地体现在"浪子回头金不换"上。

有的人，看似无药可救，但是，这种人的心中，也许正酝酿着重生的最大契机。

若被整合、转化，往往比一般人表现得更好。

愚堂禅师是日本的国师。

一次，在下大雨时，他到一户人家躲雨，发现家中有一位妇女、一位老母亲和几个小孩，都面有忧色。

一问之下才知道，原来男主人是个赌徒，经常夜不归宿，家中的生活陷入了无比的困顿之中。

愚堂禅师决定帮助他们，于是拿钱请妇人去买些酒菜，然后让她们都去休息。他自己则在堂前打坐，等候迟迟不归的男主人。

直至深夜，酒气冲天的男主人才东倒西歪地回了家，一回来就嚷着要吃要喝，吵闹不已。愚堂禅师便请他喝酒吃菜，并说：

"承蒙你太太好心留我避雨过夜，所以买些酒菜作为回报，请慢慢享用。"

男主人毫不客气地吃喝一番后，烂醉如泥，倒头便睡，愚堂禅师则在一旁打坐到天明。

醒来后已将前夜之事忘得一干二净的男主人，见到愚堂禅师便问他是谁，知道他竟是国师愚堂时，不禁惭愧非常，连忙道歉。

愚堂禅师微微一笑说：

“世事无常，人生苦短，你若长此以往，不但会一事无成，还会拖累家人。”

这位男主人听了如梦初醒，恍然大悟，感激之余坚持要送禅师一程，送了三里之后，禅师请他回去。

他却又要求再送五里，然后又送了十里。

最后，当愚堂禅师再度请他留步时，他下了毕生以来最大的决心：宣布跟愚堂禅师出家，后来成了他的衣钵传人——日本著名的无难禅师。

无难禅师为何会有这样的转变？其实有的人表面看来很粗暴、很堕落，但依旧有善良的根本。

这种人有时并非认可自己的生活，甚至对自己的生活有着比他人更深的厌恶，只是深陷其中，难以自拔。

但是假如有了机缘，给其信心，潜藏在他们身上那种对美好生活与心灵的追求，就会比一般人更为强烈。这点，不仅在“他度”时这样，要自度的人也同样。

日本神僧一休，少年出家，但未开悟，一度十分痛苦，甚至有过“若有神灵，速来救我。若无神灵，弃我河塘，以葬鱼腹”的绝望呐喊。

但是，当他开悟之后，就变得轻松快活无比，成了人们印象中那个充满灵气和活力的小和尚了。

前些天，在一本杂志上读过这样一则故事：

有个人因为对朋友的信任，在十几年前借给他1800万元作为周转。这位多年深交的好友是生意人，事业做得很大，住豪宅，出入有名车。

但是，两个月后，这位“好朋友”便“人间蒸发”了，完全没有任何音讯，听说是为了躲债跑到美国去了。

而那1800万瞬时成了收不回的死债。更让人感慨的是，这其中有800万是他拉下脸向亲朋好友借来的。

事情发生之后，他变得异常消沉，觉得人生没有希望了。

他开始封闭自己，不与人交往，心中充满了怨与恨，每天的日子更是过得烦闷不堪。

一天，他去听一堂演讲，讲师在课堂上讲了这样一个故事，令他非常震撼，并彻底改变了他的观念以及接下来的人生际遇。

故事的大体内容是：

有一个人开车回家，车子行驶在高速公路上，紧跟在一部货车的后头。货车上堆满了重物，不幸的是，车顶上固定货物的绳子并没有绑牢，东西瞬时落了下来，车祸刹那间发生了。

这个人的双脚因此断掉，后半辈子将在轮椅上度过，为此他心中充满了怨恨。

后来这个人的老师来看他，为了让他能从痛苦中解脱出来，于是问了他几个问题。

“是谁选择开车上路的？”

“是我。”

“是谁选择在这个时间回家的？”

“是我。”

“回家的路有那么多条，是谁选择走这条路的？”

“是我。”

“高速公路上的车子这么多，是谁选择开在这部车的后面？”

年轻人低着头，若有所思地回答说：

“还是我。”

老师继续说道：

“东西没有绑好，可能会落下来，这是已存在的事实，无论如何砸下来的结果是一定会发生的。如果没有砸到你，也可能会砸到别人。

但此刻的结果是谁让它发生的呢？如果不是你选择在这个时间上路，不是你选择走这条路，不是你选择跟在这部车的后面，不是你没有保持足够的安全距离，那么即使东西掉下来，也没有人会受伤，不是吗？

所以，你认为你究竟该不该负责任呢？”

故事中的这些对话像是禅宗的“棒喝”一样，深深地敲击着这个人过去这段灰暗的时光。

是的！是他自己决定要借这1800万元，而不是180万元或1.8万元。

他终于想通了，决定扛起一切责任。而就在那一刻，所有的怨恨都不见了。他理了头发，买了一套新西装，重新开始为事业打拼。

他比以前更努力也更谨慎了。后来不仅在短时间内偿还了债务，并且重新为自己的工作找到定位，现在他已是一家知名的建设公司的董事长。

假如，这个人没有经历过这样的遭遇，没有遭受这么巨大的烦恼，我想他可能就会安于现状，没有那么大的奋斗动力。

而从这则故事中，我们可以看出恰恰是烦恼成就了他。

可见，烦恼可以激发一个人的奋斗力，烦恼也就成了菩提。

就像李兹·格林说的那样：

“阴暗面不仅是需要救赎的恶人，它本身又扮演着可以提供救赎的拯救者。”

这也正好印证了“烦恼即菩提”这样一个道理。

四步整合法

经过多年的探索，我总结出一套理想的阴暗面的整合法。它一共分为如下四个步骤：

（一）正视

不躲避，不逃跑，不三心二意，而是对你的阴暗面积极正视。

这是最基本的一步。由于正视总是伴随着不安、痛苦，所以最重要的一点，就是要有决心和忍耐力。

哪怕你感觉到两只腿软弱得要倒下，但是眼睛还是要盯着对方。

在《读者》上读过这样一个故事，让我感触很深：

“萨班哲是当代土耳其的超级富豪，其庄园和产业几乎覆盖了土耳其大部分国土。

“SA”的符号是他的产业的标志，而土耳其的国民，对“SA”符号意味的稔熟，如同每天早晨开门看到阳光。

然而，这位富豪有个令人大惑不解的怪癖。

他供养着一群土耳其最好的漫画家，在一间豪华的大厅，他让这群漫画家随心所欲，画他萨班哲的肖像漫画，谁画出了最丑的萨班哲，谁就能得到大大的一笔奖励。

结果，萨班哲的每一个丑陋之处，都被无限地放大和夸张。这群漫画家整天琢磨、挖掘着萨班哲的“闪光点”，甚至一颗小痣，都被演变成乌鸦的脑袋。

工作之余，萨班哲徜徉在大厅，一幅一幅地欣赏着。他很快乐，他看到了在美酒、鲜花、掌声和赞誉前那个不一样的自己。

公众不理解的是，就是再想了解真实的自己，他也可以照照镜子，何必拿自己的相貌开涮?

其实，人对自己的相貌都很介意。传说中有位又瞎又瘸的国王，为了掩饰自己的上述不足，竟砍掉了两位画师的脑袋，真实再现不行，严重脱离真实也不行。

血的教训之后，才有了第三位聪明的画师，画上国王一条腿蹲在石头上，拉弓瞄准的杰作。

与萨班哲相反，世人想到的无外乎都是如何美化自己。去看看那些各色人等的照片，就知道他们对自己形象的珍爱。

去看看照片上的人们：立于雪地，握一把雪，以示浪漫；陷入沙发，手撑下巴，状若沉思；置身平地，目视远方，表明其志不在小。即便伟人也概莫能外。

有人说可能萨班哲很另类，有人说可能萨班哲很风趣，有人说可能萨班哲很有幽默感，有人说可能萨班哲喜欢真实，有人说萨班哲是在惩罚自己。

可是，我觉得萨班哲是在做一种心理体操。因为萨班哲既幸运亦不幸。

这位超级富豪育有一儿一女，不幸的是，一儿一女，均有弱智的残障。

现实的真实总是残酷得让人寒彻肺腑。作为一个父亲，谁也无法接受。生活的磨难，意味着让你选择——那些你不想做出的选择。

画最丑的自己，一点一点去接受。如果看到最丑的自己，依然那么开心，那就意味着已经成功地训练自己爱上了生活中的缺憾。

是的，它很丑，但你必须爱它。生命的宽广，正在于接受那些宁死也不想接受的事实。”

其实，萨班哲正是在正视自己的缺点和面临的困难，我想也正是他这种勇于正视自己的勇气才成就了他的事业。

（二）倾听

不要发言、不要评判，尤其不要妄加指责，你只是耐心地倾听对方的声音。

阴暗面也会有它的情感，也会有它的意志，但以往它受惯了你的责骂，因此即使要表露也都是采取“小偷”般的方式间接流露的，此时它必然不会习惯你的态度。

不要紧，只要你坚持下去，它会向你卸下自己的面具。也许它是呻吟呜咽，也许它是暴怒狂躁，你且像一个慈爱的母亲看着受委屈的孩子，让他尽情发泄。

你一边倾听，一边站在对方的角度进行“换位思考”或“换位感受”。看对方到底有何被压抑的感受与需求。

下面略举两例说明应如何倾听：

（1）“你难受吗？”

“我很难受……”

“难受到什么程度？”

“想死了。”

“没有这么严重吧？讲给我听听……”

（2）“你为什么难受？”

“因为我不愿意丢失的已经丢失了。”

“你是不是觉得自己全完了？”

“呜……可能吧……不过我还不想全部放弃。”

“那我们一起来对付这一问题吧……”

（三）拥抱

你终于深深地感受到了对方的痛苦，也理解了对方的合理性（即使是部分）。

现在，请你再次像母亲对自己孩子一样伸开臂膀，把他拥抱在怀里。对他说一声：

"不管怎么样，我们是一家人，我爱你!"

记住：原谅永远是疗伤的必要条件。

（四）转化

这是最后一步，也是最重要的一步。它决定整合是否真正完成。

佛教中有个孔雀明王，专门取孔雀吃的有毒的东西，反倒长得美丽之极。

看过金庸武打小说的人，对这一点不会陌生：不少最厉害的高手，恰恰在吸收正派功夫同时，吸收了邪派高手的功力才成大器。

转化包括两方面：

一方面，你躲避的"阴暗面"，恰恰是你应该追求的光明面，那么就得你向它靠齐。

如在"文革"中，穿色彩丰富一点的衣服就可能被斥为"资产阶级情调"。

现在人们已经向这一"情调"屈服了。

另一方面，学会吸收合理的内容。

阴暗面中有些不好的东西，你要将它剔除。但是，它其中有不少好的东西和对你合理的要求，你就得将其吸收，将其转化到更有建设性的方面来。

马斯洛曾经说过：

“（我所研究的自我实现者）不太害怕别人……然而，也许更重要的是不畏惧自己的内部世界，不怕自己的冲动、情绪和思想。他们比普通人更能接受自我。

这种对自己的深邃自我的赞同和认可，使他们更有可能敢于觉察世界的真正性质，也使得他们的行为更有自发性，较少控制、压抑等。”

ABCDE 法

此法简便易记。香港突破机构总干事蔡元云医生，在实践中对其运用，产生了很好的效果。

A——Awareness：醒悟

遭遇困境，醒悟到自己的脆弱，承认自己的创伤，感受到自己的无助。这是迈向治疗的第一步。

B——Bewidered：迷惘

迟钝的、麻木的人，看来比感觉敏锐的人更无忧无虑，当他们对自己内心的矛盾进行醒悟，觉察到更多人与人之间的矛盾时，就可能会更加迷惘，百般滋味全到心头，却又无所适从。

对此，不少人不敢安静独处，而是宁可日以继夜地在外面，让急速的节奏、人群的喧闹淹没内心的声音。但一段时间的迷惘，却胜过一生的混沌。

C——Confession：忏悔

没有谁愿意面对自己内心的阴暗面，肮脏、狡诈、嫉妒、愤怒、贪婪、自私……自己哪敢面对？

忏悔就是肯承担自己的过错。

这是最重要的一关，既包括面对也包括承担。私下里忏悔还相对容易，要当着别人忏悔可就难了（向父亲忏悔总是比向上帝忏悔更难）。

这一步不容易跨越，你当加倍努力。当然，假如你有“支持系统”——知心朋友在此时支持，更可增加力量与信心。

D——Dying：死亡

一切的治疗都是先死而后生。忏悔是将人引入死亡的幽谷，此时你最重要的是把一切放下：面子、得失……此时你好像坠入绝望的深渊——似乎尊严、能力、朋友都失去了。

假如你敢于勇敢地独自面对与坚持，曙光就在前面。

E——empowered：复活

新生的开始。走到隧道的尽头，重见光明。心灵受到了洗涤，世界重见光明。

在一本杂志上读过这样一个感人的故事：

有这样一个孩子，他相貌丑陋，说话口吃，而且因为疾病导致左脸局部麻痹，嘴角畸形，一只耳朵失聪。

他的母亲为此陷入深深的痛苦之中：

“一个来到世界上没几年的孩子，就要忍受不幸命运的折磨，他以后怎么生活啊？”

但是，他的母亲没有想到，甚至谁也没有想到，这个孩子注定是个生活的强者。

他比一般的孩子更快地走向成熟，他默默地忍受着别的孩子的嘲笑、讥讽的话语和目光，他也自卑，却有着奋发图强的意志。

别的孩子在玩具中打发时间，他却沉浸在书本中，在他读的书中有很大一部分是成人读物，他却读得津津有味，因为他从中学到了坚强，学到了一种永不放弃的品质。

而且为了矫正自己的口吃，他模仿古代一位有名的演说家，嘴里含着小石子讲话。

看着嘴唇和舌头都被石子磨烂的儿子，母亲心疼地流着眼泪说：

“不要练了，妈妈一辈子陪着你。”

懂事的他替妈妈擦着眼泪说：

“妈妈，书上说，每一只漂亮的蝴蝶，都是自己冲破束缚它的茧之后才变成的，如果别人把茧剪开一道口，由茧变成的蝴蝶是不美丽的，我要做一只美丽的蝴蝶。”

就是因为这样，功夫不负有心人，经过刻苦锻炼，他能流利地讲话了。因为他的勤奋和善良，中学毕业时，他不仅取得了优异的成绩，还获得了良好的人缘，他周围的人，没有谁会嘲笑他，有的只是对他的敬佩和尊重。

这时，他母亲为他找到了一份不错的工作，她希望自己的儿子尽量顺利些。但他同样对母亲说：“妈妈，我要做一只美丽的蝴蝶。”

之后，他毅然放弃了妈妈给他介绍的工作，参加总理竞选，当他的成长经历被人们知道后，他赢得了极大的同情和尊敬，他说的“我要带领国家和人民成为一只美丽的蝴蝶”的竞选口号，使他高票当选为总理，并在 1997 年的竞选中再次获胜，连任总理。

人们亲切地称他为“蝴蝶总理”，他就是加拿大第一位连任两届、跨世纪的总理让·克雷蒂安。

让·克雷蒂安有着天生的缺陷，我相信他也曾经自卑过、悲伤过，但是幸运的是，他的坚强冲淡了这些，使他一步步走向了成功，使他破茧而出，真正复活了。

已经记不清是什么时候在某杂志上看到下面这篇文章了，但是我对文章的内容记忆犹新，迄今为止它对我的触动也是非常大的：

2002 年底，意大利的一些报纸上出现了一条特殊的寻人启事：

“1992 年 5 月 17 日，在瓦耶里市商业区第 5 大道的停车场，一个白人妇女被一个黑人小伙子强奸。

不久，女人生下了一个黑皮肤的女孩。她和她的丈夫毅然担当起抚养女孩的责任。然而不幸的是，如今这女孩得了白血病，急需做骨髓移植手术。他的生父是拯救她生命的唯一希望。

希望当年的当事人看到启事后，速与伊丽莎白医院的安德烈医生取得联系。”

这则寻人启事在社会上引起了轩然大波，人们议论的焦点是：

“这个黑人会站出来吗？他显然面临两难选择，如果站出来，他将面临名誉扫地、家庭破裂的危险；如果保持沉默，他将再犯一次不可饶恕的罪行。”

希望总是在绝望的时候出现。当这则特殊的寻人启事出现在那不勒斯市的报纸上后，一个30多岁的酒店老板心中掀起了波澜。

他是个黑人，叫阿奇里。在他的生命中经历过这样一个恶梦般的雨夜，他就是这个故事的主角。那时候他还只是一个洗碗工，是一个品格很好的小伙子。

有一次，他不小心打碎一个盘子，老板居然按住他的头逼他把盘子碎片吞掉。

阿奇里愤恨地给了老板一拳，冲出餐馆。怒气没消的他决定报复白人，雨夜的路上几乎没有行人，在停车场他遇见了一个白人女人，出于对种族歧视的报复，他一怒之下无情地强奸了那个无辜的女人。

事后，阿奇里惶恐不安。当晚他用准备过生日的钱买了一张火车票，逃离了那里。

之后，阿奇里顺利地在一个美国人开的餐馆找到了工作。那对美国夫妇很欣赏勤劳能干的他，还把女儿丽娜嫁给了他，最后把整个餐馆委托给他经营。

几年下来，精明的他不但把餐馆发展成了一个生意兴隆的大酒店，还有了三个可爱的孩子。

在员工和家人眼里，阿奇里是个好老板、好丈夫、好父亲。然而他一直没有忘记自己犯下的罪恶。

他祈祷上帝保佑那个被他强奸过的女人，希望她平安无事，但他从没把心底的秘密告诉任何人。

看到这则消息以后，阿奇里更加烦躁不安，他思考着是否应该站出来去承认自己的罪行，拯救自己的女儿？可是他会因此而失去现在的一切。

挣扎了一些时日，他终于拨通了医院的电话，坦言他或许就是那个孩子的亲生父亲，并希望自己的骨髓能救活一个小生命。

然后，他把真相告诉了妻子，当时他的妻子很生气，并没有原谅他的罪过。

但是，当他从手术室出来的时候，他救活了那个小生命，那对白人夫妇对他感激万分，他的妻子也因此原谅了他。

他，从一个强奸犯变成了一个英雄。

阿奇里犯下了不可饶恕的罪行，虽然之后他过得挺富裕，但是他的心却无法安宁。

他曾经醒悟过，之后因为自己是否去赎罪而变得迷惘，因为忏悔而痛苦得跟死亡一样，最后他终于战胜了自己，站了出来，他得到了复活，成了英雄。

脚步再一次轻盈，可以抬起头来，不必再畏缩地躲避这个、躲避那个；再一次光明磊落地面对世界，再也没有需要掩饰的地方。

阴暗面不仅是需要救赎的恶人，它本身又扮演着可以提供救赎的拯救者。

第五章
挑战“躲避成功症”

5

“躲避成功症”的表现

重整心灵的第五点，就是要向“躲避成功症”挑战。

看到这个词，你一定觉得十分惊讶：不是人人都追求成功吗，怎么会有“躲避成功症”呢?

一点不假。“躲避成功症”是西方的心理学家发现的。

“躲避成功症”已经得到了心理学家的重视。

1969 年，美国心理学家马蒂娜·霍纳在研究中就发现：

“人们存在面临成功而导致的焦虑，在妇

女中尤其普遍。这种症状称之为‘成功恐惧症’或‘回避成功动机’”。

后来，他们根据许多调查，发现在不少人身上存在这样的现象：

由于心态、习惯或别的原因，不少人在成功的机遇面前，竟然出现一种奇怪的内心冲突现象：既渴望成功，又害怕成功。

不仅害怕争取成功的路上往往要遇到的失败，也害怕成功到来的瞬间所带来的心理冲击；

不仅害怕成功所带来的种种社会压力，也害怕在面对成功时，不得不面对平时总不敢正视的自己……

这些症状，后来就被他们统统总结为“躲避成功症”。

有“躲避成功症”的人，是经常与成功擦肩而过的。本来他完全可以拥有成功的机会，但是由于他们的畏惧与摇摆，往往让机会在自己面前溜掉了。

与此相反，一些优秀的人，是绝对不躲避成功的。他们不仅能够创造事业的成功，也同样能够创造爱情与生活的成功。

且看巴斯德的故事。

巴斯德是法国著名化学家、免疫疗法的创始人。

他在27岁到斯特拉斯堡大学担任化学教授时，看中了校长的女儿玛丽小姐。但他的一些朋友认为，按他的条件，很难说有成功的可能，因此让他最好打消这种“非分之想”。个别看不起他的人，更是在私下说他是“癞蛤蟆想吃天鹅肉”。

但巴斯德就是不放弃这份“非分之想”，而且，“进攻”的第一个对象，竟是校长本人。

他向校长写信，在直接表达自己感情的同时，还坦然相告：

“我的父亲是普通工人，我也没有财产。我所有的只是身体健康、工作勇敢和我在大学里的职位。然而，我并不是为了地位而研究科学的人。

我计划把一生献给科学研究，并希望能有某种程度的成功。我以这些微薄的聘礼，请求您允许我和您的女儿结婚。”

巴斯德的纯朴和大胆，得到了校长的欣赏。接着，巴斯德又给玛丽的母亲写了一封信：

“我怕的是，玛丽小姐太重视初步印象了，而初步印象对我是不利的。我确实没有什么地方可以吸引一位年轻姑娘。可是，熟悉我的人都告诉我，他们都是喜爱我的。”

可喜的是，他也获得了玛丽母亲的好感。

最后，巴斯德直接向玛丽小姐写了求婚信：

“我只告诉您一点，不要过于匆忙下判断。要知道，时间会告诉您，在我这个矜持腼腆的外表下，还有一颗充满热情的心。”

结果，让那些挖苦他“癞蛤蟆想吃天鹅肉”的人大跌眼镜，巴斯德一举成功，玛丽小姐答应嫁给了他。

想想，假如巴斯德也像那些规劝他的人那样，认为这是“非分之想”而放弃，那么他还能娶到自己心爱的姑娘吗？

毫无疑问，假如巴斯德像规劝他的人那样想和那样做，绝对不可能娶到自己心爱的姑娘。

正因为他对自己拥有充分的自信，对自己的目标勇敢地去追求，所以，才没有怕受“癞蛤蟆想吃天鹅肉”的奚落，而放弃追求。

现在倒过来想一想。我们不妨假设：假如那些规劝巴斯德放弃的人，自己拥有巴斯德那样的条件，他们会如何呢？

毋庸置疑，他们一定会对自己极尽奚落与打击之能事，最后，只好将自己本来完全可以把握的成功放弃。

可以毫不夸张地说：像巴斯德这样勇敢地去追求成功并且真的成功了的人，只是生活中的少数。

而更多的人，则是像那些规劝他的朋友那样，在成功的机会面前，摇摆、畏缩，与成功失之交臂。

所以，我们既然想成就一番事业，就一定要勇于追求成功，永远不要躲避。

如果觉得巴斯德离我们还有点遥远，不妨看一个中国年轻打工仔的故事。

这位年轻人中专毕业后，去深圳打工。

不到半年，他凭着个人的勤奋和超强能力，坐到了管理层位置，每个月 5000 元，那时他才 17 岁。

可是，他却放弃了这份工作，那是因为，他想考大学。

于是，他回到了家乡补习，准备参加当年的高考。

可是没有一所中学愿意收他，因为他没读过高中，所有人都认为他考不上大学，会影响学校的升学率。

最后，好不容易有个学校收了他，第一次月考，他考了全班倒数第二，但他毫不气馁，依然刻苦努力。第二次月考，他升到全班第一，名次已经是全市第一。

一个学期后，他竟然出人意料地成为了当地 15 年来第一个考上清华的大学生！

大学毕业后，他进了一家报社做财经记者。凭着勤奋好学，仅仅 4 个月，他就成为报社最出色的记者之一。

但是，面对残酷的竞争加上他的好胜心，他又决心创业。经过几个月的准备，他写出了第一份商业计划书，并开始主动出击，寻找风险投资商。

在一次采访中，听说雅虎创始人杨致远会在场，于是，他第二天决心去堵杨致远。他是记者，很容易就进了会场，却始终找不到机会与杨致远单独交谈。

直到散会，看到杨致远进了电梯，他一个箭步冲了进去，不管三七二十一，先按了电梯的关门按钮。杨致远猝不及防，急得大叫：

“我的同事还没有进来呢！”

可是门已经关上了。这时，他拿出了商业计划书，杨致远这才恍然大悟，接过计划书看了看，然后给了他一张名片，说：

“我回头看看再答复你。”

他满怀憧憬地回去等待答复，可是左等右等，几个月过去了，始终没有回音。

梦想的大门未能打开，记者还得继续做下去。

不久，他又参加了一次科博会，记者们都争着向那些海归名流提问，唯独有一个人被冷落在一边。那是个民营企业家，当时名气不是很大，没人向他提问。

于是他接连向那个企业家提了几个问题，替他解了围。散会后，企业家主动找他聊天。

他向企业家谈起自己的创业梦想，企业家看了看他的计划书说：

“创意不错，就冲你这个人，我给你投1000万！”

可1000万元毕竟不是小数目，需要经过董事会讨论。几天后，企业家告诉他：董事会经过慎重考虑，认为他这个项目风险太大，不能给他投资。

就在他失望之际，企业家告诉他，他决定以个人的名义给他投资100万元，理由是：

“你这个项目风险确实太大，但是你这个人没有风险！”

从此他的梦想被插上了翅膀，那位企业家的眼光很准，这个年轻人的确没有风险。

年轻人名叫高燃，两年前创立了 My See 直播网，今年25岁，身价已经过亿！

从一个打工者到亿万富翁，高燃只用了短短的几年。

他的成功在于，他不躲避成功，而是勇敢面对，机遇在面前，他就会紧紧地抓住不放。

当然，这种勇气更来自他对自己能力的信任和肯定。

既然“躲避成功症”那么可怕，我们不妨总结一下：“躲避成功症”到底有哪些具体的表现：

1. 有足够的优势成功，但却认为自己“不是那块料”，最终放弃成功。

2. 有足够的优势成功，但认为这些并不重要，而是运气等因素更重要，放弃成功的努力。

3. 在抽象的意义上追求成功，但一到具体的场合，就放弃追求成功。

4. 追求成功，也为此付出了许多努力，但事到临头打退堂鼓。当成功唾手可得时，突然对成功有了一种恐惧，畏缩不前，导致功亏一篑。

5. 成功已经到手，但是不知何故，总认为这份成功不属于自己，最终把它毁掉。

请你检讨一下自己：在你的身上，也有这些表现吗？

如果有，请你像抖落蚂蟥一样将它们抖落！

否则，它们会吸干你生命的能量，让你在“躲避成功”中，失去了本可以拥有的成功与幸福！

把梦想“当真”

“躲避成功症”的“病因”之一，是似乎有成功的理想，但是，却并不把它当真，而是抱着一种“能成就成，不能成就拉倒”的态度。

而对理想当真者，则有一种“非成功不可”的意志。对他们而言，所有遇到的困难，所有自己现有的缺陷，都不构成放弃追求成功的理由。

享誉国际的华人导演李安就是一个有着雄心壮志和崇高梦想的人。

在他年轻的时候，他准备报考美国伊利诺大学的戏剧电影系，但是却遭到了父亲的坚决反对：

“在美国百老汇，每年只有 200 个角色，但却有 50000 人要一起争夺这少得可怜的角色。你一个华人去了，想争取这样一个角色简直是痴心妄想。”

但是，李安没有听从父亲的安排，一意孤行，登上了去美国的班机。

正是因为如此，他同父亲的关系恶化了，近二十年间和他说的话不超过 100 句。

等他几年后从电影学院毕业后，他终于明白了父亲的苦心所在。

因为在美国电影界，一个没有任何背景的华人要想混出名堂来，实在是太难了。

毕业后，李安经过了 6 年多漫长而无望的等待，大多数时候都是帮剧组看看器材、做点剪辑助理、剧务这类的杂事。

最痛苦的经历是，他曾经拿着一个剧本，两个星期跑了三十多家公司，一次次面对别人的白眼和拒绝。

这样的奔波毕竟还有希望，最怕的是拿着一个剧本，别人说可以，然后这里改、那里改，改完了等投资人的意见，意见出来了再改，再等待，可最终还是石沉大海，没了消息。

那时候，他已经将近30岁了。他时时在想：

“人们都说三十而立。而我连自己的生活都还没法自立，怎么办？继续等待，还是就此放弃心中的电影梦？”

因为没有正式的工作，他和家人的生活过得非常艰难，这加深了他想改行的想法，并开始学起了电脑。

这时，妻子却对他说：“安，要记得你心里的梦想！”

那一刻，他猛然醒悟，于是继续朝自己梦想的方向艰难行走。

终于有一天，他写的剧本得到基金会的赞助，开始自己拿起了摄像机，再到后来，他的一些电影开始在国际上获奖。

一次，他的妻子重提旧事：

“我一直就相信，人只要有一项长处就足够了，你的长处就是拍电影。你要想拿到奥斯卡的小金人，就一定要保证心里的梦想。”

不管这个曾经的梦有多遥远，如今它毕竟部分地实现了。

他的努力和忍耐终于有了回报，同时也让他更加坚定，一定要在电影这条路上一直走下去。因为，他心里永远有一个关于电影的梦。

把自己的梦想当真，才能美梦成真！

日本“麦当劳大王”藤田田的经历，给我们很多启示。

藤田田自毕业之时起就想着自己一定要创业。到毕业6年后，他看到了一个商机：在日本率先成为世界著名食品连锁集团麦当劳的特许经营公司。

但是，他遇到的似乎是无法克服的困难。根据麦当劳总部的要求，要成为麦当劳的连锁企业，必须有75万美元现款和一家中等规模以上银行的信用支持。而他，拥有仅仅不到5万美元的存款。

5个月四处告贷的结果是，他只借到4万美元。要是一般人，也许早就心灰意懒，前功尽弃了。

然而，藤田田却偏有对困难说“不”的勇气。于是，他西装革履，满怀信心地敲响了住友银行总裁办公室的门。

尽管藤田田以极其诚恳的态度表明了创业计划和求助心愿，但银行总裁还是拒绝了他。

藤田田没有失望，恳切地对总裁说：

“先生，您可否让我告诉您我那5万美元存款的来历呢?”

在得到肯定答复后，他告诉总裁：

“在跨出大学门槛的那一天我就立下宏愿，要以10年为期，存够10万美元，然后自创事业。现在拥有的5万美元，就是我6年来雷打不动，按月存款的结果。6年里，我每月坚持存下1/3的工资奖金，从未间断。

有时候，碰到意外事故需要额外用钱，我也照存不误，甚至不惜厚着脸皮四处告贷，以增加存款。因为我必须这样做，现在机会来了，我一定要提早开创事业……”

总裁越听神情越严肃，在向藤田田问明了他存钱的那家银行后，他答应下午给藤田田答复。

送走藤田田后，总裁立即驱车前往那家银行，亲自了解情况。柜台小姐了解总裁来意后，赞不绝口地说：

“哦，是问藤田田先生啊！他可是我接触过的最有毅力、最有礼貌的一个年轻人。6年来，他真正做到了风雨无阻地准时来我这里存钱。老实说，这么严谨的人，我真是要佩服得五体投地了！”

总裁大为动容，立即打电话告诉藤田田：住友银行可以毫无条件地支持他创建麦当劳事业，并告诉他自己为何这样决定的理由：

“我今年已经58岁了，再有两年就要退休，论年龄，我是你的 2 倍，论收入，我是你的 30 倍，可是，直到今天，我的存款却还没有你多……

我可是大手大脚惯了。光是这一点，我就自愧不如，敬佩有加了。我敢保证，你会很有出息的。年轻人，好好干吧!

后来，藤田田在日本开了 1 万多间麦当劳店，一年的营业总额突破 40 亿美元大关。

看到李安与藤田田的成功，你一定会得出这样的结论：

成功者与失败者的区别之一，就是成功者往往将梦想当真，而失败者则不把梦想当真。

把梦想当真的人，一定会珍视自己的梦想，为此，他们总是能够想尽一切办法去努力，因而在别人觉得绝无可能成功处取得成功。

不把梦想当真的人，一定把梦想当成可有可无的东西，心情好就追求，心情不好就放弃。结果，丧失了本来可以成功的机会!

去除“习得的无力”

说自己不行，是躲避成功的常见理由，在问到自己为何不行时，回答往往是“事实证明我不行”。

为何证明他不行呢?

原来是经过多少次尝试，认为自己只有那么一点水平和能力。

这就是“习得的无力”症状，先看一个实验。

马汀·西里格曼是美国心理学协会的主席。三十多年前，他还是大学的研究生时，就做过一个电击狗的实验。

通过多次实验他发现：有些狗对电击毫无反应，它们只是躺下来忍受痛苦。

为了对这一问题进行合理的解释，西里格曼天才性地设计了一个两阶段实验，来研究为什么有些狗对电击这个挑战仅仅放弃。

在第一阶段中，A 组狗被放在笼子中，对它们施以中等电击。狗可以通过用鼻子去按一个木条来使电击停止。很快，这些狗学会了。

B 组狗放在同样的笼子中，施以同样强度的电击，但没有办法让电流停止。这些狗的表现就是忍受疼痛。

C 组是参照组，狗也放在笼子中，但不施以电击。

接下来，西里格曼进行实验的第二阶段。每个箱子放一只狗，他将狗放在一个叫做梭子盒的装置中，盒子的底部中央横着一个矮的隔条。每只狗都放在盒子中接受中等电击的那一边。

狗如果想不受电击，就得跳过这个矮的隔条到盒子的另一边。

结果，A 组狗（能够用鼻子去按停电击的那组）和 C 组狗（即原来没有电击的那组）在受到电击后，很快就跳过隔条，逃离电击。

而第一阶段中的 B 组狗的反应截然不同。它们躺下来哀嚎，它们根本不去尝试跳到另一端。

B 组狗的表现就是“习得的无助”，一种最终损毁它们行动动机的行为。

后来，科学家们发现猫、田鼠、蟑螂和人都有这种行为。

“习得的无助”理论，被美国心理学界称为里程碑式的世纪理论。它解释了为什么许多人遇到挑战时放弃或者不抗争。

正如王小波所讲的：

“知识分子的最大罪行，就是为自己制造了一个思想的监狱。”

事实上，与其说这是“习得的无助”，还不如说是“习得的无力”——因为其感受到的，并非缺乏帮助（无助），而是缺乏自身的力量。

以前读过这样一个故事：

美国一位著名的心理学家花了二十多年时间，找了一万多人做心理方面的实验。实验的结果显示，悲观的人生往往会因为自怨自艾生出多种疾病，严重的甚至会导致死亡。

同时，这位心理学家讲了这样一个现实中的案例：

一家铁路公司有个调车人员叫尼克，他工作相当认真，做事尽职尽责。不过，他有个缺点：对人生很悲观，常以否定的眼光看世界。

有一天，铁路公司的职员们都赶着去给老板过生日，大家提前急急忙忙地走了。不巧的是，尼克不小心竟被关在一辆冰柜车里。

尼克在冰柜车里拼命地敲打着、叫喊着，根本没有人听见。尼克的手掌敲红肿了，喉咙叫沙哑了，还是没有人理睬。最后，他只得颓然地坐在地上喘息。

他想：

“冰柜里的温度在零下20度以下，如果再出不去，一定会被冻死。我这次一定会死掉！”

他越想越觉得害怕，可是毫无办法，最后他只好用发抖的手，找到了纸和笔，写下了遗书。

第二天，人们陆续来上班，他们打开冰柜车，发现尼克倒在地上。他们急忙进行抢救，但是尼克已经没有任何生命的迹象。

令大家万分惊讶的是，冰柜车里的冷冻开关并没有启动，巨大的冰柜车里也有足够的氧气，而尼克却被“冻死”了。

尼克并非死于冰柜中的最低温度，而是死于自己心中的冰点。

尼克的死亡正是因为“习得的无力”在作祟。

而这一“习得”，并不局限于实验和故事当中，在生活中，这种现象多的是。

由于自己碰过壁，或者由于别人不断向你灌输某种“你不行”的理念。本来颇有能力的你，就容易产生“四面八方都通不过”的感觉，最终干脆放弃努力。

其实，“习得的无力”是可以改变的。

正如马汀·西里格曼的实验一样，你应该警惕：你所谓“事实证明我不行”，不过是有几次偶尔的挫折和失败，它们并不能代表生活的全部，更不代表你将永远失败，不管是外在的条件改变，还是内在能力的提高，都使你有足够的理由否定“事实证明我不行”。

不让潜能“沉睡”

每个人都有许多潜能没有开发。美国的学者詹姆斯有这样一项研究成果：

“普通人只发挥了他蕴含潜力的1/10。与应当取得的成绩相比，我们不过是半醒着的。我们只利用了我们身心资源很小的一部分……”

许多人没有成功或者之所以失败，都来自对自己潜能的漠视。他们认定“我就是这样”、“现在就是我的极限，再前进一步都不可能了！”

这种画地为牢的心态，大大限制了他们迈向成功的步伐，更限制了他们从困境中走出的可能。

哈里发得了重病，瘫在床上动不了。后来，人们请来了大名鼎鼎的医生拉齐来治疗。拉齐用了各种传统疗法都不见效，就请求让他用一种“最好”的方法来治疗。

拉齐让人给他预备两匹最快的阿拉伯马。

第二天一早，拉齐就让哈里发的仆人们用担架抬着哈里发，一起到了巴什拉最有名的温泉。之后，拉齐命令仆人们离得越远越好。他们都远远走开了。

拉齐把哈里发的衣服脱光，扶入浴池中，放入热水，同时给他喂热糖浆。

之后，拉齐突然指着哈里发破口大骂。

哈里发先是非常吃惊，继而又非常愤怒。他拼命地要站起来，慢慢身子会动弹一点儿了。

拉齐看到后，抽出刀，比划着，威胁要杀他。

哈里发怕极了，极力想保护自己。直到最后，恐惧变成了力量，他突然站了起来，并且拔腿就跑。

此时，拉齐赶紧带着他的学生跑出去，骑上马飞快逃走了。

哈里发恢复了健康。

一个星期后，拉齐给哈里发寄来了一封信。信里是这样解释的：

“作为一名医生，凡是我学到的我都用上了。当一切都不见效时，我只得用这样的方法：用人工的方法升高您的体温，并激起您的愤怒，以便使您的肢体重新获得力量。

当我看到您痊愈了的时候，我赶紧逃走，以躲避您的惩罚。由于我侮辱您，我现在感到十分羞愧。请您宽恕我。”

哈里发看到信后，从心里感激这位医生。他请拉齐回来，以表达他的谢意。

这是一个生命力在处于“退无可退”的情况下，终于被唤醒的事例。

它说明人常常轻视自己内在的潜能。这种漠视也许来自对他人的依赖，也许来自不自信，

但是，生命深处的确有承担自我的潜力。你能承担自己，而且，承担力是越逼越有，越练越大。

潜能开发如今成为了一种世界性的潮流。它被视为“第五深度开发”。这一概念来自以往的一切培训，其

对人的开发，是沿着“知识更新—技能补充—思维变革—观念更新”的深度而不断拓进的。

《读者》上曾经刊登过这样一个故事：

一位电台广播员在她的 30 年职业生涯中，曾遭辞退 18 次，可是每次事后她不但没有气馁，却把眼光放在更高处，确立更远大的目标。

由于当时美国大陆的无线电台都认为女性不能吸引听众，没有一家肯雇用她，她就迁到波多黎各去，苦练西班牙语。

有一次，一家通讯社拒绝派她到多米尼加共和国采访一次暴乱事件，她便自己凑够旅费飞到那里去，然后把自己的报道出售给电台。

1981 年，她遭纽约一家电台辞退，说她跟不上时代，结果失业了一年多。

有一天，她向一位国家广播公司电台职员推销她的清谈节目构想。

“我相信公司会有兴趣。”那人说。

但此人不久就离开了国家广播公司。

后来她碰到该电台的另一位职员，再度提出她的构想。此职员也夸奖那是个好主意，但是不久也失去了踪影。

最后她说服第三位职员雇用她，此人虽然答应了，但提出要她在政治台主持节目。

丈夫热情鼓励她尝试一下。

1982 年夏天，她的节目终于启播了。她对广播早已驾轻就熟。

于是她利用这个长处和平易近人的作风，大谈 7 月 4 日美国国庆对她自己有什么意义，又请听众打电话来畅谈他们的感受。

听众立刻对这个节目发生兴趣，她差不多一举成名。

如今，莎莉·拉斐尔已成为自办电视节目的主持人，曾经两度获奖，在美国、加拿大和英国每天有 800 万观众收看这个节目。

“我遭人辞退了 18 次，本来大有可能被这些遭遇所吓退，做不成我想做的事情，”她说，“结果相反，我让它们鞭策我勇往直前。”

莎莉·拉斐尔是有潜能的，但是她在潜能的发挥上遇到了太多的障碍，而她并没有因为困难让潜能“沉睡”，而是通过自己不懈的努力充分发挥了出来。

潜能开发还需要更进一步，将它拓展到心理的深层。当然，掌握技巧是一回事，首先最重要的还是洞悉潜能开发的价值。

所以罗斯福说：

“杰出的人不是那些天赋很高的人，而是那些把自己的才能尽可能发挥到最高限度的人。”

不要躲避吃苦

许多人躲避成功，表面上有很多好听的理由，但实际上的理由，是不愿意吃苦，不愿意接受成功所必须承受的苦难与挫折。

一次，一位初学写作的青年向大作家马克·吐温写信，请教这样一个问题：

“听说鱼骨里含有大量的磷质，而磷质有助于补脑子。那么要成为一个举世闻名的大作家，就必须吃很多的鱼才行吧？不知这种说法是否符合实际。”

他又问道：

“您是否也吃了很多的鱼，吃的是哪种鱼呢？”

马克·吐温回信说：

“看来，你得吃一对鲸鱼才行。”

不愿意吃苦，只想投机取巧去追求成功，无异缘木求鱼。

中国有句古话：“吃得苦中苦，方为人上人。”

就是说人要取得超人的成功，就必须付出超过他人的努力。

心力学再三强调：承担建设性的痛苦，是提高心力的保证，这是追求成功者绝对不可忽视的。

苏沃洛夫幼年体弱多病，照理是不应该当兵的，但苏沃洛夫从小热爱军事，向往参军，本来反对他这一想法的父亲老苏沃洛夫终于改变了原来的想法，决心让他参加禁卫军。

苏沃洛夫参加禁卫军后，十分吃苦，别人做一遍的操，他私下里要做几遍。经过一段十分严酷的训练，本来瘦小体弱的他，不仅变得强壮起来，而且在许多方面成为士兵们的典范。

有一次，他被派往夏宫御花园站哨，恰好女皇伊丽莎白在附近散步。

由于他操枪和敬礼的姿态十分潇洒，使女皇不禁停下了脚步，询问他的姓名，并赏赐他一枚银币，苏沃洛夫对于这份赏赐，礼貌地予以婉言谢绝，并恭敬地向女皇说明，军队法规禁止士兵在站岗时接受任何人的钱物。

他的行为给女皇留下了深刻印象，之后对他的发展十分关注。后来，由于他在各方面都进行十分严格的训练和发展，终于成为了俄国的著名将军。

从一个体弱多病的孩子成为一国的将领，不是任何人都能做到的，而苏沃洛夫做到了，这正是源于他吃苦耐劳的精神。

这精神成就了他将军的名号。

一个人无论曾经遇到过什么样的困难，只要不怕吃苦，不躲避吃苦，挺起胸膛勇敢面对，勇于挑战苦难，那么他终究有从苦难中走出的一天。

在一次火灾中，一个小男孩烧成重伤，虽然医生全力抢救使他脱离了生命危险，但他的下半身却毫无行动能力，没有任何知觉。

医生带着沉重的心情悄悄告诉他的妈妈：

“这孩子以后只能靠轮椅度日了。”

虽然妈妈很是为他悲痛，但是这已成了事实，谁都无法改变，于是，妈妈只好接受这个现实，每天都推着他到院子里去转一转，希望能缓解他抑郁的心情，虽然她知道自己的孩子可能再也无法行走。

一天，妈妈有事离开了，他看着碧蓝的天空，风儿轻拂着草地上各色的小花，一股强烈的冲动自他心底涌起：

“我一定要站起来！”

于是，他奋力推开轮椅，然后拖着无力的双腿，一步一步地，终于爬到了篱笆墙边，他用尽全身力气，努力地抓住篱笆墙站了起来，并试着拉住篱笆墙行走。

以后的每一天，他都要抓紧篱笆练习走路。天长日久，由于他只能靠双臂用力，他的手磨得鲜血淋漓，每天睡觉的时候都会因为胳膊疼而醒来。

可一天天过去了，他的双腿始终软弱无力地垂着，没有任何知觉。

妈妈实在看不下去儿子这样受苦，于是劝他放弃站立的念头。

可是，他不甘心困于轮椅的生活，他握紧拳头告诉自己，未来的日子里，一定要靠自己的双腿来行走。

终于，在一个清晨，当他再次拖着无力的双腿拉着篱笆行走时，一阵钻心的疼痛从下肢传了过来，他的心狂喜地跳动着，他一遍又一遍地走着，尽情地享受着别人避之惟恐不及的钻心般的痛楚。

自那以后，他的身体恢复得很快，有一天，他竟然在院子里跑了起来。

自此，他的生活与一般男孩再无两样，到他读大学时，还被选进了田径队。当他在校园里健步如飞时，没有人知道他曾经是一个依靠轮椅度日的孩子。

他就是葛林·康汉宁博士，他曾经跑出过世界最好的成绩。

在为葛林·康汉宁博士欣喜之余，给我印象最深的却是他幼小而奋力站起的身影，那是向苦难挑战的身影，那是不怕吃苦，勇于承担苦难，并战胜苦难的身影。

我们很多人有着健全的体魄，安逸的生活，但是一旦困苦降临，很多人选择了逃避，很多人选择了放弃。

这些人安于现状，往往成就不了什么事业，痛苦或平庸地生活着，而这种生活没有丝毫的意义。

要想让你的生活变得充实，要想成就自己，哪怕只想过平淡的生活，都不要躲避吃苦，因为人这一生，大多会遇到苦难。

不试哪知行不行

说自己不行的另一个理由，是缺乏尝试。许多人的潜能受到压抑不是别的，仅仅是自己没去尝试。假如你勇于尝试，说不定你会创造连自己都想象不到的奇迹。

美国有个摩西婆婆，直到78岁才开始学画。

周围的人认为她只是玩玩而已，就像每个退休的老人，要找点有兴趣的事情做做一样。但没想到，她画画竟然画出了专业水平。

4年之后，她的画，被放到都市艺术博物馆展出。她成了一个有名的画家。

这一现象引起了多方面的关注。有记者问她为何会有这样的成绩，她以很平淡的语调说："这有什么奇怪？以前没成画家，只是由于我没有去尝试。"

有一位雄心壮志的年轻人在大学里上课，他对当时大学教育制度的弊端深恶痛绝，于是他向校长建议进行制度改革，可是并没有得到同意。

于是，他就成天想着自己如何去办一所大学并筹够所需的100万美金。

同学们看到他一副神经兮兮的样子，耻笑他梦想天上掉馅饼的幼稚，但这位年轻人非常自信他会筹集到这笔钱，并决心找个机会，一定要试一下。

突然有一天他打电话给报社，说他准备明天举办一个名为“如果我有一百万元怎么办”的专题演讲。

当时的美国是一个充满竞争和鼓励冒险的国度，消息被报社发出，第二天记者商人云集。

面对台下诸多的成功人士，他将自己的构想认真细致并充满渴望与自信地和盘托出。

演讲完毕后，一位叫菲利普·亚莫的商人站起来说道：

“小伙子，你讲得非常好。我决定给你一百万，就照你说的办。”

就这样，年轻人立即付诸行动用这笔钱办了亚莫理工学院，也就是现在著名的伊利洛理工学院的前身。

而这位年轻人就是后来备受人们爱戴的世界著名哲学家、教育家冈索勒斯。

当年轻的冈索勒斯提出自己的设想时，没有人会相信他真的会去按照自己的想法去做。

而他真的试着去做了，而且给了人们一个意想不到的结果。

他证明了，只有试了才知道行不行，不试永远就不知道，那么成功或许就在这一试中被你抓住了。

那么，从中你又得到哪些启示呢?

（1）一个人想试着成功，就要自信，相信自己的判断和能力。

只有自信才会让你有勇气去尝试自己的想法。

（2）要把自己的想法和实际联系起来。

不切实际的想法，没有根据和理由的瞎想，不用试，只有那些通过自己缜密的思考分析，有可能实现的想法，才可以投入精力去试。

（3）在别人看来不可能的决定，只要自己有足够的自信和能力，不妨大胆尝试一下。

即使失败了，也可以从中汲取经验教训，转而用其他方法。

化解“自毁情结”

“自毁情结”是一种最有杀伤力的情结。

其具体体现，就是面对机会、成功、幸福等好的东西时，总是浮现“我不配”、“我承受不了”的念头，最终导致自我毁灭。

自毁情结主要来自三个方面，要化解也得对症下药。

（一）“约拿情结”

这一概念出自著名心理学家、主张自我实现的人本主义学派代表马斯洛。

约拿是《圣经》中的人物，平时一直渴望得到上帝的宠幸。

有一次，机会来了，上帝派他去传达圣旨，这本是一桩神圣光荣的使命，平时的宿愿可以如愿以偿。

但是，面对突然到来的、渴望已久的荣誉，约拿却莫名其妙地胆怯起来，他逃避了这一神圣的使命。

马斯洛以这一人物的象征意义，说明一种奇怪的心理：人们不仅躲避自己的低谷，也躲避自己的高峰。不仅畏惧自己最低的可能性，也畏惧自己最高的可能性——

“我们害怕自己的潜力所能达到的最高水平。在我们最得意的时候，处在最得意的条件下，在我们最雄心勃勃的瞬间，我们通常总是害怕那个时刻的到来……我们又会为这种可能性而感到害怕、软弱和震惊。”

某人一段时期工作非常努力，终于得到领导的器重，即将对他提拔。得知这一消息后，他每每想到自己即将担负新的重任，迎接新的挑战，内心就一阵阵地惶恐。

他反复对自己说：

“我哪里能够挑那么大的担子！那是属于别人的！”

由于预先就已认定自己注定要失败，他就失去了那种全力以赴工作的动力。在无意识中，他开始了自我毁灭的历程：谈判丢失资料，开会迟到，至于脾气就更坏了。

终于，那一位置被领导给予他人了。事后，他自己和同事都觉得奇怪：明明他各方面的条件都比那位被提拔的人强，为何在关键的时刻，他就表现得这样差劲呢？

“约拿情结”是每一个追求成功的人应该避免的，对追求极限成功的人而言，尤其如此。

甚至可以毫不夸张地说：假如没有这种向“约拿情结”挑战的勇气和能力，没有一个人能够取得极限成功。

那些最大的成功者，总是敢于在风口浪尖上考验自己，在别人觉得最不可能的地方，他们采取最超乎常人的办法，终于取得别人无法想象的成功。

马克·吐温是一位著名作家。在他年轻还未出名的时候，爱上了一个叫莉薇的漂亮姑娘。

然而，姑娘的父亲明确地表示：由于对马克·吐温的为人不了解，所以不能答应他的求婚，除非马克·吐温提供有关人证明他的品行的材料。

后来，马克·吐温果然拿来了六位知名人士的证明材料。这些材料中讲了许多对马克·吐温不利的话，而且对这桩亲事表现得毫无热情。

但马克·吐温还是把材料交给了莉薇的父亲。

看完这些材料后，莉薇的父亲沉默了很久。最后，他用眼睛盯着马克·吐温问道：

“这是些什么人？难道你在这个世界上连一个朋友也没有吗?”

马克·吐温回答：

“显然是没有。”

出乎马克·吐温的意料，这位先生说：

“那么我本人将成为你的好朋友。和我的女儿结婚吧，我对你要比他们对你了解得多。”

于是，马克·吐温和莉薇结婚了。

三个星期后，莉薇在给姐姐的信中说：

“我们的生活看来是由明媚的阳光组成的，没有任何阴影。”

她用自己的感受，证实了马克·吐温的为人。

在这一故事中，固然可以看出诚实品格的重要，以及自信心的重要，但是可以说，没有几个人敢于下这招“险棋”，证实了自己勇于向极限挑战、向“约拿情结”说“不”的最大心力。

（二）接受别人强加的“十字架”

一些人自毁，来自于他人指责的内化，而且往往发生在童年时期。

他们本来毫无过错，但是由于别人把一个沉重的“十字架”强加在他肩膀上，久而久之，他竟然也认可这一“十字架”了。

要去除“自毁情结”，就得自己主动把这一“十字架”卸下来。

一位女人，形象不错，知识水平也较高。

尽管她经常感到爱的饥渴，但是从来也没法像人们通常那样，选择可以天长地久的恋人，而是常常选择不会长久与她维持关系的已婚男人。

追根溯源，在其大约十岁的时候，父亲离家出走。而她母亲，不止一次地冲她吼道：

“要不是有了你这么一个讨厌鬼，你爸爸也许就不会离开我们了。”

于是，她终于“懂得”了一个道理：自己这样的

“讨厌鬼”，命中注定要遭人遗弃的。

她“知道”自己不配得到别人永久的爱。她将用行动来证明这一观点的正确。

（三）倒因为果自毁

本来有足够的条件拥有成功，但自己对成功总是有那么一份不自信。不仅如此，还自己采取毁灭成功的手段，把成功毁掉。当成功真的被毁灭时，则庆幸：

“我真英明，事实证明我有先见之明。”

这是一种颠倒因果的自毁灭方式，十分具有杀伤力。

《淮南子》中有这样一个记载：

宋国有人嫁女。在女儿临去夫家之前，父亲对女儿说：

“你虽然出嫁了，但是不知道能不能白头到老。假如离婚的话，你事先要私下有些积蓄。你私下多存些财物，很富裕，再次出嫁就很容易了。”

女儿听了父亲的教诲，平时一有机会就私藏财物。这一盗窃行为被丈夫家发现，他们非常生气，就把她休回娘家。

父亲看见女儿带着许多财物回家，不但不自责教育女儿不得法，反而自以为有远虑而沾沾自喜。

在这一事件中，这位父亲，只知道为了预防被休而应事先私藏财物，而不知道私自藏匿财物正是女儿被驱逐的原因。这样的“预防万一”，不正是将女儿的幸福毁灭掉了吗？

这种自毁有许多方式，其中一种，是一个人明明自己行，偏偏要说自己“不行”，而且还要以行动证实自己不行。在所有自毁的行为中，这一种的杀伤力又是最大的。

这种自毁，真可以将之称为“魔鬼的符咒”。在“改善自我意象”一章中，将作进一步的阐述。

第六章

开发“超级资源”

6

“无条件”与“用不尽”

重整心灵的第六点，是开发“超级资源”。

这里所讲的“超级资源”，不是外在的心理资源，而是一种内在资源。

为什么说它是“超级资源”呢?

因为它是一种能够要用即用、越用越多的积极心态。

积极心态，是人成长与成功的关键力量。所谓“积极心态”，就是光明、乐观、进取、自信等，是一种幸福感、成就感、胜利感、力量感结合在一起的心灵状态。

心态是一种资源，而且是一种十分重要的

资源。在西方，它又被称为“PMA 黄金定律”。

许多成功学家，如戴尔·卡内基、拿破仑·希尔、皮尔等，都把“积极心态”看得十分重要，在拿破仑·希尔的成功法则17条中，他把“积极心态”放到第一条，由此可见其多么重要。

但是，我觉得“积极心态”的理念，还没有彻底到位。

日本最有名的推销员原一平，在刚走上推销岗位时，饱尝失败之苦。他干的是以业绩拿收入的活。没有业绩，一分钱薪水也拿不到。

他只好上班不坐电车，中午不吃饭，更苦的是，连住的地方都没有，公园的长凳就是床。

但是，他的精神没有垮。每天清晨5点左右就从长凳爬起。迅速地梳洗之后，就从这个“家”徒步去上班。一路走得都很有精神，有时还吹吹口哨，遇到别人，还热情地打打招呼。

终于有那么一个早晨，他朝公司走去，又遇到一个很体面的绅士。可能是每天清晨都碰面之故，日子一久，很自然彼此间打招呼，道早安。这次，他们照例打过招呼之后，他叫住原一平聊了起来。

“我看你笑嘻嘻地，全身充满干劲，日子一定过得很痛快啦！”

“托您的福，还好。”

他回答说。

“我看你每天起得很早，是个难得的年轻人。我想请你吃早餐，有空吗？”

“谢谢您！我已经用过了。”

他很大度地说。

“哦！那就改天吧。请问你在哪里高就啊？”

“我在明治保险公司当推销员。”

“啥！既然你没空吃早餐，那我就投你的保险好啦！”

听了这句话，原一平一下愣住了。整整7个月的时间，他没有拉到一分钱保险。那一刹那，他深深地感受到了“喜从天降”这句话的滋味。

原来这位体面的绅士是附近一家大酒楼的老板，也是三业联合公会的理事长。经过他的介绍，原一平很快地就与三业联合公会的许多公司搭上了线，获得了许多潜在的客户。

于是，否极泰来，在他最穷困潦倒，甚至落魄到睡公园的时候，原一平彻底“转运”了。

可见，一个人要想取得成功，必须具备积极心态。

而要极限成功，就必须具备极限积极的心态。它比一般的“积极心态”还有两重超越的地方，所以我将其称为“超级资源”。

“超级资源”与一般的“积极心态”到底有什么不一样呢?

(一)“无条件”

所有光明、乐观、进取、自信等积极心态，不是有条件的，而是“无条件”的，即不论你遇到何等恶劣的环境，也要保持这份积极的心态。

举例来说:

就一般爱钱的人而言，有钱才有“高兴的资格”，没有钱，就只有痛苦的份;

照一般把爱情看得高于一切的人而言，找到了合适的恋人了，才有资格高兴，否则就只有郁郁寡欢。

但是，“无条件的积极”却不是这样。它比这些人要高一个层次——它是站在人生的高度上来把握积极的。

也就是说:

只要你活着，你就应该积极，也可以积极。

只要你保持这种“无条件的积极”，任何困境都难不住你，即使在绝境，也会“绝处逢生”。原一平的成功就是典型。

（二）"用不尽"

众所周知，世界上所有的资源都是有限的，但是，积极心态却可无限，也就是说：只要你去取，你就可以取到——随取随有、再取再有。

一位年轻人决意要建造一座横跨曼哈顿和布鲁克林的大桥。

然而桥梁专家们经过分析，一致认为这是不可能的，于是大家都劝他放弃这个天方夜谭的计划。

但是，他却一如既往，克服了重重困难，构思建桥方案的同时，也说服了银行家们在该项目上投资。

可是大桥开工还没多久，他的大脑就在一场灾难性的事故中受到严重损伤。

很多人都以为大桥的建造计划因此而宣告结束，因为只有他才知道如何把大桥建成。

人们都认为，一个残疾人再也无法创造这样一个奇迹。

但是，尽管他丧失了活动和说话的能力，他还有和往常一样敏锐的思维和一根唯一能动的手指。

他觉得拥有这些就够了，他依然相信自己会建造这样一座大桥。

于是，他利用这根手指敲击他妻子的手臂，通过这种特殊的交流方式，他把建桥方案转达给他的妻子，再由他的妻子把建桥方案转达给正在施工的桥梁专家和工程师们。

13 年过去了，谁也没有想到，就是这样一个只有一根手指能动的高位残疾人，竟然用这根手指指挥着工程，直到雄伟的布鲁克林大桥建成。

他就是美国著名的工程师华盛顿·罗布林。

即使一个人身残了，只要保持一颗积极的心态，那么也会创造出奇迹。

由此可见，积极心态这种“资源”，不是越用越弱、越用越少，而是越用越强、越用越多。因为在自觉意志的呼唤和主宰下，它是可以不断再生取之不尽的资源。

当你充分享受到了它给你带来的力量，给你的生命带来的丰盈和快乐，你就会更加乐于开发它，让生命之泉喷涌得更为彻底。

综上所述，所谓“超级资源”，就是“无条件、用不尽的积极心态”。

“超级资源”的三大理由

要认定积极心态是一种“超级资源”，具有“无条件”和“用不尽”两大特点，可能会使人觉得难以同意。那么，对此有何理由呢？

（一）积极心态并不决定于客观前提

不是由于有客观原因你才可以积极，而是要创造好的客观环境，你必须拥有积极心态。

一谈到“积极心态”，如高兴、乐观、充满活力等，有些人就很容易得出这样一个想法——这要有外在的条件。

没有外在的条件，就没有“积极”的资本。但其实，这是一个理解的误区。

真正的成功者，绝不找外在的理由。

如原一平，如果按上述观点，在那种恶劣的生存环境里，他有足够的资格自怨自艾：

怪爸爸妈妈没有给自己生一副好身材；

怪自己时运不济；

怪单位主管“心太狠”，后悔以前没有好好读书；

或者给自己找逃避的借口：这份工作这么苦，何不去另外找一份更好的……

但是他既没有放弃，也没有自怨自艾，而是照样精神抖擞地迎接每一天和每一个人。

佛家强调，道不外求。这点，同样体现在积极心态上。它说明：积极心态完全是你自己本身可以创造和拥有的。只要你愿意去创造，它就会及时出现。你再拿，就会再有。

有人问及世界级篮球明星迈克尔·乔丹成功的秘诀，他在一篇叫《我为什么是最出色的球员》的文章中这样说：

“这么说吧，有位球员发誓要打好第二天的比赛，但一旦比赛开始，他的第一次投篮失败时，你便可瞥见他眼睛里流露出的代表着一丝胆怯的轻微迷惘。

他不是及时清醒头脑，并告诉自己：

‘没关系，我会投中第二个球的！’

取而代之的是消极的念头一个又一个地聚集起来了，直至垒成一堵‘恐惧墙’，最终再没有机会重拾斗志了。

而我，丢了一个球后会怎样呢？

我以积极的心态接受这种结果，绝不让一次失球影响整个晚上的比赛。

我从不让消极的念头一点点堆积，这时候我告诉自己：

‘都过去了，珍惜后面的机会！’

然后，前面丢5个球，后面我就会投进10个，我总是让积极的心态贯彻比赛的始终。

一个没投中，我不会担心后面的一个球可能也投不中。还没投，干嘛就担心投不中呢?！其实，这种消极的思想往往会成为所有人一次失足后重整旗鼓的羁绊。

……”

我觉得，迈克尔·乔丹真正道出了他的成功秘诀，那就是，即使失败了也要挖掘出自己的积极心态的资源。

伟人与凡人的区别，就在于你愿不愿意让自己这份资源在内心沉睡。伟人总是主动开发这份资源，而凡人总是认为这份资源不在内部，而是来自于外界的影响，是外界的反应。

记住：积极心态就是你心中的“佛”——你要，它就给；你敲门，它就应。

（二）积极心态既是手段也是目的

这是站在更高的层面，从生命本身的价值评判来说的。

快乐、乐观、爱等积极态度，既是谋取成功和幸福的手段，同时也是生命本身的目标——它们体现的是生活真正的质量。既然有这种有双重回报的事，一举两得，为何不去好好把握和拥有呢?

日本松下电器集团是全球数一数二的消费电子巨头，这与被称为“经营之神”的松下幸之助的苦心经营是分不开的。

但是，松下幸之助并不是一个命运的宠儿，甚至从一出生起他就遭受着巨大的苦难和考验。

由于家道中落，他在 9 岁的时候不得不因为生计给人当伙计，15 岁时父亲去世，他又挑起了家庭的重担。

但是，无论遭受着命运多么巨大的折磨，松下幸之助始终相信，一切都会好起来。

17 岁的他开始踏入电器行业，他敏锐地感觉到，这将是他终身奋斗的事业所在。

之后，他进入了日本一家著名的电灯公司，并很快晋升为公司最年轻的检察员。

就在他的事业刚刚起步时，一天，他突然发现自己咳的痰中带血，他顿时感觉到非常恐惧。

因为，这种奇怪的家族病史使他的部分家庭成员在 30 岁之前就失去了生命，这其中包括他的父亲和哥哥。

可是，当时他的情况不容许他放弃工作接受治疗，而且他也没有足够的资金。

于是，他为了继续自己年轻的生命，边工作边治疗，重要的是他着重调整自己的心态，使自己在每时每刻都积极乐观。而这种心态一直影响了他的一生。

之后，他结婚生子，并努力为自己的事业做出了不懈的奋斗，无论是遇到什么样的困难，他都以积极的心态面对。

奇迹发生了，松下幸之助不仅在事业上大有作为，他还活到了94岁高龄。

松下幸之助以94岁的高龄向人们展示了这样一个道理：人只要有积极的心态，就有可能成就一番事业，就可能会长寿！

（三）消极事件可化为积极心能

不少事件，是有消极性和破坏性的。对此人通常有两种态度：

一是事件消极而当事人赋予的心能也消极，其结果自然是加倍的消极。

一是事件虽然消极，但当事人能够化消极事件为积极心能，其结果是通过积极心能对消极事件的化解，创造积极结局。

成功者总是选择后面一种，并总能创造出一般人所无法创造的奇迹。

居里夫人在年轻时很穷，曾到一个庄园主家里当家庭教师，被庄园主的大儿子爱上，两人准备结婚。

但是，他的父母极力阻止，认为她配不上自己家的财富、地位，而他最后也屈从于父母。这是居里夫人的初恋。

失去这位初恋情人，她真是心如刀绞。

但是，她没有在这沉重的打击面前沉沦，而是毅然离开了这个家庭，动身去巴黎求学。

她很快从痛苦中走了出来，以一种十分积极的态度去面对新的人生。

她不仅获得了更理想的伴侣——著名科学家居里先生，而且自己也成为了举世闻名的女科学家。

看到这种经历，谁能说失恋就一定是坏事呢?

假如她在失恋的打击下没有振作奋起，她就不会有后来这样伟大的成就，当然也不会有与居里先生那样美满的结合了。

西方有句格言说得非常有道理，至今被我们用以鼓励自己和别人：

“上帝关掉一扇窗户，就会打开另一扇窗户。”

开发“超级资源”的四大要点

（一）培养对“积极”的信心

其实，真正要做这点并不难。不要说在平时的场合，你要调用积极心态，就可从心中调出，即使在面临最大的生存挑战时，你也可以以这种积极的态度去面对。

不妨多想想原一平等人的状况，设身处地地进入情境，想想自己拥有比他更好的条件，他做起来并不难，你有什么理由说做不到呢?

（二）从最基本的做起

1. 掌握心态的“积极自主图”。

在前面的书中，我们有一个“心力自主图”。现在，我们可以把它应用在“超级资源”上，并作进一步拓展，这就要做到：

要把握环境，先得把握自己；

要自我作主，先得心上作主；

要心上作主，先得有一种能够使自己快乐的能力；

要使自己快乐，先得有一颗不容易受伤的心；

要有不容易受伤的心，先得不伤害自己。

2. 从学会笑开始。

笑是积极心态的“超级标志”。虽然是最微小的行动，但很多人却并没有做到，甚至成为一种“不会笑的动物”。

而一个拥有积极心态的人，总会将笑容挂在脸上。

要拥有超级资源，先可从学会笑开始。而且，要对别人微笑，先对自己微笑。

第二次世界大战时，丘吉尔对前线的士兵说：

“笑吧，笑吧，要笑着打仗！要有战争笑容！”

好一个“战争笑容”！不过并不要以为他是说大话。

他当时接任英国首相，也是挽狂澜于未倒，受的内外压力也是极大的，但是就是他带着英国人，在德国飞机的轰炸下，奋起抗战，最终赢来了战争的胜利。

3. 首先不妨来点强迫。

以笑为例：我们要求你从起始时候的微笑发展到咧嘴大笑。但是，不管是微笑还是大笑，有的人还是不习惯。

一个常见的观点是：

“是的，我知道应该笑，但是当我害怕或愤怒时，就是不想笑。”

不错，这时谁都难笑，但是，假如你把握这一窍门，强迫自己说：

“我要开始笑了，笑吧！”

强迫自己几次，你就会发现你已经具有笑和运用笑的能力了。

看看007系列片中的詹姆士·邦德吧！多少次遇到险境的时候，他不是反倒先笑起来？记住：以力抗力固然是力量，但举重若轻更是力量！

好吧，现在就请你找一面镜子，向自己微笑。要笑得真诚、彻底、感人！笑得让自己觉得真有魅力！坚持十天试试看！

（三）“爱的耐心”

虽然“超级资源”每个人都可以开发，但是对许多人来说，即使有个好的开头，实施起来也并不容易。

那么该怎么办呢？

这时候就得有一种“爱的耐心”，即抱着一种无限关怀的态度，富有耐心地坚持下去。

海伦·凯勒的故事举世皆知。她出生时正常，但后来一场大病使她双目失明，两耳失聪。

由于父母无法与她沟通，也无法对她加以控制，她几乎就像动物一样成长着。但是，他们遇到了一个救星：安妮·沙利文。

她以自己的无限关心和耐心，不断与海伦·凯勒沟通，终于使她“重归现实世界”。

父母和医生当初都做不到的事，安妮·沙利文却何以能做到呢？

原来，在安妮小时候，由于精神失常，被送进一家精神病院，但治疗效果不好。在许多人的眼中，她仅仅是一个狂暴的精神病患者，对人们还构成威胁。到后来，她甚至被关在地下室的笼子里。

医生们已放弃了对她的治疗，认为她这一辈子，只能是一个“活死人”了。

幸运的是，有一位年老的护士，对这小女孩还保留了一份十分可贵的恻隐之心。

她开始了一个看来并无希望的尝试：在小女孩的笼子外边吃午餐，时不时在小女孩够得着的地方留下些小蛋糕。护士在时，小女孩装作什么也没看见，可等她一走开，蛋糕立即消失得无影无踪。

这一举动坚定了护士的信心，她以更多的方式表示了对笼中小女孩的关心和爱，小女孩也渐渐对老护士的爱作出反应。

终于有一天，她开口说话了，渐渐变得不再那么狂暴，之后开始配合医生的治疗。

慢慢地，她彻底恢复了健康，而且，用她从老护士那里学到的耐心、信心与爱心，去帮助其他需要帮助的人。

终于，她也创造了重归现实世界的奇迹。

安妮·沙利文的做法，不仅对如何善待别人很有价值，对如何善待自己也很有借鉴意义——多给自己一点耐心、信心和爱心，什么样的奇迹都可能出现！

《圣经》上也说：

"现在剩下这三件事：忠诚、希望和爱，但其中最伟大的是爱。"

（四）让"无条件积极"成为习惯

通过不断练习，直至"无条件积极"成为你的"第二生命"，就像太阳一样，不需依靠外界来决定自己的行为，而只需发出自己的光。

不论你遇到何等艰难、何等恶劣的生存环境，你都能从容应对。此时，你那积极的习惯，必然成为你的"守护神"，甚至使你起死回生。

法国著名作家、享誉全世界的《小王子》的作者安东尼·圣艾修伯里，是名飞行员。

第二次世界大战前，他也曾参加西班牙内战打击法西斯分子。他根据这段经历写了一篇精彩的故事——《微笑》。

故事的前段大意是作者被敌军俘虏，关进监牢。看守监狱的人一脸凶相，态度极为恶劣。他心想，明天绝对会被拖出去枪毙。

一想到自己明天就没命了，他不禁陷入极端的惶恐与不安。

他翻遍了口袋，终于找到一支没被他们搜走的香烟，但他的手紧张得不停发抖，连将烟送进嘴里都成问题，而他的火柴也在搜身时被拿走了。

他透过铁栏杆望着外面的警卫，但警卫并没有留意他。也许对警卫而言，他只是他看守的一件物品、一个尸体。他叫了警卫一声：“能跟你借个火吗?”警卫转头望着他，耸了耸肩，然后走了过来。

当警卫帮他点火时，他的眼光无意中与作者相接触，这时作者突然冲着他微笑。作者不知道自己为何有这般反应，在这一刹那，这抹微笑如同鲜花般，打破了两人心灵之间的隔阂。

受到了作者的感染，警卫的嘴角不自觉地也现出了笑容，虽然作者知道他原无此意。他点完火后并没立刻离开，两眼盯着作者瞧，脸上仍带着微笑。

作者也以笑容回应，仿佛他是个朋友，而不是个守着自己的警卫。他看着作者的眼神也少了当初的那股凶气，“你有小孩吗?”他开口问道。

“有，你看。”作者拿出了皮夹，手忙脚乱地翻出了全家福照片，并且开始讲述他对家人的期望与计划。

这时作者眼中充满了泪水，说：“我害怕再也见不到家人。我害怕没机会看着孩子长大。”

警卫听了也流下两行眼泪。

突然间，他二话不说地打开了牢门，悄悄地带作者从后面的小路逃离了监狱，他挥了挥手，示意叫作者尽快离去，之后便转身往回走，不曾留下一句话。

一个微笑居然能救自己一条命！

这说明假如让积极心态成为一种习惯，不论在何时都会给你带来机遇，它是你真正的“守护神”！

积极心态就是你心中的“佛”——你要，它就给；你敲门，它就应。

第七章 改善“自我意象”

7

自我意象与积极暗示法

重整心灵的第七点，是改善“自我意象”。

所谓“自我意象”，就是你在自己心中是个什么样子！

它代表着你对自己的评价、对自己的要求，以及对自我价值的认定。它在某种程度上体现了一个人自尊的程度。

自尊度高，自我感觉就良好，潜力就发挥得越充分；

自尊度低，自我感觉就恶劣，潜能就越受抑制。

2003年，著名“歌后”王菲在长沙举办

个人演唱会时，一个报社为了满足“菲迷”们的要求，开辟了“菲迷问卷”栏目。

一天，报社的编辑部收到了一个18岁的女中学生写的血书，上面赫然写着几个鲜红的大字：

“我爱王菲！”

当记者把这件事告诉王菲时，她出人意料地，只是淡淡地说：

“感谢爱我的人，但我不是偶像，不要崇拜我，我18岁的时候，也不比这位写血书的女孩强。

我是一个地地道道的俗人，我那时候自信又自卑，矛盾得要命，面对歌迷我常常觉得尴尬。”

其实，王菲的经历也确乎如此。

她上中学的时候学习成绩不是很好，性格孤僻而又自卑，出生在北京，却只考上了福建的一所不知名的大学。

但是，当她高兴地想去上大学的时候，被爸爸接到了香港，面对陌生的环境、陌生的人群，王菲迷失了自己的方向，更不相信自己在这片陌生的土地上能有什么作为。

后来，唱片公司发现了她的才华，她也陆续取得了一些荣誉，但是她却觉得自己本不该胜任这些，于是非常压抑自己。

之后，她放弃了所有的荣誉，只身去了美国。

在美国宽松的环境下，王菲逐渐找到了自己想要的东西，她也发现了自己身上的优点和潜力，逐渐地找回了自己，找到了自尊。

几年后，她带着全新的音乐思想回到了香港，出现在了香港歌坛上。

这一年，王菲以一首《容易受伤的女人》唱红了两岸三地，并一夜之间成了一名超级巨星。

王菲曾经也是一个自卑的女孩，她曾经也否定过自己，没有自尊，觉得自己没有前程。

但是，她站到了歌坛上，并成了家喻户晓的人物，就是因为她最后找到了自尊，找到了自我。

自我意象在相当程度上决定你有怎样的人生。改善自我意象，就是拓展个人成就疆域。

不仅如此，一个人的自我意象，从相当程度上决定了个人的魅力的边界。

美国一所大学在女生中进行“谁是最动人的男性”的测验，一位女生这样回答：“如果他觉得自己是动人的，那么肯定就是这么回事。”

这句话，可以成为一个人如何使自己动人的经典。

改善自我意象，就是让自己拥有积极的自我意象，为此可以采取积极暗示的方式来进行。

积极的自我暗示是释放潜能的重要手段。它能以不强迫的方式，将积极的意念渗入人的潜意识，从而产生心理定势，引导潜在动机促使人产生行动，使人在自发状态中实现目标。

无论我们遇到多大的困难，我们一定不要否定自己，自己一定要时刻鼓励自己，只有这样才能战胜困难，实现自己的梦想。

而这正是自我意象和积极的自我暗示。

自我暗示大多用语言来实现。在进行自我暗示时，要牢记以下几大原则：

1. 简洁：默念的句子要简单有力。

例如："我一定行" 等。

2. 明确：不要模棱两可。

3. 正面刺激而非反面刺激：此点至关重要。如说："我不会失败"，这里虽未说你接受失败，但是出现"失败" 两字就是一种消极的刺激，会在你的潜意识里产生不良影响。因此，应该正面说："我必会成功!"

4. 真实的信念：你真正相信，这相当程度上来自于"可行性"。

5. 想象：要在脑海里清晰地形成意象。暗示更多是一种形象显现，而不是逻辑推理的结果，所以需要想象加体验。

所以勃兰特说：

“你永远不会致富，除非你能够在脑海中见到自己富有的模样。”

6. 感情：没有感情的注入，对潜意识的刺激是苍白无力的。

步步排除法

这是针对消极的自我否定而采用的方法。所谓消极的自我否定，就是当自己遇到挫折或被人强加指责的情况下，对本来真实、积极的自我意象进行否定。

因此，我们必须对这一“否定”进行“否定”。这一否定不能是笼统的、强作的，而是具体的、科学的。

2004 年，在雅典奥运会的跳水比赛场上，郭晶晶用优美、稳健的动作，征服了所有的裁判，最终以高于对手 20 多分的优势获得了女子 3 米板的金牌……

而成功者的背后似乎都有一段感人的故事。

在郭晶晶刚上学前班的时候，恰好省游泳馆的一名教练来到她所在的学校选拔跳水人才。

那年郭晶晶只有 6 岁，教练见到她的那一刻，立刻看上了这个四肢修长笔直，像男孩一样调皮的小姑娘。

经过严格的考核和选拔，教练发现她不仅力量好，爆发力强，而且动作的协调性也比较好，认定她是一块跳水的料。

但是，谁也没想到，等到正式训练时，郭晶晶一看到水就往后缩，还一个劲地哆嗦着说：

“我不行，我不跳！”

原来，在郭晶晶3岁那年，随父母去游泳的时候她被淹过一次，从那时候起她就患上了“恐水症”。

当得知女儿各方面条件都非常好，只是因为胆小上不了跳水板时，她的父亲告诉教练说：

“她如果再不敢往下跳，你就往下推她。”

教练得到了郭晶晶父母的授权，就开始对这个“胆小鬼”采取了强制措施。

一次训练时，郭晶晶照样躲得远远的，教练在悄悄安排好防护措施后，趁她不注意，一把把她推进了游泳池。

从那之后，郭晶晶一下子从一个“胆小鬼”变成了全队胆子最大的女队员，以致到现在的世界冠军。

郭晶晶也曾进行过自我否定，正是因为这样她不敢跳下游泳池，如果没有教练的一推，可能就因为这种自我否定，而葬送了一个世界冠军。

可见，一个有着“自我否定”思想的人，无论有多大的潜力，无论自身具备什么样的优越条件，都不会把潜力和优越条件转化为成功。

一个人要想取得成功，就首先要摒弃自我否定。

一位总裁秘书，前天晚上加班处理资料，第二天在送给总裁时，把很重要的一页丢在家里了。

虽然总裁没有责怪她。但这位上任才一个月的秘书，却不断地责怪自己是“笨猪”。

下面是三种面对自我否定的模式：

1. 对自我否定的“认定”。

自我否定：我是只笨猪！

自身的疑问式反应：我真的是笨猪吗？

自我对自我否定的再次肯定反应：我的确是只笨猪——因为我把重要的文件丢在家里了！

最终认定：我的确是笨猪。

结果：“笨猪”完全进入潜意识，形成消极的自我意象。

2. 对自我否定的整体否定。

自我否定：我是只笨猪！

自身的整体否定式反应：不对，我不是笨猪！

自身的反问式反应：那你为什么把那么重要的文件丢在家里呢？

自身的再次整体否定式反应：那又怎么样？反正我不是笨猪！

结果：虽然在理念上否定了“笨猪”的结论，但是由于你采取了不正视阴暗面的方式，“笨猪”的形象并没有消失，它还将在潜意识中对你产生消极影响。

3．科学的步步排除模式。

自我否定：我是个笨猪！

自身的整体否定式反应：胡说！我从来就不笨！

自身的第一步分析式排除：我顶多是有点丢三落四，这与“笨猪”搭不上边。

自身的第二步分析式排除：也不是从来就丢三落四，仅仅在这件事上有些丢三落四。

自身的第三步分析式排除：这件事也情有可原。主要是昨天加班太晚了，今天又匆忙赶来上班。以后该提醒自己：再累再忙，也要把东西最后检查一遍。要知道：一时的疏忽可能会酿成大错。

结论：这仅仅是偶尔的失误，我绝对不是笨猪。

结果：由于你采取了正视、整合的手段，又步步科学地对问题进行了分析，你不仅吸取了真正的教训，而且彻底地排除了“笨猪”的自我意象，良好的自我意象进入了潜意识。

毫无疑问，步步排除的第三种模式，是最好的模式。

因果归位法

在前面“挑战‘躲避成功症’”一章中，我们谈到了“倒因为果”的自毁心态。

其中最具有杀伤力的一种，就是“魔鬼的符咒”，最集中地反映了自我毁灭的基本模式：明明自己行，偏偏要说自己不行，而且要逼迫别人也认为自己不行，最后当把一切都毁灭，终于证明自己真的不行。

且看如下一例：

一位姑娘在经历过许多次感情的挫败后，爱上了一位年轻的小伙，后者对她更是深爱。

经过一段时间甜蜜的交往，姑娘突然有了一种不可抑制的念头，她总觉得自己在许多方面存在缺陷，便向恋人不断诉说别的女人在方方面面都胜过自己，说他对她的爱是不可能长久的。

当他否认，她就不断挖苦。他越充满激情地告诉她自己十分爱她，她就越冷酷地贬损他。

最后，恋人感到精疲力竭，只好与她分手了。

这一结局当然不是她所愿意的，在再一次感到深受伤害之后，她突然又找到了宽慰自己的理由：

“我一直很清楚，没有人能真正地爱我。”

她总是认为自己不招人喜爱，现在终于证实了它。

这种状况，被一位心理学家生动地描述为：

如果我“知道”将有不幸的命运，我就不能允许现实生活用幸福来困惑我。既然我“知道”我不配成功，那么我就不会以“成功”的幻影来欺瞒自己。

于是，不是我要调整认识适应现实，而是现实得调整来适应我的“认识”。最终，证实了自己的正确：

不行就是不行！

这是一种“倒因为果”的自毁模式，就是说：在自毁者的眼中，“没有人能够真正喜欢我”，是自己失败的原因，但实际上，这是自己不喜欢自己、想尽办法毁灭自己的结果。

要解除这种“魔鬼的符咒”，最关键的是要把这种颠倒的因果关系重新颠倒过来，让当事者明晰：由于自己对自己评价低，自我意象太差，才会有最终的失败。

自我印象太差也会造成严重的不自信。

被称为石油巨子的保罗·盖蒂也曾经是一个不自信的人。

在他的事业中，曾经有好几次就是因为不自信，他才丧失了大好的机会。

第一个错误发生在盖蒂年轻的时候。

盖蒂在俄克拉荷马州买了一块自认为相当不错的地

皮，根据他的经验，下面会有相当丰富的石油。

他请来一位地质学家，不料专家在考察报告中肯定地说：

“这块地根本产不出一滴石油，最好将其卖掉。”

盖蒂听信了专家的话，把地皮转卖掉了。

然而没过多久，别人在那块地上竟打出了高产油井，事实证明那是个石油高产区。

让盖蒂痛心的第二个错误发生在 1931 年。

那时美国经济大萧条的影响还在继续，全国经济不景气，股票的价格降到了极低的水平。

盖蒂认为美国的经济基础是好的，随着经济形势的逐渐恢复，股票价格应该会大幅上升。

于是他买下了墨西哥石油公司数百万美元的股票。

随后几天，股市出现了下跌，盖蒂相信下跌已经接近最低点了。

然而他的同事们已经被大萧条弄怕了，他们竭力劝说盖蒂将手中的股票抛掉。

大家的一致意见使他动摇了，最终他抛出了墨西哥石油公司的股票。

而事实再次证明盖蒂先前的判断是正确的。在以后的几年里，这家石油公司财源滚滚。

最倒霉的一次错误也是在 1931 年。

当时盖蒂意识到中东原油的巨大潜力，派出谈判代表到巴格达，经与伊拉克政府反复交涉后，打算买下一块很有前景的地皮的开采特许权，价格只有几十万美元。

就在此时，世界市场上的原油价格忽然波动，于是大家普遍认为，这时在中东进行投资是不明智的。

盖蒂再一次被大家的意见所左右，命令在巴格达谈判的手下终止谈判。结果十多年后，当盖蒂再次进军中东时，为了得到那块地皮的开采特许权，他竟多付出了一千多万美元的代价。

在以后的岁月里，盖蒂吸取教训，坚持“一意孤行”，相信自己的决定是正确的。就是因为这样，他一直听从自己的判断，最终成为美国最成功的商人。

盖蒂为此感慨地说：

“真理往往掌握在少数人手中。失去了自信，你也就失去了一切。”

从中，我们可以看出，当事者必须明白：绝对不可为了让以往评价过低的自我意象，达到“认知协调”，就采取一切自毁的行为，而要颠倒过来：为了让自己拥有真正的成功，必须彻底改善自己的自我意象！

这样，随着自我贬低转变为自信、自尊、自爱，失败也会转为成功。

角色预演法

进入自己向往的角色，按其成功的形象进行自我“预演”，充分想象要成功必须采取怎样的手段，并充分体验其成功的快意。

世界旅馆业巨头康拉德·希尔顿在拥有一家旅馆之前，很早就想象自己在经营旅馆。当他还是一个孩子的时候，就常常“扮演”旅馆经理的角色。

成功后的希尔顿，便将他的连锁店发展到世界各地，成为享誉全球的旅馆大王。

正是因为希尔顿从小就有成就自己的一番事业的愿望，并通过角色预演法品尝到了成功的喜悦，他才更加渴望实现自己的梦想，那么他也就有了努力的方向和动力。

也正是这样，他对自己也充满信心，自信让他走向了辉煌。

很多年前，人们经常看到一个衣衫褴褛的黑发小男孩，在伦敦的各大剧院的后门外站着。

他看上去很饥饿，但是那双蓝色的眼睛透露着坚定，并不时向剧院里张望。

他就是享誉世界的喜剧之王卓别林。

卓别林的父亲在他很小的时候就死于饮酒过量，母亲常常因为精神病而被送进医院。

当找不到工作的时候，他就经常在大街上闲逛，到处寻找食物和住所。

童年的艰辛并没有击垮这个尚未懂得命运和人生的卓别林，他能歌善舞，时常站在大剧院的门口想象自己站在舞台上为人们表演，想象自己走进演艺圈后的日子。

有了这样的信念，他时常情不自禁地扭动自己的身体，做出各种各样让人搞笑的动作，贫苦的他，却常常让周围的人感到欢乐。

30 年过去了，这个流浪的小男孩受到了国王般的待遇，人人都想和他谋面，和他合影的人中还有丘吉尔、爱因斯坦和甘地这样赫赫有名的大人物。

因为在耀眼的电影新世界里，他几乎成了皇家级的人物——查理·卓别林。

人们对他的成功之路都感到好奇，对此，他曾经写道：

“你得相信自己，这就是秘诀，即使我在孤儿院或沿路要饭果腹的时候，我都把自己看成是世界上最棒的演员。”

其实，无论是卓别林在孩童时代用各种方法逗人们去笑，还是不论任何时候都把自己看成是世界上最棒的演员，他使用的正是一种角色预演法。

从以上故事中，我们可以看出，角色预演法有着以下重大的意义和作用：

1. 可以给人以自信。

自信对于一个人来说相当重要，是获得成功的必备的要素之一。

角色预演法可以让一个人发掘出自己的潜力，看到自己的长处和能力，一个懂得自己长处的人，也就拥有了自信。

2. 让人提前享受成功的喜悦。

每个人都想成功，更想享受成功后的喜悦。

角色预演法可以让你提前体验到这种喜悦。

一个人尝到了成功的滋味，也就有了前进的方向和动力。

3. 为奋斗做好充分的准备。

进行角色预演，可以提高自己的能力。

“理念＋自我认定”法

不仅有一种成功的理念，而且认定自己就是体现这一理念的人。这是自我暗示的一种高级形态。

一位叫乔·巴普的年轻人，母亲是裁缝，父亲是穷工匠，他在纽约市贫民区的学校半工半读念完高中。

他热爱戏剧，非常渴望能去看一场百老汇的表演，但是买不起门票。

但是，即使在相当困难的境况下，他也相信自己会在戏剧上成就一番事业。

于是，他凭着无穷的精力和意志，当上了电视台的舞台监督。

但是，他并没有因此而满足，他希望为那些像他那样永远买不起门票去看百老汇戏剧表演的人创作一些戏。

基于这种想法，他就自己办了一个剧团，先是在教堂的地下室演出，后来租了个露天圆形剧场来表演。

剧团初期演出莎士比亚的戏剧，很受观众欢迎，却没有剧评家来观看。他想：

“要是没有宣传，又怎会有人肯捐助演出经费呢?”

可是，他没有任何名气，他无法请到著名的戏剧评论家，可是他依然坚信，只要自己努力，总会有解决的方法。

一天，他找到了《纽约时报》，指名要见戏剧评论家布鲁克斯·艾金生。艾金生的助手亚瑟·吉尔布说他要见的剧评家当时正在伦敦。

“那我就在这里等艾金生先生回来。”

他坚决地说。

吉尔布于是请他道明来意。

这位工匠的儿子激动地说他剧团的演员如何优秀，观众的掌声如何热烈，又说他的观众大多数是从未看过真正舞台剧的移民，如果《纽约时报》不写剧评介绍他的戏，他就没有经费再演下去了。

吉尔布看到他这样坚决，大为感动，同意那天晚上去看他的戏。

吉尔布到达露天剧场时，天上乌云密布，中场休息时，滂沱大雨把舞台浸湿了。

他一见吉尔布跑开去避雨，就赶上去说：

“我知道剧评家平常是不会评论半场演出的，不过我恳求你无论如何破个例。”

那天夜里，吉尔布写了一篇简短介绍，对那半场戏颇多好评，又提到剧团急需资助。

第二天，就有人给剧团送去了一张 750 美元的支票。

在当时那个年代，这笔钱已足够剧团继续演出这场戏，一直到夏季结束。艾金生从伦敦回来后，去看了这场戏，并在他的星期天专栏里大赞这出戏。

没多久，乔·巴普就开始在纽约各处经常免费演出莎士比亚名剧。

他于1991年去世，死前一直是美国戏剧界深具影响力的人物。他曾经说过，他的坚持不懈是因为他深信戏剧对人们生活很重要，而他自己也可以做到。

乔·巴普的成功是因为他始终有着自己认定的理念，更相信自己的能力，并且始终坚持不懈地为实现自己的梦想而努力。

所以说，一个人有了理想，有了愿望，不仅要有自己的努力，还要对自我肯定，并且坚持不懈地朝自己的梦想前进。

威杰尔也说过：

"人们之所以能够完成一些看来似乎不能完成的事业，是因为人们一开始就相信自己能够做到。"

情境演示法

充分发挥想象力，进入有关情境，像在实际情境中一样进行解决问题的尝试，摸索成功经验。

在整个想象的情境中，有情有境有情节，有挑战，有解决问题的方法，更有解决问题的成功感。

美国《研究季刊》曾经报道过一项实验，三组学生在二十天里进行投篮练习：

第一组学生每天练习实际投篮；

第二组学生只练习第一天和最后一天，在此期间不做任何练习；

第三组学生记录下第一天的成绩，然后每天花 20 分钟做想象中的投篮。如果投篮不中时，他们便在想象中做出相应的纠正。

实验结果：第二组效果最差，第一组和第三组相差无几。

这个实验恰恰说明了发挥情境想象力的功能，在推销员的自我训练中能起到特别大的作用。

再让我们来看一个现实中的事例：

美国总统小布什没有读过多少书，很多人都质疑，那他是怎么打败知识渊博的竞争对手戈尔的呢？

其实，小布什不仅没读过多少书，小时候也十分调皮捣蛋。

12 岁就开始抽烟，说话带脏字儿，总是欺负自己的弟弟。

去教堂碰见修女，他不是说：

“小姐，您早！”

而是调侃地说：

“嗨，小妞，看起来够性感的呀！”

他这副样子气得老布什夫妇面面相觑。

他上中学时成绩特别差，还经常恶作剧，老师也拿调皮的他没有办法。很多人一提起他，都叫他“小混混”。

当53岁的他当上美国总统时，熟悉他的人都很难想象，一个“小混混”是怎么当上的？

其实，虽然他书读得不好，他却有着一套过人的为人处世的方法。

在大学四年的玩乐嬉戏中，他结识了4000多耶鲁在校生中的四分之一，这1000多个同学为他日后从政打下了坚不可摧的人际关系基础。

1000多个同学的名字，一般的人是无法记住的，可是布什的一名同学却说：

“即使你和他只见过一面，他也能记住你的名字。”

提及他为什么具有这么超常的记忆力时，小布什说：

“夜深人静的时候，你可以在脑子里过电影，看自己记住多少人的名字，相貌和生日，忘记的时候你就想象一下当初认识他的场景。

而且，在以后与人交往的时候，首先要想象一下你应该在什么样的场合下，怎样和他对话。这样就会积少成多，朋友也就越来越多了。”

可见，小布什的独到之处，就是会把自己放在一定的情境之中，这才让他拥有了如此多的“后备军”。

当然，小布什的当选不仅仅靠诸多的朋友，还靠的是他自己的能力，但是，没有朋友的支持，他也发挥不出自己的潜力。

而这正是他运用了正确的情境演示法。

现实工作处事中，我们也理当如此。

众所周知，在推销时受到拒绝，这是推销员的家常便饭。如何迎接拒绝的挑战，那就是推销员的基本功。

对此，成功的推销员经常采取这种进入情境的想象训练：想象自己处于各种不同的销售情况，然后再找出方法，直至在出现各种实际销售情况时自己知道该说些什么、该做些什么为止。

哪怕客户对他最刁难的情况，他也能够“看到”自己如何从容面对。这样一来，取得好成就也就不足为奇了。

变虚为实法

为了树立自己的信心，尽管就自己的目光，认为自己的确还不具备足以自豪的条件，但是，不妨首先做出“好像”的样子，并保证一定的实践时间。

久而久之，积极的意象就自然从虚而实，变成真的形象了。

拿破仑·希尔年轻时有一次去采访钢铁大王卡内基。不知是他显露的热情还是其他什么方面引起了钢铁大王的重视，卡内基给他出了一个题目，要他花二十年的时间去采访类似自己的成功人士，并创立新的成功哲学。

当时他几乎是一文不名，但卡内基除了愿意帮他引荐有关人士外，还提供任何所需的经费。

这当然是一件很难的事，为了让他实现这个目标，卡内基教了他一则“无上心法”，并让他一定记到本子上：

“安德鲁·卡内基，我这一生不仅要取得像你那样的成就，我还要在历史舞台的起跑线上向你挑战并且超过你。”

一听这则“心法”，他本能的做法是立即拒绝：

“卡内基先生，你非常清楚我不可能做得到这一点。”

他当然可以找出一大堆拒绝的理由，因为不说别的，他的文化，也仅仅是一个高中。

对此，卡内基的回答是：

“你可以先试30天——只试30天。”

离开卡内基后，拿破仑·希尔回到了与兄弟合住的公寓。他不想让兄弟知道他将干一件多么蠢的事，所以当他想复述那个万能的心法时，躲进了浴室，把门关得严严实实。

开始时，他几乎是用很小的声音说出了那几句话，但立即又对自己说：

“你这个该死的骗子！你很清楚你是不可能做到这一切的！”

这样差不多过了一个星期，他都感觉到自己在骗自己。

大概在第一周的最后一天，他心里又有个声音对自己说：

“你该知道，安德鲁·卡内基可是世界上最好的伯乐，他还是世界上最富有的人，说不定他发现在你身上存在着某些你自己还未发现的潜力。你为什么不能改变自己的想法，看能不能从这件事中找出一些对你有益的东西呢？”

后来他终于改变了自己的想法，在那个月底，他不仅相信自己将努力追赶卡内基先生，而且在内心深处相信一定会实现的目标。

20年过去了，事实证明了卡内基当时预见的正确：就自己在世界的影响来说，成功学家拿破仑·希尔的确把他超过了。

虽然拿破仑·希尔不像他那么富有，但起码他造就了许多百万富翁，更不要说影响了像甘地这种世界级的领袖。

这不禁又让我想起了卢梭的一句名言：

“人们不懂得快乐，首先要强迫他们快乐，直到他们爱上快乐。”

拿破仑手下有一位叫内伊的人，他是一位优秀的骑手、勇敢的剑客，由于他骁勇善战，很快被上级提拔。

在一次战役中，他身负重伤，依然在战场上奋勇杀敌，被封为准将军衔。

但是，内伊觉得这和他的赫赫战绩根本就不成正比，所以他拒绝接受，从此也对整个军队失去了希望，也不再那么善战。

这时，拿破仑知道了这件事，把他叫进自己的帐营里，问了他受伤的情况，以及他对这个头衔的看法。

拿破仑面对这个为了给自己打江山，全身是伤的年轻人，拍拍他的肩膀说：

“你自己的行军包中，就藏着一柄元帅杖。只要再努力，下一位元帅就会是你!”

正是因为这句话，内伊心中再也没有感觉到不平衡，而且为了自己的元帅头衔更加奋不顾身，带领法国士兵取得了一个又一个胜利。

终于，在他35岁的时候，被封为“帝国元帅”的头衔。

拿破仑给予内伊能当元帅的虚的暗示，大大鼓励了他，在这种激励下，内伊果然把当元帅变成了现实。

所以，拿破仑还说：

“不想当元帅的士兵，不是个好士兵。”

人们之所以能够完成一些看来似乎不能完成的事业，是因为人们一开始就相信自己能够做到。

第八章
从"狭隘"到"广大"

8

"治心惟广大二字"

重整心灵的第八点，就是要让心灵，完成从"狭隘"到"广大"的突破。

"广大"于心力的作用绝不可忽视。因为它不仅涉及人生境界的确定，还涉及内在力量的大小，特别是涉及人生某些阶段困境的突破。

曾国藩曾多次讲一个著名观点："治心惟广大二字"。在"同治元年七月二十日与弟书"中，他再次明确指出：

"治心以广大二字为药。"

我们认为：一个人内在的发展与外在的成功，最终都要从广大上体现出来。

具体而言，"广大"具有如下四重价值：

（一）使人从现有的“局”中解放

人生总有这样的时刻：走到某一步，好像突然被“卡”住了。怎么也走不出去。

眼前的一念一境，仿佛具有超凡的“魔力”，使你无法走到另外一个阶段。对此，可能是很痛苦的，因为你实在不愿意；也可能是很着迷的，但代价是就在你着迷的同时，你实际丧失了许多更好的东西。

这就是“局”。所谓“当局者迷”，“一叶障目，不见泰山”，说的就是这种情况。

限于眼前之局，显示着人生的大被动。这种“卡”跟“限”，可能体现在外在，即环境的制约；也可能体现在内在，即人的心情、信念、价值、智慧、胆识等。

但是归根结底都在内在。因为即使是环境的制约，只要你勇于将眼界拓宽，到更广阔的空间里去，外在的制约也会消失。

1890 年，工程师杰拉德·菲利普将一座破产的工厂买下，生产碳丝灯泡。

但是他只懂技术，不善经营，到了第 4 年，就再也经营不下去了，打算清产出售，但别人只肯出极低的价钱。

这时，他 21 岁的弟弟安东·菲利普出山，一上任就作出十分重要的决定：跳出狭小的荷兰，到面积广大、人口众多但还处于落后地方的俄国去！

一到俄国，他就得到了极好的机会：不仅市场广阔，而且当时的沙皇亚历山大二世正开始促进俄国的现代化。

所以他的新产品一下子便得到了青睐。当他把得到50000个灯泡定单的电报打回荷兰时，他哥哥还根本不相信，甚至打电报询问：

“是否5000个之误？”

菲利普公司后来成为国际知名的大公司。

（二）提升人生境界

人生是一场盛宴，绝不只是一道好菜。

生活比我们所感受的要广阔得多，尚有更多新的体验有待探索，许多新的深度有待探测，许多更好的东西有待我们品尝。

遗憾的是：许多人总是看不到这一点，或者，小得即喜，不去进一步开拓，或者，认定现有的状况就是永远的状况，即使一点也不满意，也甘于“认命”。

这样的人生，不要说对盛宴毫无感觉，甚至连一道好菜也品尝不到。

你计较的东西有多大，你的疆域及器度就有多大，你的人生就有多大。唯有时时把“广大”作为自己追求的核心，才可以不断提升人生境界。

正如《菜根谭》所讲的：

“德随量进，量由识长。故欲厚其德，不可不弘其量，欲弘其量，不可不大其识。”

（三）赢取最大“助力”

人的成功，不能纯靠自己，也得靠来自其他方面的各种“助力”。

一个不广大的人，会将原有的“助力”赶走。相反，一个时时把“广大”作为人生指引的人，却能尽可能得到人生最大和最多的“助力”。

丙吉为汉宣帝时丞相，善于量才使用下属，即使其有错也尽量宽容。

一天，他正要乘车出门会客，车夫却喝醉了，把他的车子吐得一蹋糊涂。相府的管家便对车夫大加斥责。

丙吉了解情况后，只是淡淡一笑说：

“车子弄脏了，擦洗一下就是了。用不着发这么大的脾气。”

然后他和颜悦色地问车夫：

“你的酒醒了没有，还能不能驾车？”

车夫此时已完全酒醒了：

“小人知罪，能够驾车。”

这件事就这样过去了。胆颤心惊地认为会得到严惩的车夫，没想到会得到这样宽厚的待遇，便用心回报丙吉。

一天他看见有边关急马直驶皇宫，知道定有军务大事，便向皇宫负责警卫和传达的官员打听，果然不出所料，边疆已有外敌入侵。

车夫立即回去向丙吉报告，并向他提出建议：

“应该了解那些地方的官吏。如果无能或老弱不堪，无力应战，就应该速作调动。”

丙吉听了很高兴，接受了他的意见，连夜查阅了卷宗。

第二天上朝时，汉宣帝果然问了边疆的官吏情况，丙吉一一作了报告，得到皇帝的赞赏，也因此作出了抵抗敌人侵犯的正确决策。

丙吉的广大到最后真正赢得了“助力”。

（四）减少“悔疚”

“悔”是后悔，“疚”是内疚。

最美的人生是无悔无疚的人生。这点虽然谁也做不到，但是可以尽可能减少。而减少“悔疚”的途径之一，就是“广大”。

在重视人才方面，曹操比起袁绍、刘表等人，真有天壤之别。但是在一个人才的处理上，他却犯了大错。

华佗医术精湛，举世无双。

曹操征召他，让其在自己左右侍候。曹操被头风病所困扰，每次发病都很难受，华佗在曹操的胸鬲处扎一针，马上就不痛了。

曹操就更觉得离不开他了。

但华佗本是读书人，虽然以医病为职业，但常常后悔，加上长年远离家乡，十分思念，就请假回去。

到家后，便以妻子有病为托辞，久不回来。

曹操多次写信召唤华佗，又命郡县派人送华佗回来。

但华佗不愿受人役使，还是不上路。

曹操大怒，派人抓捕华佗，并将他关在狱中。曹操的谋士请求说：

“华佗的医术确实高明，手中掌握着人的性命，您还是宽容一些，放掉他吧。”

曹操说：

“别担心，天下这么大，还用得着留这种鼠辈吗?”

终于，曹操把他杀掉。

华佗死后，曹操的头风病再也无人能治。

后来，曹操的爱子仓舒得病，十分严重，因为无人能医，结果病死。曹操很后悔，说：

"我真不该杀了华佗，让仓舒活活病死。"

所谓"人无远虑，必有近忧"。

在对华佗的处理上，曹操显得既无远虑，也无器量，一点也不像招揽其他人才所做的那样漂亮。

其实，真要留住华佗，有的是方法。

类似曹操的错误我们在生活中也经常看到。

如某人失恋，就一把火把对方家烧掉；某人说了一句不中听的话，就向对方大打出手；为了争一点蝇头小利，竟不惜把对方杀掉。

事后不少人受到法律的制裁，后悔的时候再回想，其实都是当时不留余地、鼠目寸光所致。

让"广大"成为"意焦"

能不能"广大"，首先看你是否具有"广大"的意愿，并让"广大"成为你非追求不可的境界。

而且值得特别提出的是：为此，不管你在何时，身在何处，处境如何，地位如何，你都应该把"广大"当作时刻不忘的意念所在。

在不断地"意识聚焦"中，你自然会一步步走向广大。

拿破仑从读书时期起，就把"广大"当做自己的追求。

在炮兵学校读书时，他画的许多图表、自己做的许多作业，都是很自然地把自己放到一个司令官的位置上去思考问题。

后来，当他成为将军并成为法国皇帝时，更是将整个西欧，放到自己的视野中来考虑。

他还对下属说：

“当你到了一个不熟悉的城市的时候，你不要闲着，而要研究一下这个城市：你怎么知道，你将来不会来占领这个城市呢?”

他进一步阐述说：

“我们的战场是辽阔的，因此需要考察研究广大的空间。”

对新的可能性敞开

人很容易受过去经历的限制，总认为过去的经历才是真实的人生，并将从过去得到的经验与教训，作为以后行动的指引。

但是“广大”的价值，在人没有真正接触“广大”以前，只会有间接的认识，不会有直接的体验。这是一个怪圈。

要突破这一怪圈，必须做到：不管过去经历给你的是什么，你都要觉得已经给你的人生“设限”。

希尔顿年轻时，在家乡经营小生意，赚了一点钱，过日子没有问题，想要有一定发展也可以，但他只想做更大的事业。

他母亲便对他说：

“假如你觉得自己是一只大船，你就必须到水深的地方去。”

于是，他带着所赚的5000元美金，来到了因发现石油而到处是“掏黑色金子”人员的得克萨斯州。

尽管人生地不熟，但他下决心在这里打下一片新天地来。

他原本是想从事银行业务，不料，在这里，他发现开饭店的收入更有保证，于是，他便买下了一家饭店开始经营。由于他经营有道，业务发展很快。

之后，他的业务从得克萨斯州走向了全国，并进一步走向世界。

现在其开创的希尔顿旅馆业公司，是世界最大的旅馆业集团之一。其客房有八万多间，遍布世界各地。

假如希尔顿只在家乡发展，他会有这样的成就吗？

而他母亲的话让他认定了更远大的目标，让他向新的可能性敞开，他才得以成就一番伟业。

向新的可能性敞开，是开放的哲学，是前进的哲学，更是自我提升的哲学！

那么我们怎样才能向新的可能性敞开呢？

（一）从最简单的信念开始

广大需要信念，信念就是信以为真。

就是在结局还看不清的情况下，还坚定地相信只要自己付出所有，成功就必然到来。

有的人担心自己“广大”不了。其实，完全可以从最简单的信念开始：从根本上讲，人是可以“广大”起来的。

因为世界是这样大，而具体到每一个人来说，所需又那么少。你只要往前迈出一小步，就是向“广大”亲近一大步。

（二）置换导向

不要总是希望生活按自己设计的轨道走，而要听从生活的召唤，跟随它的指引走。

（三）改变重心

不应该老是想：

“我做过了什么？经历过了什么？得到了什么？”

如果这样，你的未来只是过去简单的重复。

应该经常这样质询自己：

“还有什么是我没有经历过的？生活的盛宴，还有几道好菜我应该去品尝却一直没去品尝？为了得到这几道好菜，我应该付出什么代价？立即开始做什么？”

当你尽力想放下过去“粘”住自己的东西而又放不下时，不妨将重心放在新的可能性上。

最有可能出现的一种结局是：过去束缚自己的东西不解自脱。

（四）重视“空隙”与“例外”

人一般容易被过去“粘”紧，就像一扇关得紧紧的门。有空隙，才会有新的空间，才会有新的光亮，才会有新鲜空气的进入，人的潜力才有显现的一刻。

与此同时，所有的发展都是从“例外”而来的，尤其是价值观的转变。

创造新经验的唯一方法，就是甩开既定的价值判断。那一刻的冲击是强烈、巨大、震撼人心的，但是唯有通过这一震撼，才会有生命的豁然开朗。

要有生命的广大，就必须承受质变的撕裂感。

广大是质变，是跳跃。

虽然例外作为改变的第一步，效果似乎不大，但是从零到一的距离，也许远大于从一到一千的距离。

它的出现是革命性的。要珍惜它、保护它，并尽可能去创造它。

（五）只管去做

这是将向新的可能性敞开落到实处。

不妨学习蚯蚓。蚯蚓只在地下爬，连骨头都没有，他永远不会有路，但是每一天早晨他醒过来，照样面对生活，面对挑战，每天都是一个新的开始。

当然人不是蚯蚓，人有思维、有情感、有意志，但是，正因为有这么多“先进”的东西，反倒容易把自己的原始生命力埋没，丧失尝试的勇气。

像蚯蚓这样开始，只管去做，在不断的尝试行动中，原始生命力会释放，许多被压抑的其他潜能也会被释放。

海明威这样说：

“不管一只动物的野性有多大，只要关在笼子里的时间够长，就会忘记怎样去觅食了。”

（六）将虚处做实

新的可能性，在开始时是虚的，但是虚处有最大的力。

遗憾的是，这种力只是一种潜能，要把虚处做实，除了采取不断的行动外，还要学会与“广大”建立一种血性联系。

其做法是：做事时，要仔细分析，你做的事，与你的生命、情感有何关联？是否符合你的价值观？是否全身心认可？

假如认可，就要根据“越给越有律”，不断刺激强化。

（七）通过改变环境，来促使自己广大

长久局促在一个小环境里，容易坐井观天，夜郎自大，经常和同样的人打交道，会失去与更强高手交往的机会。

因此，要以希尔顿为榜样，假如你觉得自己是一只大船或者想要成为一只大船，就应该到“水深的地方”去，这样，在新的更广阔的环境中，必然会创造更广阔的人生！

养成整体思维习惯

要“广大”，必须从粘于“细节”的习惯中解脱出来，将关心的幅度拓展开来，养成从大处看问题、从整体看问题的习惯。

即使是你的对手，也要从整体上看问题，去爱护和帮助别人。

在一次世界职业拳王争霸赛电视节目中我被其中的一场比赛给震撼了，不是队员取得胜利的场景，而是他为对手送上一束花的情景。

比赛的是美国的两个职业拳手，年长的叫卡非拉，35岁。

年轻的叫巴雷拉，28岁。

上半场两人打了六个回合，实力相当，难分胜负。

在下半场第七个回合，巴雷拉接连击中老将卡非拉的头部，使他鼻青脸肿。

短暂的休息时，巴雷拉真诚地向卡非拉致敬，他先用自己手中干净的毛巾一点一点擦去卡非拉脸上的血迹，后把矿泉水洒在卡非拉头上。一脸歉意，那神情仿佛受伤的是自己。

接下来两人继续交手。

也许是年纪大了，也许是体力不支，卡非拉一次又一次被巴雷拉击中后倒在地上。

按规则，对手被打倒在地上后，由裁判连喊三声，如倒地的拳手起不来则输了。

卡非拉挣扎着起身，裁判开始报数，“一、二、三”，三字还没出口。

一个令人惊讶的场景出现了：

巴雷拉上前把卡非拉拉了起来。

裁判也感到非常吃惊，这样的举动在拳场上极为少见。

巴雷拉向裁判解释说：

“我犯规了，只是你没有看见，这局不算我赢。”

扶起卡非拉后他们微笑着击掌，继续交战。

最终，卡非拉以108:110的成绩负于巴雷拉，观众潮水般涌向巴雷拉，向他献花、致敬、送礼物。

而巴雷拉却拨开人群径直走向被冷落的老将卡非拉，他把鲜花送给了卡非拉。

两人紧紧地抱在一起，相互亲吻被击中的部位，俨然是一对亲兄弟。

卡非拉也真诚地向巴雷拉祝贺，一脸由衷的笑容。他握住巴雷拉的手高高举过头顶，向全场的观众致敬。

卡非拉虽然失败了，但败得很有风度。

巴雷拉赢了，赢得更是十分大度，他赢的是一种人格。

我十分敬佩巴雷拉的人格魅力，正是他的整体思维，让他想到了年老的卡非拉失败的感受，才致使他把鲜花和拥抱给了卡非拉。

而他也赢得了人们更多的尊重和赞赏。

其实，要养成整体思维，主要有以下几种方法：

（一）拼板玩具法

一个大型拼板玩具，有一百多块拼板。假如你盲目地去拼装，也许一天都拼不好。

幸好，一般这样的玩具都有拼装示意图，它会告知你都有什么图案，按怎样的次序去拼。依托示意图的指引，你很快就可以将之全部拼好。

这也就是说，假如你碰到一件很繁杂的事，不要毫无头绪地盲目去做，而是可以借鉴别人过去的经验，这样会给你带来意想不到的效果。

（二）对半决策法

拼板玩具法是一种按图索骥法，而对半决策法，即一半总结一半实践或作出决定。

有这样一个故事：

一个国王想在两个王子中，选择一个作为王位的继承人。

于是给他们出了这样一道试题：让他们穿过一片玉米地，谁能摘到最大的玉米，谁就可以继承王位。但条件是只能摘一次，并且不能走回头路。

大王子先做。

刚进玉米地，他就发现一个大玉米。

但他想：

“后面可能还会有更大的吧，于是就走过去。”

之后，他又一次一次地看到大玉米，但是他每次都是对自己说：

“后面还有更大的”。

直到快走出玉米地时，他才胡乱地摘了一个比较大的玉米，但事实上这个根本不如他前面见过的那些。

而小王子的方式就截然不同。他把玉米地分为两段。

在第一段时，他观察玉米的大小，记住最大的玉米有多大。

之后，在第二阶段，看到哪个玉米与第一阶段观察到的最大玉米差不多，就把它摘下。

这样，虽然他摘到的玉米未必是最大的，但大大超过大王子胡乱摘到的。最后小王子继承了王位。

这个故事来源于印度作家泰戈尔的作品。

在故事中，大王子是一个把希望放在遥不可及未来的“爬行论者”，对过去缺乏总结，最后只能错失机会。

而小王子则知道将一半的时间用于总结，另一半时间则用于依据总结来作决定。所以其决定具有科学性。

有人提出过这样一个观点：

假如人生以70岁来进行设计，那么前面35年，可用于寻找自己到底适合做什么样的事，后面35年，保证这一梦想的实现。

这样的划分似乎有点机械，但是也有与上述故事类似的借鉴价值。

（三）将突破的疆域拓展到环境

人首先从只重视自己中突破出来，即由“我”突破到“人”（对象），这就是“红顶商人”胡雪岩所说的“头半夜想自己，后半夜想别人”。

但这仅仅是一个“合格商人”的境界，还应该更进一步，将突破的疆域拓展到环境。即“我—人—环境”。

宋仁宗病了很久一段时间，不理朝政。

某天，病情大有好转，想立即召见吕夷简和另外一位主要大臣。那位大臣只想快点走，但吕夷简按平时的步伐缓缓进宫，反倒叫那位大臣别急。

一见面，皇帝对他那么慢赶来十分不满，他解释说：

“您病了这么长时间。不理朝政，朝廷内外都知。

今天病好，忽然召见我们。如果我们匆匆忙忙赶来，恐怕会引起人们误认为出了什么事，或者引起别的想不到的变故也很难说。

我听到您身体好了自然十分高兴，可是考虑到这一点，却不能不慢一点啊！”

仁宗认为他考虑得十分周到，对他更为放心与器重了。

（四）系统展望法

对任何事情，都不要孤立地、静止地看，而要以发展的、关联的眼光来看，深切地重视事物之间的系统联系，否则，很容易犯错误。

汉文帝特别宠爱邓通，甚至把铜山赐给他，允许他铸铜钱，邓通于是富甲天下。

汉文帝曾患痈疽，邓通便经常替他吸吮脓水。

文帝问邓通说：

“天下谁最爱我呢？”

邓通说：

“没有谁比太子更爱您了。”

太子进宫问候文帝的病情，文帝让太子吸吮脓水，太子吸吮时却面有难色。

太子事后听说邓通常为文帝吸吮毒疮，心里既惭愧又愤恨。

等到文帝死了，太子即位（景帝），邓通被免官，在家闲居。

后来，景帝又把邓通家的财产全部没收。

不久，邓通寄食并死在别人家里。

对皇帝，邓通如此过分阿谀奉承，在人格上到底如何我们且不评价，但是仅仅从思维上来讲，就犯了大忌。

尽管他没有想到得罪太子，甚至还帮太子说好话，但是，其让人无法仿效的行为，太子做不到，自然就忌恨他了。

太子是未来的皇帝，得罪了太子，其后果就可想而知了。

邓通之所以到最后被罢免，直至孤独死去，正是他没有系统展望以后的发展趋势，而造成了这样的后果。

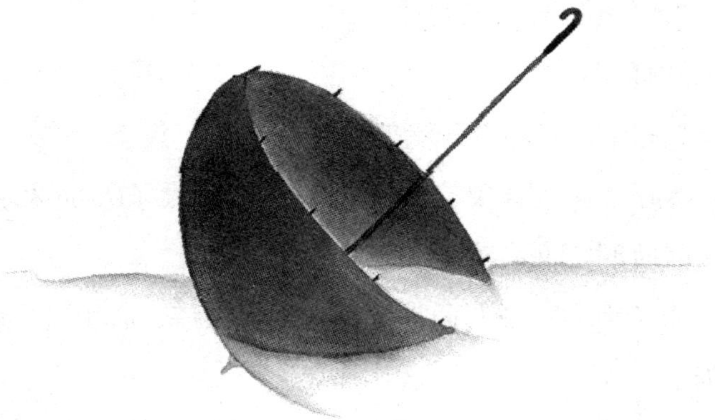

第九章
从自我突破到突破自我

让“果核”为“果仁”让路

重整心灵的第九点，是从自我突破到突破自我。

自我突破，强调的是人要不断通过自己的努力，去获得各方面的突破。

而突破自我，强调的是：我们突破的对象，不是别的，而是我们自身！

人是一定需要重视自我的。但是过强的自我，却可以扼杀你自己。

我们可以把“果仁”视为一种生命意象。就拿一个桃子来说吧。

按从外到内的次序，它包括：果皮、果肉、果核、果仁等。

一个果子要重生，最根本的一点，是果仁。它代表着新生命的核心。从一般情况来说，果仁的力量也最大。

果核那么硬，可是在适当的温度、土壤、水分条件下，果仁的力量可以把坚硬的果核冲开，变成树苗，直至长成大树。

果核就是自我，是保护果仁的。没有果核的保护，果仁随时都有可能被毁灭。

但是果仁要实现自己的使命，让“桃”的本质进一步体现在世间，就必须突破自我。坚硬的果核就必须被粉碎。

假如你有过强的自我，你就会产生“我执”，最终扼杀你的“果仁”，毁灭整个生命潜能。

你要在本质上使自己的生命潜能得以实现，就要让“果核”为“果仁”让路。

那么，又有哪些“果核”，主要成为影响“果仁”发展的障碍呢？主要是两种：

1. 虚假的“自我意象”；

2. 自私的个人意志。

要让“果仁”发展自己的生命力，就必须在如下几方面做工作：

（一）不被虚假的“自我意象”奴役

人在相当程度上受“自我意象”的支配，这点无可非议，在前文中，我们也多次谈到积极自我意象的重要。

但是，自我意象与本质自我应该尽可能统一。假如把自我意象完全当成本质自我，甚至由此而不顾客观情况及所处环境，蛮横地要卫护并不合理的自我意象，就是发展到“我执”，阻碍了真正的自我实现。

因此，应该不当自我意象的奴隶，让意象为本质让路。

（二）距离就是美，尤其要与“自我”保持距离

正如尼采所言：

“我的眼睛离我太近——所以我总是看不见自己。如果我能离开自己远些，也许我对自己会更加有用。”

与“自我”保持距离，就是不把自己与自我意象盲目等同，尤其不认同卫护自我意象时的“不由自主”。

这样，意气就会为效果让路，就会具有建设性。

（三）分清本质自我与“自我意象”的区别

抱着从本质上、根本上对自己负责的态度，经常检

点：本质自我与“自我意象”到底有何区别？

为此，不仅要加强自己分析，更要借用他人的客观评价。像“巧借他力法”中原一平开的“原一平批判会”，就是一种很好的办法。

（四）以发展的眼光认识“自我意象”

人的本质是逐步显现的，而自我意象，也会随着时间与经历的变化而逐步改变。

所以，不要认定你此时的自我意象就必然具有永恒性，而死守不放。

正如乔治·波洛克博士所言：

“我们会为丧失别人而哀伤，但我们也会为丧失自己而哀伤——丧失我们的意象所依赖的早先的定义。

因为我们体内的变化重新定义了我们，我们个人经历的各种事件定义了我们。在生活的几个转折点上，我们将不得不放弃从前的自我意象并继续前进。”

（五）树立真正的自尊

“我执”是一种不健康的“自我”表现，其体现于外在的种种问题，都来源于一种没有整合好的内在的缺陷。

因此，要认真分清自恋与自尊的区别，以最大的能力和勇气，创造真正的自尊，敢于一方面自我肯定，一方面又不“越位”，才会去掉这种不健康的自我。

人间最美是“谦德”

要突破自我，就必须学会谦卑。

自我过强的人，往往是骄傲的。而骄傲的人，不仅给自己和别人创造了一大堆问题，同时也阻碍了自己的成长。所以，我们常说：“谦虚使人进步，骄傲使人落后。”

过于强调自己的人，往往眼中没有别人。如果学会感恩，不仅能够给他人创造快乐与幸福，也帮自己掘开了生命的新水源。

那么，我们该如何学会谦卑呢？

（一）洞悉自我局限

人生有多种局限，不要认为可以无所不为。

受自然条件的局限，起码你不能提着自己的头发升上天空，你也不可能长生不老；

你对他人依赖，没有一个人能够孤独地生存在这个世界上；

你对自己百分之百自信吗？可你连自己是什么都不一定能够认清。

爱默生说：

“一个骄傲的人不该穿鞋，不该在茶里放糖，不该走在路上，也不该骑马，他不该吃，不该喝，不该穿任何衣服。要是他好到不能和人相处，让他别缠着他的受惠者要这要那。”

（二）深懂敬畏

要敬畏处处都在的“道”、客观规律，培养对真理的“臣服感”，这样才会让狂心顿歇，减少生命中的挫败，以及对别人的伤害。

正如《圣经》所说：

“敬畏本是智慧的开端。”

敬畏体现在许多方面，包括人际关系。有的人对朋友“亲密无间”，亲密尚可，无间则很可能会出现大的矛盾。这里有两个很有启示意义的例子。

曾国藩在其《道光二十二年十月初三日日记》中记载：

“岱云……又言予朋友，每相恃过深，不知量而后入，随处不留分寸，卒至小者龃龉，大者凶隙，不可不慎。”

布袋和尚的诗云：

“若逢知己须依分，纵遇冤家也共和，若能了此心头事，自然证得六波罗。”

爱与恨，是人心头最重要的两件事。

布袋和尚要求对爱者，注意距离。对恨者，要重视“和”，这些都是悟出“敬畏”之道后的发现。

当然，这“爱”、“恨”，不仅指人，也指事、理念、遭遇等。

《道德经》有这么一句名言：

“强其骨、弱其志。”

一个人应该有个人的意志。但是，当一个人的意志脱离了科学性，或者不考虑其他人的利益、意愿，只以自私的方式，只想把自己的意志强加给世界，得到的往往是世界对他的惩罚。

当你学会敬畏之后，你会发现：你的世界不是小了，而是大了。

为什么呢？

一个很简单的理由：

你把自己一放大，世界就变小；

你把自己一放小，世界就变大！

（三）学会感恩

深感今日自己所获得的一切、所享受到一切，并不只是来自你的努力，而是来自你前进途中，有许多的人在帮助你。

不管是直接的，还是间接的，甚至间接之间接的，都构成了今日我之“喜缘”。

因此，应该培养这样的胸怀：

不管你取得多大的成绩，哪怕你对世界的贡献很大，在相当程度上也是为你生活在这样一个世界上付“利息”，是为给予了你许多帮助的他人进行回报。

是的，谦虚是至关重要的。《易经》八八六十四卦，有六十三卦都有缺陷，但是唯有一个谦卦，却是六爻都吉。这充分说明：

人间最美是“谦德”。

谦德，是最高之德！

从“模糊感觉”到“提起而打”

我们知道自己有错误，往往是愿意改的。但问题是我们往往并不知道自己错了，或者只能模糊感觉却不能清醒认识。

这时，我们不妨学习禅宗的一种修炼方式——“提起而打法”。即把模糊感觉到的东西，采取清晰认识的方式去面对、去解决。

具体而言，有下面几种手段值得借鉴：

（一）反问自我法

遇到问题，能否赶快返回到自身上去，认真问一声：

“这是不是我的问题?”“这对我是不是有什么启示?”“我要求别人，是否我也能够做到?”等，以此指导自己的言行、思想。

一次，大家要砸死一个妓女。耶稣说：

“可以。谁没有犯过错误，可以第一个动手。”

在场的每个人扪心自问，都不坦然，最后谁也没有砸她。

为何耶稣这样一发问，要砸死妓女的人变得谁也动不了手?

其实，许多时候，正是由于有这一问，人就会感到自己的错误和缺失。

有人向楚王献鱼，说：

“我抓到这些鱼，吃也吃不完，卖也卖不出，扔掉又可惜，所以献给您。”

在场的人听后都认为渔夫说得太庸俗，楚王说：

“你们不知道，这个渔夫是一个仁义之人。听说凡是国库中有余粮，而国内还有饥民；后宫里囚禁了许多宫女，而民间却有许多旷夫（已经成年的单身汉），都是一个国君不应该做的事情。

我听说厨房里有肥鱼，马棚里有肥马，而老百姓吃不饱已经很久了。这个渔夫就是以献鱼的事作比喻提醒我赶紧改变这一局面，楚国依赖的正是这些人啊！”

（二）质询动机法

动机应该是“纯念”。

比如关心人，除非你真的站在对方的角度考虑，他的苦就是你的苦，他的乐就是你的乐，否则很可能也是强化自我、“我执”的一种表现，从其效果来说，也往往吃力不讨好。

南怀瑾的弟子侯承业，在《南怀瑾的理念》中谈到一个细节：

一次，南怀瑾私下向他指出：同样是帮助人，他与其妻子富士有很大不同：

“富士做每件事情都是为他人好，就是她批评了或指责了他人，别人也是心存感激。

而您呢？虽然也做了好事，但出发点不同，您是认为别人做不好，所以您一定要做好，您是不服气！所以您做起来很辛苦。”

在该书中，侯承业还谈了这样一个与此相关的观点：

"耐心和爱心，我们总以为是两个分开的单元。在老师身旁一阵后，体会到耐心原来是在爱心的基础上。如果没有爱心，那就无法有耐心。"

（三）主谓宾明确法

该法我们已在本丛书的其他有关章节中也有所介绍，关键是找出主语或掩藏的主语在哪里，只要主谓语显示的内容是狂妄的、"我执"的，那么整体效果就是"我执"。

一位先生在妻子指出其过于自负之后，无可辩驳，回答说：

"那么不必多说了。我比你更觉得我自己不是一个东西！"

表面看来，是最谦虚不过的了，但是仔细分析：

谁比"你更觉得自己不是一个东西"，还是他自己！

这句话的中心，并不是"我不是一个东西"，而是"我比你更觉得……"

即使是骂自己，都要比别人高出一头，这不又是"我执"的高度体现吗？

（四）质问前提法

如有人夸别人，不管自己是不是那方面的权威，都把自己扯进去——“连我都做不到。”

这里隐藏的前提就是我要处处高出一头，对己而言，是狂妄，对他人而言，是虚伪。

辩证把握事物与心灵

突破自我还有十分重要但极容易被人忽略的一点，是应该辩证地去把握事物与心灵。

世界上的一切都体现了辩证法，而我们许多人往往忽视这一点。这一来，就造成许多不应该犯的错误。

与此相反，真正的成功者总是能更全面地去看待问题。他们不自以为是，更不固执己见，而是以系统的辩证的眼光去观察和解决问题，于是，他们往往解决了许多别人难以解决的问题，创造了许多别人难以想象的成功。

我们略做几个方面的分析，来看辩证把握事物与心灵的作用。

（一）强化自己不如忘我投入

如太在乎自我意象，是“社交恐惧症”的原因之一。

经常有这样一些人，在社交场合，想得到别人承认的意愿过强，而且总认为别人特别关注自己。

尽管这种想法往往是错觉，但是他们却由此而产生焦虑和恐惧。

此时，假如能将“意焦”转移，把自己意识的焦点，从自己转向他物和他人。甚至更进一步，忘我地做一些服务的事，反倒会得到出乎意料的效果。

曾经有一个女孩，一直自我感觉不好，到了约会的年龄，却没有一个男青年约会她，于是她便去请教某心理学家。

心理学家没有直接给她治疗，而是请她在自己当天晚上召集的一个聚会上帮忙。叫她什么都别考虑，只要看到有什么事需要做就赶紧做，看见谁需要帮忙就赶紧帮忙。

女孩完全照办。没料到，在那晚的聚会上，在那些男青年的眼中，她成了最迷人的女孩。

晚会后就有两个青年争着送她回家。不久，她便和其中的一位结了婚。

（二）帮人不如求人

许多人追求成功，总认为能干的自我形象和帮助他人的举动能征服他人。

在许多情况下的确如此。

但是，假如过于突出自己，则反倒使人反感，不如弱化自己的形象。

与此相同，也不要盲目地给他人提供帮助，有时受（接受）比授（给予）更能给人以快乐和幸福。

这样的做法，反倒使人觉得亲近，让他人更有成就感。

因为人人都重视自己在他人眼中的形象，所以假如你尽可能满足别人这一点要求，就会更好地取得他人的肯定。

富兰克林在参加某次议会活动时，有位议员对他大肆攻击。

富兰克林并不反驳。他知道这位议员非常博学，又听说他珍藏了几部非常珍贵的书，于是修书一封，希望借这几本书一阅。

议员立即把书送来了。

一星期后，富兰克林将书送还，并附了一封热情洋溢的信。

那位议员本来不和富兰克林说话，但自从“借书事件”之后，遇到富兰克林，竟然主动上来打招呼，并表示愿意帮他任何忙。

照一般做法，要和一个人搞好关系，最好是去帮别人。

富兰克林却是相反，要求攻击自己的人帮助自己。

这种一反常态的做法竟然取得这么好的效果，正是由于考虑到对方那种希望别人尊崇的需要。

(三)“考虑他人”也可成为陷阱

由于“我执”常常会变着花样出现，甚至在你考虑他人的地方，也可能潜藏陷阱。

因此，不仅对明显的只考虑自己的时候要警惕“我执”，同时当自己看来是考虑别人的时候，也要多问一声：

“我会不会由于自以为是而犯下错误?”

吕蒙正是宋代宰相，为人特别宽厚，人们在说“宰相肚里能撑船”时，就经常引用他的例子。

他老年时辞去宰相的位置，回到故里，百姓尊敬他如同敬仰泰山北斗一样。乡里有一个人喝醉酒后辱骂他，他不为所动，也不生气，对仆人说：

“不要和喝醉酒的人计较。”

然后他闭门思过。

一年后，那个喝醉酒的人犯了死罪被关进监牢，吕公后悔地说：

“当时如果稍稍与他理论一下，送他到官府惩罚一下，就可以因为小惩罚而阻止他再犯更大的错。我当时只想到为人厚道，没有想到姑息养奸，使他发展到有罪的地步。”

曾国藩曾这样说过：

“不贪财、不失信、不自是，三者为人最要紧之道。”

这个不自是，就是不自以为是。即使行善帮人的时候，也同样如此！

有道是：“慈悲育祸害，方便出下流。”考虑他人，关心他人，如果不能更全面、科学地思考问题，也有可能遭遇陷阱啊！我们怎么能够不慎重呢？

越能提升生命层次，越能突破自我

这就是要我们把个人关注的重心、生命目标、价值观等，提升到更高的层次上来，即从只关心自己到关心他人、环境，甚至将后者提升到个人之上。

永远要记住：突破自我的程度，与提升生命层次的程度，是成正比的。越能提升生命层次，越能突破自我。

为此，我们可以这样做：

（一）“大视野”思考法

将关注的视野，尽可能扩大，甚至放到宇宙之中。

曾国藩在他的日记里写道：

静中，细思古今亿万年无有穷期，人生期间，数十寒暑近须臾耳。

天地数万里不可须极，人于其中寝处游息，昼仅一室耳，夜仅一榻耳。

古人书籍，近人著作，浩如烟海。人生目光之所能及者，不过九牛一毛耳。事变万端，美名百途，人生之力所能办者，不过太沧之一粒耳。

知天之长而吾所历者短，则遇忧患横逆之来，当少忍以待其定；知地之大而吾所居者小，则遇荣利争夺之境，当退让以守其雌；知书籍之多而吾所见者寡，则不敢以一得自喜，而当择善而约导之。

知事变之多而吾所办者少，则不敢以功名自矜，而当思举贤而同图之。夫如是，则自私自满现可渐渐除矣。

（二）体验拓展法

通过心灵体验进行拓展。

佛教讲“感伤之情、慈悲之怀”。前者是指自己对痛苦有切身感受，后者是指看到他者和它者有同样的痛，也等同身受，从而对他者或它者兴起同情和关怀之心。

日本将来时代财团的创办者矢崎胜彦，是一个极力主张破除“我执”的人。在谈到为何有这种感悟时，他谈到自己生命中的一件小事：

一次，他和别人同去伐一棵树。这棵树有一百年的历史，大得以手臂都环抱不了。在由伐木工伐了一大半后，便由他来进行最后一锯。

在大树行将倒下的时候，他突然感到自己做了一件无法补救的事——

在伐倒了大树的同时，也就否定了养育它生命的岁月光阴。就在他那漫不经心的一锯中，他伐倒了人类的经营绝对创造不了的、大自然生命所经营上百年的结晶。

他深深地、痛切地感到了时间的重压。一瞬间，那棵大树最后的呜咽，扫尽了他心底的愚痴。

之后，他仿佛不断听到这样的呜咽。在通过进一步参禅和学习王阳明的“致良知”理论后，他成了一个坚定的环境保护者。

（三）让“小我”向“大我”屈服

当个人的利益、形象、面子等，与“大我”的要求相矛盾时，要让“小我”向“大我”屈服。

郭子仪和李光弼是朔方节度使安思顺手下的两员大将，两人长期不和。

等到郭子仪取代安思顺作了朔方节度使，李光弼犹豫不决一番之后，走进了郭子仪的公堂，对郭子仪说：

“多年来，我们两人如同仇人，现在你大权在手，我自己甘心一死，请你不要让我的妻子儿女受到牵连。”

当时正逢发生“安史之乱”。

郭子仪一听这话，就从堂上快步走到李光弼跟前，握着他的手，扶他在堂上坐下，流着泪对他说：

“如今国家遭乱，皇上避难在外，没有你不能东征，哪里是考虑私仇的时候啊！”

说完，倒地便拜。

二人从此握手言欢，共同谋划，打败叛军。

罗曼·罗兰在《母与子》里说过这样一句话：

“必须自己和自己搏斗，才能够征服自己。”

郭子仪与李光弼的做法，正是一种向自己搏斗的做法。

他们向自己搏斗，其结果就是真正征服了自己。准确地说：是征服了“小我”，最后走向了“大我”。

（四）对“大我”形成意焦

根据心力训练的“意焦突破法”，意焦是心力的“高效聚能器”。

假如一个人长年把自己的意愿、意志和意识所形成的"意焦"，集中到"大我"这一点上，那么就能产生巨大的能效。

要形成意焦，得保证"关注的频率"，实际上，那种长年累月集中在对象上的"高频率"意焦，其效果要远高于一曝十寒的努力。

台湾的证严上人，1966 年刚组成慈济功德会时，锯了三十根存钱的竹筒，发给信众一人一根，鼓励她们每天提起菜篮去买菜前，便存进五毛钱以做善事。

信众们觉得奇怪，问为什么不干脆每个月缴纳 15 元呢?

上人说：

"这不奇怪，我要你们每天临出门前，就有一分救人的心，节省五毛钱，就是培养节俭的心与爱人、救人的心，两个心存一筒，力量是很大的。"

如果形成了"大我"的意焦，就可以保证在任何情况下，一遇到可以为"大我"奉献的机会，就立即奉献。

圣雄甘地有一次坐火车，在火车要开动之时，突然一只鞋子被挤脱，掉到车下去了。

这时，甘地以最快的速度，脱下另外一只鞋子，丢了下去。旁人大为不解。甘地解释说：

"假如有穷人看到了，这两只鞋子正好是一双，说不定对他还有用。"

甘地的举动，让我们看到了一个感人肺腑的伟人形象，同时也告诉我们：

当"大我"已经在你的心灵中形成"意焦"，你就同样能够像甘地那样，随时创造那种闪光的生命奇迹！

研究生教育動力學

Dynamics of Graduate Education

杨　卫　著

科 学 出 版 社

北　京

内 容 简 介

中国的研究生教育具有体量大、调控层次丰富的特征. 这为数学建模和动力系统方法的引入提供了客体背景. 作为研究生教育学定量理论的一个新视角, 本书意在阐述研究生教育动力学. 一是揭示研究生教育的基本动力与阻力; 二是以连续介质力学的方法, 在学科空间和历史维度的构架下探讨对研究生教育的宏观调控规律; 三是建立具有预测能力的指导框架, 并进行必要的案例研究.

本书可供研究生教育管理者、研究生导师、研究生, 以及力学专业工作者阅读.

图书在版编目(CIP)数据

研究生教育动力学/杨卫著. —北京: 科学出版社, 2021.8

ISBN 978-7-03-069345-7

Ⅰ. ①研… Ⅱ. ①杨… Ⅲ. ①研究生教育－研究－中国 Ⅳ. ①G643

中国版本图书馆 CIP 数据核字 (2021) 第 131890 号

责任编辑: 刘信力 / 责任校对: 彭珍珍

责任印制: 吴兆东 / 封面设计: 无极书装

科学出版社 出版

北京东黄城根北街 16 号

邮政编码: 100717

http://www.sciencep.com

北京虎彩文化传播有限公司 印刷

科学出版社发行 各地新华书店经销

*

2021 年 8 月第 一 版 开本: 880 × 1230 1/32

2022 年 4 月第三次印刷 印张: 8

字数: 200 000

定价: 158.00 元

(如有印装质量问题, 我社负责调换)

自　　序

作为一位力学方面的专家，我在半百之年步入了一片新领域——研究生教育学。辗转于访问高校的奔波之中，养神于文山会海的操劳之余，我不禁时时喟叹：多年研读的力学学识岂不弃之可惜。忽一日，在庭院信步之际，一种念头悄然袭来，何不把力学与研究生教育学相结合，探讨一门研究生教育动力学呢？这种想法，一经形成，几度缠绕，魂牵梦萦，却之不掉。久而久之，就形成了本书的框架。十六年前，在杭州、贵阳、合肥、北京的几次讲座之后，不少同事都鼓励我将之拓展为一本书。我生平也写过数部中文或英文的书，但都是在基本理论框架已经确立的领域。像这样一本从选题、内容到研究方法都有点独出心裁的著作，还是首次进行尝试。幼稚、冲动之处，切望广大读者与诸位学术同行海涵。

中国的研究生教育具有体量大、政府管理的力度强、调控层次丰富等特征。这为将数学建模、动力系统、场分析方法引入研究生教育研究提供了客体背景和预期效益。本书的目的在于将动力学的理论体系 (包括数学建模、动力系统和场分析方法) 引入研究生教育研究，将理论与统计数据相结合，建立具有预测能力的指导框架，从而将研究生教育学的研究定量化。

作为研究生教育学定量理论的一个新视角，本书意在阐述研究生教育动力学。从微观层面来看：研究生教育动力学旨在揭示研究生教育的基本动力与阻力，并以动力学演化方程的形式来加以定量勾画。从宏观层面来看：研究生教育动力学旨在以连续介质力学的方法，在学科空间和历史维度的构架下探讨对研究生教育的宏观调控规律。

在研究生教育动力学的基本理论框架下，可采用场分析的方法，演绎研究生教育动力学的定性特征和案例分析。这类分析得益于下述基础：(1) 学科空间提供了评价诸种层次 (世界层次、全国层次、省区地域层次、院校层次) 下学科发展的度量空间；(2) 动力学的控制方程和定解条件提供了评价研究生教育的定量手段；(3) 我国大规模开展研究生教育以来所积累的基本数据①②；(4) 我国可实施的多层次调控手段将对未来的发展模式提供翔实的内容。研究的目标在于将研究生教育学的理论和我国学位管理与研究生教育的统计数据相结合，建立具有预测能力的指导框架，并在此指引下进行必要的案例研究。

摩拳擦掌准备之期，2006 年突然接到担任浙江大学校长之任命。校长工作异常繁忙，宏观与微观相织、使命与担当并举，容不得半点疏漏，于是著书的计划便束之高阁了。六年半校长任期后，又有五年的国家自然科学基金委员会主任的差事。待卸任重归学术江湖后，悠然已是十二年过去了。一日偶遇清华大学研究生院原常务副院长陈浩明教授，他极力劝说我，希望这本《研究生教育动力学》能早日问世。老友的鞭策，实乃醍醐灌顶。再一想，我最近这十来年，既负责过国家的研究生教育，又负责过一所综合性大学的全面学术和行政管理工作，还负责过与研究生教育有密切关联的国家基础研究资助工作。而这十来年，又是中国的研究生教育、研究型大学发展、基础研究发展、“双一流建设”前进最迅捷的一个历史阶段。确实是应该寻求一个契机，把我们在繁杂的行政管理中领悟的学术内涵分享给

---

① 中国学位与研究生教育发展报告课题组. 中国学位与研究生教育发展报告: 1978—2003[M]. 北京：高等教育出版社, 2006.

② 国务院学位委员会办公室. 1981—2021 中国学位四十年[R]. 2021 年 1 月.

诸位学者和教育工作者，以期留下一页有历史价值的记录。且我目前正担任中国学位与研究生教育学会的会长，而按照老会长赵沁平院士的一番宏愿，该学会的一项任务是发展研究生教育学①②③。有念于此，耕耘一载，竟得此书，与诸位同仁共享。

著书过程中，得益于教育部学位管理与研究生教育中心黄宝印主任、教育部学位管理与研究生教育司徐维清副司长、学位处李永乐副处长、爱思唯尔 (Elsevier) 康晓伶女士为我提供有关数据。这里还要致谢常若菲女士为之绘图。

书成之日，又喜得知名力学家、教育家谢和平院士为本书题写书名，甚为感谢。

辛丑年夏

于杭州玉泉求是村、北京海淀紫竹公寓

① 赵沁平. 开拓、创新、求真，科学构建研究生教育学学科体系 [J]. 研究生教育研究, 2014, (6): 4–6.

② 赵沁平. 关于我国研究生教育的二十个问题 [J]. 研究生教育研究, 2015, (6): 1–2.

③ 赵沁平. 探索研究生教育规律，实现研究生教育内涵式发展——访中国学位与研究生教育学会会长、中国工程院院士赵沁平 [J]. 中国研究生, 2018, (3): 4–6.

目　录

第三篇 研究生教育动力学的定性讨论

第四篇 案例研究

引　言

0.1　研究生教育学的特征

研究生教育学有如下特征：一、研究生教育位于教育链的最高端；二、研究生教育的运行动力可划分为宏观（国家范围）、中观（大学范围）与微观（学科范围）三个层次；三、研究生教育受到其内在体制结构的影响。上述特征之一使得研究生教育学在教育学的一般框架上添加了**学科发展**和**知识创新**的本质内涵。前者使得我们必须在学科空间上探讨研究生教育学；后者使得研究生教育不光涉及资源的配置，还伴随有资源的增生（即知识与人才的新生）和教育成果的转化。特征之二预示着研究生教育将包括以培养机制、知识创新动力和学科发展动力等为核心的微观教育学理论；以学科协同发展、学位品牌塑造、跨学科研究生管理等为核心的中观教育学理论；以宏观资源配置、调控、管理、发展预测为核心的宏观教育学理论。特征之三预示了研究生教育的学科结构、管理结构和导学结构这些内变量在研究生教育过程中的重要性。这在中国所具有的研究生教育历史短、体量大，实行以国家学位为底线保障，以学校学位为品牌背景的特色下尤为如此。

0.2　研究生教育的经济基础

研究生教育与其赖以支撑的经济基础、文化传承和社会发展等功能有关。

研究生教育是工业化和信息化生产方式的产物，其学科结构依赖于社会的认可与学科资源的投入；在某学术机构或学科实施研究生教育时，也需要满足其对应的经济门槛。当一个国家尚未实现工业化时，其研究生教育只能以零散的、精英式的、师徒传承的方式出现。经济基础和信息传播水平决定了研究生教育的规模、结构和平均水平。研究生的规模化教育是以实现工业化、信息化、智能化为背景的教育；分门别类的专业学位教育是经济与社会发展方式出现了细化分工而产生的结果；学术产出的激增和学术型博士学位的预设学术认可度门槛是学术出版界信息通畅化的结果。

首先述及研究生教育的规模，这可以从需求与供给两个方面来予以讨论。从需求侧来说，一个国家的研究生总量需求取决于其人口总数与人均 GDP。后者与社会人口构成的知识结构有关。中国每年新出生婴儿 1000 万—1500 万。在可预测的将来 (如二十年后)，可能其中的 80% 将会受到高等教育 (当前略高于 50%)，20% 将会受到研究生教育，这样我国可能每年研究生招生人数就会高达 200 万—300 万 (作为参照，我国 2020 年的研究生招生约为 110 万人)。这样在二十年内，我国研究生招生规模可能会达到目前规模的 2—3 倍。这样的年增长率超过 6% 的发展速度，如果没有人均 GDP 的中高速以上的增长是无法支撑的。今后二十年，我国人口的知识结构可能从现在的金字塔型逐渐变为橄榄型，即具有博士、硕士、学士、大专或高职、高中/中专或中职、初中、小学及以下的教育层次经历的人口比例演化为 5% 、15% 、30% 、30% 、12% 、5% 、3% 。从供给侧来说，学术型研究生总量与总人口与基础研究投入的乘积有关。目前我国的人口约为美国的 4 倍，而基础研究经费数 (按照汇率计算) 约为美国的 1/6，若进行购买力平价修正 (PPP) 则大约为美国的 1/4[1]，而我国学术型研究生的数量恰与美国大致相当。二十年后，基础研究经费的一半，以及学科建设经费中的一半都将转化为支撑学术型研究生培养的费用，而届时学术型研究生的规模和层次比例会发生较大变化。专业型研究生总量应与人均 R&D (Research and Development，科研与开发) 比值有关，后者决定了专业化的层级门槛和其分工的细致程度。同时，中国的学术产出量与研究生人数正相关。由中国产出的 SCI (Science Citation Index，科学引文索引) 论文大约有 1/2 以上是以研究生作为生力军而完成的。

研究生教育的学科结构也与经济与社会的发展程度相关。在前工业化阶段，人文、农学、医学、政治学、教育学等学科最先得到发展，起到了人类文明的启蒙作用。在工业化为主要驱动引擎时，对理工科研究生教育的需求 (无论是工作岗位还是社会观念认同) 走到了舞台中央。在信息化发展加速时，信息科学变得炙手可热。如当前美国博士学位获得者的就业五年后的薪酬分布出现双峰，而高端峰就是由人工智能等领域的高薪酬而造成的反常峰。对政治学、经济学、法学、管理学这些与上层建筑相关的领域，其对研究生的需求有一个比较固定的比例。随着社会进一步的发展，随着财务自由的逐渐逼近，人们将逐渐青睐于更能体现个性自由发展的学科，如文学、历史学、哲学与艺术；或从仁者爱人的理念出发，投向与生命和精神联系更紧的学科，如医学、心理学与教育学等。

0.3　研究生教育的文化传承

研究生教育的文化传承体现为在不同历史阶段出现的四种发展模式：以英国绅士淑女型教育为背景，以好奇心驱动为动力的书院式研究生教育；以德国哥廷根学派为代表，以学科群师徒传承为特征的集群式研究生教育；以美国“二战”后在研究生院管理框架下的大规模、多学科的集成式研究生教育；以中国在最近二十年形成的，以国家、地方、学位授予单位实行的多层次管理与调控为特征的动力型研究生教育。

作为东方文明的传承大国，中国近代的研究生教育表现出文化传承的复杂性和高速演化特征。首先是有着横跨两千余年的先秦诸子百家的文化传承，体现了人文学科的论理与思辨特征，以及随之而来的士人的清流教育传统。接踵而至的是书院式的集群性教学的方式，秉承师徒相传的导师制度。启蒙自 20 世纪的研究生教育，其内容与方式的综合程度令人叹为观止：既有人文学科的孔孟之道与马克思主义的批判精神和自省精神；又有社会科学的数据科学和意识形态特征，理科的西方科学文化特征，应用学科 (工科、农科、医科) 的理论联系实际特征。不同的学科教育模式最后在现代大学理念上得到了统一。在 20 世纪 60 年代，导师制下的精英研究生教育形成了我国最初的现代研究生教育文化。“文革”之后，研究生教育重启，又赋予了国家品牌、学位点控制等新内涵，逐渐形成了席卷全国的研究生教育新文化。研究生教育这一新的规模教育层次带来了两个新动力：一是各个学校的层次分化和层次跃升动力；二是学科建设的动力。从学位点申报、“211 建设”、“985 建设”、重点学科评估、一级学科评估、到“双一流建设”，研究生教育的新动力成为各个学校发展的最强音。从“211”/“985”到“双一流”，二十余年的时间中国的大学绘出了可称之绚丽的发展轨迹，乃至于美国科学理事会在其 2020 年度的《科学与工程索引》长达千页的报告中对中国的挑战给予了特殊的关注 [1]。

人民需要满意的教育：需要满意的幼儿教育，满意的小学、中学教育，满意的职业教育和师范教育，满意的普通大学教育等等。然而，最上位且通往希望之巅的，是满意的一流大学和一流学科教育。习近平同志指出“高等教育发展水平是一个国家发展水平和发展潜力的重要标志。实现中华民族伟大复兴，教育的地位和作用不可忽视。我们对高等教育的需要比以往任何时候都更加迫切，对科学知识和卓越人才的渴求比以往任何时候都更加强烈。”[2] 如果说：从一流幼儿园到一流大学，是家长们望子成龙的长征；而这一长征目的地是世界一流大学。办好幼儿园，是为了不输在起跑线上；办好中小学，是为了叩开心目中理想的大学之门；办好职业教育，是为了不同职业的均衡和谐发展；而一流大学，是全国人民神往的子女教育的终极目标，是王冠上的明珠。若我国没有世界一流大学，我们的好苗子就会大量流失到国外一流大学中；我们的孩子尽管没有输在起点，却无法在祖国向终点冲刺；整个教育，将失去其追求的最高目标。多少间大学，都把“双一流建设”视为其中心任务；每个省、自治区、直辖市都把“双一流建设”视为其教育战线的头等大事；每家企业在制定其人事政策时，都体现了对“双一流建设”大学毕业生的青睐；每一名家长，都期盼着自己的孩子能够在世界一流大学建设高校或世界一流学科建设高校中就读。综上所述，“双一流建设”是全国人民对教育的最大期盼。

中国特色的学科建设和学科发展路线固然有上述可圈可点之处，但也存在着一个弊端，即不利于学科之间的交融和整个大学 (University) 理念的彰显。在以学科建设为中心的各个学科竞赛发展的态势下，跨学科的交融存在理念上、体系结构上、人事制度上、评估体系上的困难。强大的学科以吃掉弱小学科的资源配置为荣，它们更乐于见到学科之间的以自我为中心的山形结构，而不是多中心的川形结构或大协作的网联结构。理科和生命科学愿意在全校宣贯引用性评价和国际影响力，工科与医科愿意以实用性和大项目论英雄，文科愿意更多地谈论深刻性与引领力；行业性学校着重于对领域的渗透性与贡献度，综合性大学更愿意谈论总体实力。研究生教育的文化是一个多重文化、特色文化，同时也是一种“大不自多，海纳江河”[3] 的文化。

0.4 研究生教育的社会学功能

高等教育的社会学功能早已被人们所认识，它有力地促进了社会层次流动与地域间流动。这种地缘社会学的概念也不完全都是正面的：一方面，它对中低收入家庭的青年人群提供了一种凭借个人或家庭的努力而向上攀升的动力，包括社会层次与地域的攀升；另一方面，它对中低收入家庭的人群与区域起到一种“人才荒”(Brain Drain) 的抽吸作用，使得社会层次与地域差别更为固化。由于普通高等教育的毕业生大多不能达到自我创业的能力，且在相对欠发展地区的高校毕业生又有去发达地区高校攻读研究生的动力，所以在欠发展地区的本科高等院校，除了部分解决教育公平的目标外，并不能全方位地解决地区发展的人才配置差异。

在此基础上，研究生教育的社会学功能开始逐步为人们所认识 [4]，地方的治理者无不想通过学位授予单位的申请，带动区域社会发展，从而提升教育为社会服务的等级。在著者担任国务院学位委员会办公室主任期间，办公室所收到的两会代表委员建议或议案提案中，就有大约一半是建议在该区域或增设“211 建设”高校，或增设博士学位授予单位。

研究生教育是高级人才社会流动的高动能通道，并往往成为高级人才就业的地域起点。教育层次越高，非本省生源的比例就越高；教育层级越多，社会层次流动与地域间流动的渠道就越多；博士后和跨国境研究生教育加强了研究生教育的社会学功能。它起到了三种社会学的作用：一是上行作用，它牵引着受教育者的社会地位上升到更高的层次，并拥有更大的就业自由；二是反哺作用，一个研究生学位获得者一般可以使其家庭摆脱经济拮据的状态，并拥有更高的社会地位；三是辐射作用，研究生教育可以塑造一个人的创业能力或事业进展，从而通过其创业或事业的发展来辐射带动更多的人形成社会地位的上升。

0.5　研究生教育学的基本假设

类比微观经济学的三项基本假设 [5] 和宏观经济学中的国家干预假定 [6]，现提出研究生教育学的四项基本假设，作为建立理论框架的出发点。

学科个体假设。类似经济人假设，我们假设学科个体具有利己性和有限理性。学科的利己性是一柄双刃剑：一方面，类似人本主义哲学的生命原始冲动说 [7]，它为学科个体的向上演化提供动力；另一方面，学科的利己性可能抑制相邻学科的发展，并可能造成本学科的泡沫。由学科的有限理性可导出如下推论：(1) 学科个体的自身行为将遵循利益最大化原理；(2) 必须有更高层次的调控来制约和引导学科个体的有限理性；(3) 必须在研究生教育中建立维护教育秩序的结构。

资源稀缺假设。研究生教育的资源永远是有限的，而各学科个体或学科联合体对发展的需求是没有上界的。因此，研究生教育的有限目标与优化发展将成为永恒的主题。仿照微观经济学理论，在这一假设下将列出供求原理和作为其运作手段的均衡分析 [5]。

产品继承假设。对任一学科个体而言，它所培养的人才和产生的知识具有继承性。该学科的现状、行为和演化趋势将是其人才培养和知识累积的历史泛函。因此，学科演化的动力并不仅仅在于其表观利益，也来自其演化本身。除直接继承外，学科个体还可以通过间接继承来获得相邻学科的知识和人才。这也是促进各个学科人才引进的动因。

控制递减假设。中国研究生教育的起步初期，在国家学位的理念下，采用了近似指令化和刚性化的国家控制。在研究生教育的后续发展过程中，一直通过控制递减，来逐步释放研究生教育系统的活力。在学科理性与学科建设资源随发展而增强的态势下，研究生教育的宏观理念也应该逐步实行从类本位向学校本位、进而向个体本位的过渡。

本书第一篇阐述研究生教育的定量表征，在第二篇中给出研究生教育动力学的基本框架，在第三篇中讨论研究生教育动力学的定性特征，在第四篇中进行有关的案例分析。

参考文献

[1] The State of U. S. Science and Engineering 2020, NSB Science & Engineering Indicators[OL]. https://ncses.nsf.gov/pubs/nsb20201/conclusion[2021-5-12].

[2] 新华社. 习近平：把思想政治工作贯穿教育教学全过程 [OL]. http://www.xinhuanet.com/politics/2016-12/08/c_1120082577.htm[2021-5-12].

[3] 浙江大学校歌 [OL]. https://www.zju.edu.cn/574/list.htm[2021-5-12].

[4] 中国学位与研究生教育发展报告课题组. 中国学位与研究生教育发展报告: 1978—2003[M]. 北京：高等教育出版社, 2006.

[5] 王东京. 经济学笔谭 [M]. 北京：中共中央党校出版社, 2005.

[6] J. M. Keynes. The general theory of employment[J]. Quarterly Journal of Economics, 1937, 51(2): 209–223.

[7] 弗里德里希·尼采. 权力意志——重估一切价值的真理 [M]. 张念东，凌素心译. 北京：商务印书馆, 1998.

第一篇

研究生教育的定量表征

为实现对研究生教育的定量表征，我们需要厘清四个问题：一是要勾勒出研究生教育在构建观上的经纬结构；二是要梳理出在研究生教育在管理观上的权力结构；三是要给出研究生教育在空间观上的几何结构；四是要表征出研究生教育在方法论上的分析结构。这四套结构将为研究生教育动力学的数理与哲理描述打下基础。

在本篇的四个章节中，将聚焦于下述问题：第 1 章集注于对经纬层次结构的表征，学科经轴与教育纬度交织出研究生教育的纹理；第 2 章讨论教育权力，其重点在于对研究型大学的报告线描述与研究生教育的多层次权力平衡；第 3 章阐述学科的数学表征，以关联度为中心来定义学科空间的几何构成与范数；第 4 章则专注于梳理与研究生教育有关的表征场变量，包括研究生教育的资源、产品、质量与结构，这为对其动力学的阐述打下基础。

第 1 章
经纬层次结构

本章从对研究生教育的经纬层次结构出发。这一纹理结构由学科经轴与教育纬度交织而成，见 1.1 节；它体现了研究生教育在纵向与横向的连通渠道，见 1.2 节。前者可喻为纵向学科生长树，见 1.3 节；后者则表现为横向教育平台，见 1.4 节。不同横向教育平台的层次共享度量与不同学科经轴的学科连接度量则分别在 1.5 节与 1.6 节中予以讨论。

1.1 学科经轴与教育纬度

研究生教育具有一种经纬结构，由学科发展经轴与教育层次纬轴交织而成。在这一二维编织中，一束为呈树状延伸的学科生长树：自干至梢，按照学科门类、一级学科、二级学科、知识面、知识线、知识点的脉络实现学科覆盖；另一束为横向贯穿的教育平台：按照知识层面、知识教育阶段，知识深度等分类自下而上地组织知识传授。这种经纬结构是互相增强的：穿过横向教育平台的学科经轴越多，该横向平台就由于学科互补而越为稳固强大；在学科经轴上横跨的横向教育平台越多，该学科经轴就由于层次累计而越为厚重持久。

学科经轴与教育纬度均具有传承性。前者体现在被教育者的人生专业轨迹。在受教育的阶段，他们沿着学科经轴上行，在就业甚至是转行后，人们也还习惯于按照学科经轴来梳理他们的被教育史。后者体现了教育者的传授知识的层次，博士生指导教师之间与硕士生指导教师之间有着不同的交流语言：前者强调博学与原创性，后者强调“听话出活”与团队精神。在中国，经纬层次结构的深刻性甚至得

到学位条例 [1] 的保障。对学科经轴，对应有需要得到审批的学位授权点，如博士学位授权点与硕士学位授权点 (分别简称为“博士点”与“硕士点”)，一级学科是指令性的，二级学科是指导性的。在一间学校里，不是所有的学科都具有博士点的光环。学校里的学科建设 (包括“双一流建设”中的国际一流学科建设) 都环绕着学科经轴进行。沿着不同的学科经轴，意味着会有不同的资源流入和成果输出，意味着不同的文化传承和学术生态，意味着不同的师资竞争力和集聚形态。对教育纬度，对应有需要得到审批的教育层次授予单位，如博士学位授予单位或硕士学位授予单位。在当前的中国高校语境下，可由低至高地划分为大专类、普通本科类 (有学士学位授权)、硕士学位授予单位、博士学位授予单位、世界一流学科建设高校、世界一流大学建设高校 (其中又细分为一类与二类) 等层次。此外，还有按照管辖部门的划分：地方高校、省部共建高校、中央直属高校；还有按照民间组织的学位与研究生教育学会、研究生院联席高校、“C9 联盟”高校 (即第一批进入“985 建设”工程的 9 所中国高校，被国际教育界称为“C9”) 等俱乐部式的组织。学校的体制机制与整体管理，都反映了其教育纬度的特征。位于不同的教育纬度，意味着会有不同的资源流入和办学实力，意味着不同的师资要求和管理方略，意味着不同的校园文化和硬件条件。学校教育纬度 (或教育层次) 的任何实质性的进展，如获得博士学位授予单位、成立研究生院并得到设置研究生院的高校认可、进入“双一流建设”行列等，都会受到所在学校师生由衷的、甚至是敲锣打鼓的欢庆。

1.2 研究生教育的纵向与横向连通

研究生教育具有纵向与横向的连通性。研究生教育的纵向贯穿表现为从学科基础、学科前沿、研究方向、研究选题、主要创新点，到关键创新步骤的一个逐步聚焦的过程。该聚焦过程通过受教育者和教育者的相互选择契合而完成。研究生教育的横向连通体现为由跨学科选课、副科教育、跨学科选择合作导师、跨学科开展学术交流等等。它是从移植式创新到方法论借鉴的一个探索性的横向连接过程。应该注意到目前越来越强的交叉学科培养趋势。这一学科交叉的主要手段包括：不同学科导师的交叉、不同学科课程的选课交叉、不同研究方向的研讨班交叉、横跨多学科的指导教师等方式。

研究生教育是研究型大学发展中一个最有活力的部分。清华大学原校长张孝文 (1988—1994 年在任) 说过："教务处会多，科研处表多，人事处谈话多，研究生院花样多"。大学的管理可分解为学术管理和行政 (或党政，下同) 管理，两者之间可能有不同的报告链条。对一所充分发育的综合性大学来说：其行政管理可分为学校、校区、学院 (或学系)、研究所等层面，在这些层面设置有行政管理人员；而学术管理可分为学校、学部、学院、学系、学科 (或学门) 等层面，每个层面设有各种处理学术事务的管理委员会，如学术委员会 (负责学科规划与资源配置)、学位委员会 (负责学位管理、研究生教育、导师管理)、教学委员会 (负责本科教育)、学衔评定委员会 (负责聘任、职称和荣誉称号评定) 等等。行政管理多为责任制，学术管理多为委员会投票制。校长是行政线 (不包括党务、"三重一大" 事项) 和学术线的总负责人。研究生教育兼有学术管理 (由各级学位委员会) 和行政管理 (校研究生院和院系的研究生科) 的双重作用机制。

1.3　纵向学科生长树

纵向学科生长树是学科发展的根基与命脉。它的主要维系单元包括：(1) 不断进行代际更替的研究生指导教师队伍，其更新周期为

20—30 年，包括大师 (国际著名学者、院士等)、著名学者 (讲座教授、长江学者、国家杰出青年科学基金获得者、国防科技卓越青年人才基金获得者等)、优秀年青学者 (国家优秀青年基金获得者、青年长江学者、青年拔尖人才支持计划获得者等)；(2) 数量与质量均呈稳步增长的研究生队伍；(3) 学科的物质平台，包括不断扩大的学科承载空间、不断更新的实验与数值平台、不断增长的学科竞争性研究资源等等；(4) 有明确传承特征的学科文化，包括学科史料、学者楷模、学科非物质文化遗产等等；(5) 不断富集的学科知识库，包括以往的学术论文、研究报告、专利授权等等。纵向学科生长树的学术管理机构包括学科所对应的学位分委员会和学科点负责人。学科应该有发展规划小组和人才评聘小组，分别负责学科发展长期规划和重点人才引进。学科资源的分配 (如办公室、实验室面积，研究生指标，学科建设经费配置，学科重点仪器购置等) 应在一定规则的基础上采取诸研究生导师间的民主协商方式进行。

1.4 横向教育平台

横向教育平台是学校发展的基础。大学 (University) 之所以不同于在其前出现的学院 (College)、研究院 (Institute) 或学校 (School)，就是由于其学科的众多，可覆盖知识的海洋甚至整个学科空间，而产生综合效益。马一浮先生为浙江大学所写校歌中开宗明义的第一句话就是 “大不自多，海纳江河”[2]。宽广的横向教育平台就是大学的象征。研究生教育的第一阶段之所以称为 “硕士”，就有形容其知识坚实丰硕之意。对硕士生的要求也可以概述为 “坚实的理论基础，系统的专业知识”。研究生教育的第二阶段之所以称为 “博士”，就有形容其知识浩瀚广博之意。对博士生的要求也可以概述为 “坚实宽广的理论基础，系统深入的专业知识”。这里进一步强调了宽广与深入。无论是“丰硕、坚实、系统”，还是“博学、宽广、深入”，都需要通过层级不断筑高的横向教育平台来加以贯彻实施。在教育机构中完成这一教育任务的组织机构就是研究生院 (Graduate School)。研究生院塑造整个学位培养体系，保证学位培养的各种要求，制定适用于全校诸学科的规则，开设适合于研究生教育的通识课程、学科交叉课程和基础课程，评定和授予研究生导师资格，配置不同学科的研究生教育资源，提供研究生创新活动的孵化器，创造跨学科交叉的平台与实践活动。

1.5 层次共享度量

若记 $\boldsymbol{x}$ 为在指定教育层次上，反映某一学科经轴的坐标，它一般为某度量空间上的 n 维向量 (或数组)。记 t 为时间演化坐标，记 z 为沿着学科经轴而横跨不同教育层次的 (一维) 层次坐标。若将 y 记为某一学科经轴的研究生教育的发展程度度量，则该度量可写为 $y(\boldsymbol{x})$ 这一场形式。若将该度量沿着学科经轴对 z 积分，可得到该学科经轴的研究生教育的发展程度的总度量，记为

$$Y(\boldsymbol{x}) = \int y(\boldsymbol{x})\,\mathrm{d}z \tag{1.1}$$

上述积分沿着 z 轴进行。

层次共享度量是指在某一研究生教育层次 z 上，其教育的发展程度可为不同学科 $\boldsymbol{x}$ 进行共享的度量。可根据不同的统计手段来测算研究生教育的层次共享度量，如学科基础的共享度量、学科前沿的共享度量、学科方法的共享度量、学科成果的共享度量等等。采取类似于影响函数的建模方法，我们可写出

$$Y(\boldsymbol{x}) = \int W(\boldsymbol{x},\boldsymbol{\xi})Y(\boldsymbol{\xi})\mathrm{d}\boldsymbol{\xi} \tag{1.2}$$

式中，$W(\boldsymbol{x},\boldsymbol{\xi})$ 为影响函数。若在学科空间中的影响函数是逐点均匀的,则有 $W(\boldsymbol{x},\boldsymbol{\xi})=W(\boldsymbol{x}-\boldsymbol{\xi})$；若其更进一步为各向同性，则有 $\boldsymbol{W}(\boldsymbol{x},\xi)=W(|\boldsymbol{x}-\boldsymbol{\xi}|)=W(r)$，这里 r 为自 $\boldsymbol{\xi}$ 到 $\boldsymbol{x}$ 的距离。$W(r)$ 一般为自零点向外衰减的函数，自零点的最高值 $W(0)$ 逐渐衰减为 $W(R)=0$，这里 R 为影响区的大小或截断半径。若 $\int_0^R W(r)\mathrm{d}r>1$，则称其影响为互增强型；若 $\int_0^R W(r)\mathrm{d}r<1$，则称其影响为互削弱型；若 $\int_0^R W(r)\mathrm{d}r=1$，则称其影响为互补充型。

1.6 学科连接度量

当从学科的视野来考察问题时，需要把握学科间的关系，确定学科间的连接度量。学科的连接度量有四种，分别是：学科基础的共享度量；学科前沿的共享度量；学科方法的共享度量；学科成果的共享度量。学科基础的共享度量指两个相关学科在其主要知识点上的共享程度，它随着不同的横向教育层次而有一定的变化。学科前沿的共享度量或指双方共享的跨学科前沿，或指由两个学科前沿所包围的处女地疆段或孤岛。学科方法的共享度量指两个学科在其方法库上的共享程度，包括分析方法、实验方法、数值模拟方法和大数据挖掘方法。学科成果的共享度量指学科甲 (或学科乙) 的学术产出被学科乙 (或学科甲) 的引用情况。

学科间的关系按照连接紧密程度排序可分为如下三类：一是学科间的覆盖关系，指相邻学科间有非空的交叠部分；二是学科间虽不存在覆盖关系，但存在着连接关系，指相邻学科间有非空的交界段；三是学科间的影响关系，指学科间虽然没有近程交互关系，但有长程影响关系。两个学科集合的连接由其共有部分、连接部分和相互影响

部分组成。对第一种情况，可取两学科的连接面积比 (即两集合的交与两集合的并之间的比值) 来度量。对第二种情况，可取两学科的连接周长比 (即交集的周长与两集合各自周长的和之比) 来作为连接度量。对第三种情况，可采用 1.5 节中定义的影响函数来度量。记两学科在学科空间中的坐标分别为 $\boldsymbol{x}_1$ 与 $\boldsymbol{x}_2$，且 $|\boldsymbol{x}_1-\boldsymbol{x}_2|=d$，则若考虑均匀且各向同性的学科空间，可将学科间的连接度量简化为 $W(d)$。当 $d \geqslant R$ (这里 R 仍为截断半径) 时，其连接度量为零。

一种更简单的学科相关度量可采用现有学科目录中的相关学科列表来确定。对于跨学科教育来说，可定义二维的学科圆。学科圆的数学特征为：圆周的致密性和圆内的稀疏性。也就是说，其圆周分布排列着基元学科门类，可按照艺术学、人文科学、社会科学、军事学、理学、工学、农学、医学的次序按照弧段绘成，弧长反映了各个学科研究生人数的占比，参见图 15.4 与图 15.5。圆周体现了学科联系的循环往复。圆内为交叉学科，其位置在两个相关学科的交线上，由杠杆定律确定在该线上的学科点。学科圆的一个例子是 Scopus 给出的研究主题分布图，或称轮状图。轮状图的 27 种颜色代表 Scopus 的 27 个一级学科，分别为艺术学、心理学、社会科学、商学、经济学、决策学、多学科、计算机科学、数学、物理学、化学、化工、材料科学、工程、能源科学、环境科学、地学、农学、生命科学、免疫学、兽医学、医学、药学、健康学、护理学、牙医、神经学。作为一个例子，图 1.1 绘出了中国与美国的科研论文的研究主题分布 (2017—2020 年)。图中每一个圆泡代表一个研究主题，圆泡大小代表发文量，颜色代表学科，越靠近圆心，学科交叉性越强。该图仅显示全球 1% 热门主题。

类似地，我们在图 1.2 中给出了清华大学与浙江大学学术产出的主题分布图，统计的时间段均为 2017—2020 年。清华大学的学术产

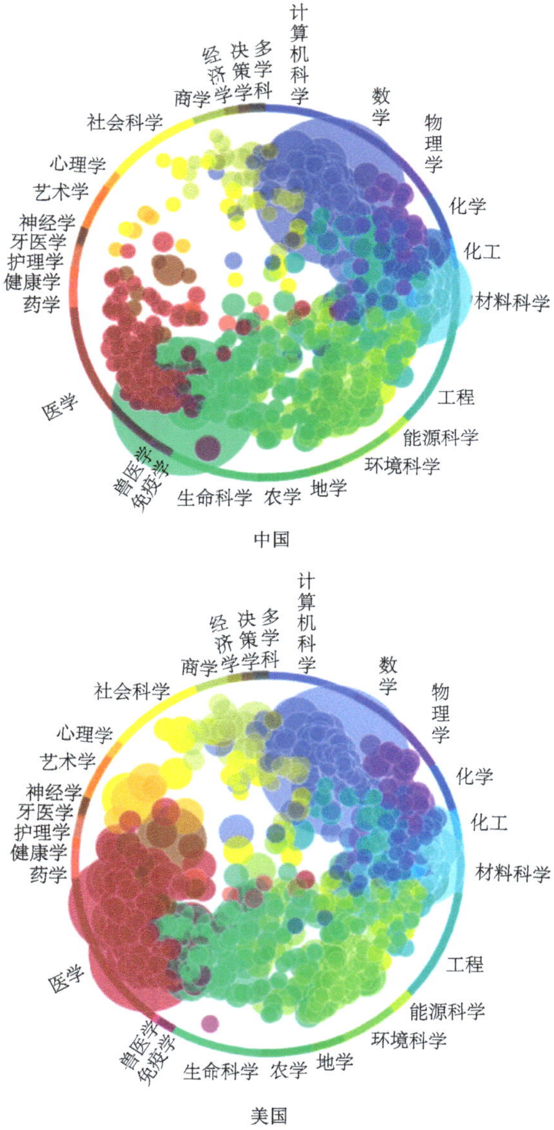

图 1.1 学术产出的研究主题分布 (2017—2020 年)*

* 该图由康晓伶女士提供，数据来源于：SciVal，检索日期为 2021 年 4 月 26 日。

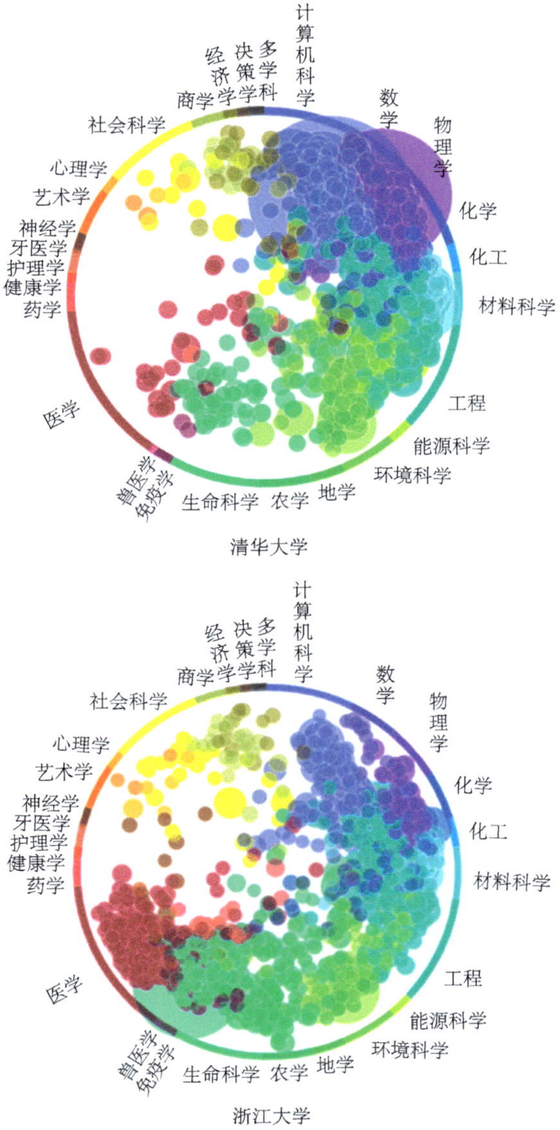

图 1.2　学术产出的研究主题分布 (2017—2020 年)*

* 该图由康晓伶女士提供，数据来源于：SciVal，检索日期为 2021 年 4 月 26 日。

出共涉及 1314 个大研究领域和 13127 个研究主题，作为核心贡献者的研究主题共计 1548 个。浙江大学科研论文共涉及 1405 个大研究领域和 16204 个研究主题，作为核心贡献者的研究主题共计 1728 个。由图可见：清华大学在理工方面略强一些 (尤其在计算机科学和物理学领域有两个大圆泡)，而浙江大学在农科与医科上占据优势。

参考文献

[1] 全国人民代表大会常务委员会. 中华人民共和国学位条例 (全国人大常务委员会令第四号) [A]. 颁布时间 1980-02-12, 生效时间 1981-01-01.

[2] 浙江大学校歌 [OL]. https://www.zju.edu.cn/574/list.htm[2021-5-31].

第 2 章
教育权力

为了理解研究生教育动力学的控制论基础 [1]，读者需要了解在研究生教育中呈现的种种教育权力。更广泛地说，需要理解研究型大学的治理结构。本章扼要地阐述教育权力。在 2.1 节中讨论行政权力与学术权力，在 2.2 节中讨论权力层级，在 2.3 节中讨论在不同高等教育尺度上的权力平衡，在 2.4 节中给出对各种权力的数学描述。

2.1 行政权力与学术权力

中国的现代高等教育制度起源于 19 世纪末 20 世纪初，当时的中国尚处于半殖民地半封建的社会发展形态上。西方的大学制度和东方的书院与学堂制度是当时的大学制度可供借鉴的蓝本 [2]。前者对近 125 年来中国大学教育的发展有着持续的影响。

西方的近现代大学制度多采用政教分离的体制，但这一分离并不完备，且依不同学校而异。该大学制度的主要出发点是 [3, 4]：(1) 院校自治 (Institution Autonomy)；(2) 学术自由 (Academic Freedom)；(3) 通识教育 (Comprehensive Education)；(4) 批判性思维 (Critical Thinking)。现根据前两点，说明其对应的权力结构与治理体系。

传统的院校自治体系存在多种表现形式：(1) 学院联合制——大学由具有自治权力的住宿制学院组成，如英国的牛津大学、剑桥大学等，诸学院拥有相对独立的资源 (学生、财务、产业等)，同时在大学的框架中构建教育与科研的学科院系体系。(2) 董事会制——大学由校董事会决策重大事项 (如聘任校长，决定学校的规模与年度预算)，董事会掌控的学校发展本金 (Endowment) 是支持学校发展的主要来源，美国常春藤联盟 (The Ivy League) 中诸校便为其例。(3) 理事会制——理事会代表一级政府领导办学，进行若干重大事项 (如聘任校长，配置政府教育拨款) 决策，美国的公立大学是其典型的例子。美国的公立大学还常以大学系统的方式出现，如加州大学系统、纽约州大学系统等；大学系统的总校校长称为 President，各个校区的校长称为 Chancellor。(4) 英联邦治理体制——学校由行政官 (Chancellor) 和副行政官 (Vice Chancellor) 联合治理，前者多由社会名流 (如亲王、总督、政治家、著名学者等) 担任，后者则是执掌治校实务的教育家，往往兼任校长，其助手 (Pro-Vice Chancellor) 常译为副校长。(5) 欧洲大陆体制——欧洲大陆高校的校长称为 Rector 或 President，前者在词义上与各个方面的主管 (Directors) 相对，代表对学校的中心掌控。欧洲大陆体制多采用教授治校制；在德国，所有 C4 教授都拥有极大的学术权力和研究所层面的行政权力，院系的行政管理由 C4 教授轮值担任。日本的大学体制分为四类：公立大学 (如东京大学、京都大学等早期的帝国大学)、私立大学 (如庆应大学、早稻田大学)、多科性大学 (如东京工业大学等)、地方大学等。日本大学的治理体制颇类似于德国体制。

西方大学的治理结构可分解为行政权力与学术权力。对行政权力线，它们遵循报告线 (Line of Report) 制度，力求做到政令清晰。这包括正副报告线 (即所有的副职向所在单位正职报告) 和层级报告线。后者指系主任向学院院长报告，院长向教务长/常务副校长 (Provost) 报告，教务长向校长报告，校长向董事会或理事会报告。所有的正职都对所在单位的人财物发展负责。在有些大学，行政权力的报告线采用下斜双轴线制：一条轴线从校长 (President) 开始，通向学校各位副校长和各个校级管理部门；另一条轴线位于校长轴的斜下方，从教务长 (Provost) 开始，通向各个院系。欧洲大陆的 Rector+President 体制有时采取类似的报告线体制。报告线是由下至上的、单根的 (也有主副报告线的情况)、层级式的、树状的；而指令线则与其方向相反。对大学系统来说，其总校与校区的关系也有三种，即层级制 (即校区是总校的一个组成部分，类似于分校，大事要向总校报告)；主副制 (即某个校区是主校区，其他校区为副校区)；联盟制 (即总校是享有充分自治的诸校区的联盟)。在大学内部的各个治理层级，仅赋予行政管理者有限且分散的行政权力。以人事与薪酬决策来说，系主任掌控着每位教师与职员的年度薪酬增量；院长掌控着教职员位置的增量；教务长决定着教授聘用与提职终审；校长决定着院系间的资源分配与重要干部任命 [5]。

进入 21 世纪，大学的院校自治体制出现了变化，各国都对传统的大学制度进行了改革。在美国的公立大学，由于政府拨款在大学的预算支出的比例不断走低 (如加州大学伯克利校区的政府拨款曾一度占学校预算的 10% 以下)，部分公立大学出现了向自主治理发展的独立法人化过程。在英国，由于政府对大学拨款的减少，大学之间的竞争加剧，对大学和学科评估频繁，当年的象牙之塔已经趋于消逝。在日本和我国台湾地区，政府或当局弱化了对大学的直接管理，大学法人化的进程已经接近于完成。新加坡的高等教育发展迅速，其三个特点是：政府保证大学预算的绝大部分 (如 90%)；大学拥有充分的自治性；政府邀请国际专家咨询委员会 (IAAP) 对新加坡的高等教育体制进行顶层设计。进入新世纪以来，俄罗斯开始组建联邦大学。印度的顶尖高校形成了两个大学系统：印度理工系统 (IIT) 和印度科学系统 (IIS)。在美、英、欧洲大陆、加、澳、日都形成了以精英大学为合作伙伴的大学联盟，如美国的常春藤联盟，美加的北美大学联盟 (AAU)，英国的罗素集团 (Russel Group)，欧洲的 LERU 联盟，澳大利亚的 8 校联盟 (Go8)，日本的 11 校联盟 (RU11) 等等。

如果说“院校自治”体现了西方大学在行政权力方面的特征，“学术自由”则体现了其在学术权力方面的追求 [6]。政府不是“办学”，而是“督学”。其学术权力的分割体现在两点：一是弱化政府干预，如在美国，各校自主招生、自授学位，实现了联邦政府不管大学，州政府不细管州立大学，政府不管私立大学。二是政府对公立大学进行监督，其主要内容是确保四个“A”：(1) Access，招生公平，保证毛入学率；(2) Accountability，保证大学教育质量；(3) Academy，保证大学的学术卓越；(4) Affordability，控制大学学费和其他费用的攀升。

与形成单边指向的树状行政权力线不同，学术权力线往往呈网状交织态。其四个特点是：(1) 委员会制，对无法取得全体学术共识的事务多采取投票式决策，取多数人的学术共识；但决策失误时，追责不能落实到人。(2) 讲座联盟制，采取讲座教授轮值的方式来决策跨学科的公共事务，以避免个别学科独大的情况；但无法保证每位讲座教授都具有复杂事务的最佳决策能力。(3) 分权制，对学术事务采取分层决策、分阶段决策、分不同学科范围 (如小同行与大同行) 决策的方式；但决策过程较长。(4) 教师梯队架构，有正三角配置 (如欧洲大陆、英联邦、日本)，倒三角配置 (如美国的研究型大学)，橄榄型配置等。

在大学的发展中，行政权力与学术权力的争执时有发生。以牛津大学为例，埃尔亚斯 • 德达内斯 (Elyas de Daneis) 于 1230—1270 年在牛津大学担任了四十年的校长，且为该校第一位有校长之名可考的校长。在任期间，他带领牛津跃上了一个新的高度，但却以行政追求强权而著称。其著名的语录是：不屈从、不妥协、做成事、任你嚎(Never Bent, Never Comply, Get Things Done, Let Them Cry)。牛津大学的学者们为了避免这样的强人校长再度出现，在学校的治理体系上加设了参议院 (Senate) 来决定学校的重要事务。时光荏苒，到了 21 世纪初，这个参议院已经发展到 2000 人的规模。由它来决定学校的重要事务变成一种非常低效的决策过程，且由资深学者们组成的参议院往往给出保守的决策。2009 年，牛津大学校长约翰・胡德 (John Hood, 2004—2009 年担任校长) 发动改革，欲将参议院缩小为 300 人。但该议案没有获得参议院通过，改革失败，胡德校长只好挂冠而去。

中国的研究型大学的近四十年发展选取了一条不同寻常的道路。该段时间国家总体上处在从计划经济向中国特色社会主义市场经济发展的转型期，对应的大学教育体制不能和欧美一流大学追求的“院校自治、学术自由、通识教育”等完全趋同。欧美大学是在资本主义发展比较平和、各种资源能够自由流动、发展速度也不追求特别快的情况下才能实现，体现一种平和、稳恒发展的动力学。但中国当时处于转型期，大学处在快速发展的过程中，如果完全采取欧美的模式，恐怕事与愿违 [4]。中国高校发展的特色之一在于改革开放的国策，现在已经看到大量高端人才的回流和民间科研的国际合作。特点之二在于因地制宜的发展方略，抓住经济转型的机遇进行大学硬件转型升级，没有照搬欧美的发展模式。特点之三在于动力型发展的思路，以增量发展来迅速更新师资队伍，使得各主要高校在竞争中砥砺前行。特点之四在于中国知识分子的勤劳智慧，只要看到希望，就会埋头拼搏，由个人业绩的不断上升造成学校总体数据的迅速充盈。特点之五在于相对稳定的政治氛围和日益充沛的资源支持。因此，与许多西方一流大学所采取经典模式 (以学术自由、院校自治、通识教育为特征) 不同，中国大学采取了一条独特的发展道路，它综合了学术权力与行政权力，结合了院校法人制与中央政府指导，融会了通识教育与专业教育。

我们将这种迥异于西方大学的发展模式与治理结构称为具有中国特色的“H 模式”。其特点之一在于混合型 (汉语拼音为 “hùnhé”, 英文为 “Hybrid”，其首字母均为 H)。这里的 “混合” 有三重含意：一是学术权力与行政权力的混合；二是院校法人制与从中央到地方各级政府的指导间的混合；三是通识教育与专业教育的混合。其特点之二在于和谐式 (汉语拼音为 “héxié”, 英文为 “Harmony”，其首字母亦均为 H)。这里的 “和谐” 也有三重含意：一是保持政产学研之间的和谐；二是保持不同类型大学之间的和谐；三是保持地域和谐。为统一表达这两种以 “H” 开头的特点，我们称这种模式为“H 模式”。采用“H 模式” 的原因在于：(1) 中国高等教育进展的动力特征；(2) 中国工业体系在研发方面的完备性与不成熟性；(3) 中国大学所遇到的在空间、研究项目和人力资源的历史机遇。这种发展模式的特征在于从混合发展过程中维系和谐。在自然科学概念中，混合会导致熵的增加，也就是增加丰富性，而和谐就是避免互相掣肘、实现共同发展。因此 “H 模式” 就是以混合促熵增，以和谐促发展。

具体到大学发展模式上，“H 模式” 主要体现在以下方面：在本科教育方面，不宜搞完全的通识教育，没有专业教育的完全通识教育模式无法在中国的现实情况下得到社会认可；各校的本科教育逐渐采取了 “一横多纵” 的模式，前一段以通识教育为主，后一段以专业教育为主。在治理结构方面，既不是完全的学术权力，也不是完全的行政权力，两者之间应该有一个很好的平衡，是契合学术权力与行政权力的 “双轮驱动” 的治理结构；且随着学校向世界一流大学发展，行政权力要逐渐弱化。在学科建设方面，大学不能仅仅从事纯学术的研究，还要从事应用研究；大学中的学科应该是一种“T 型”结构，也就是“自由探索 + 目标导向”或“PI (Principal Investigator, 项目首席) + 团队合作”的结构。在学科内涵上形成符合中国现阶段发展的混合型结构。例如，工科应该是工程科学与工程的混合结构，农科应该是生命科学与农学的混合结构，医科应该是医学与医疗的混合结构，理科应该是基础科学与应用基础的混合结构，社科应该是学理与实务的混合结构，人文学科应该是治学与育人的混合结构。从这种混合结构出发，逐渐增加学术部分比例。在科学研究方面，要“顶天立地”，既从事高尖端的学术研究，也服务区域经济社会发展的各种需求。在人事管理方面，要实施教师岗位分类管理，分为学术型与应用开发型等不同的职业发展轨迹；并不能让不同类别之间产生对立，要保持和谐。岗位分类管理就是基于多种评价标准的教师岗位设置，不同的类别有不同的目标，但每个岗位都不设天花板。在引进人才方面，新引进人才多实行年薪制，而其他人都是合成薪酬制，两者有一定的差异。这样的薪酬体系，在年薪制的比例逐步加大且两种体系的教师产生深度融合和比较时，难免会出现不和谐的苗头；所以逐步对引进人才实现从双轨制薪酬到宽带薪酬的过渡。在国际交流方面，过去强调从学校层面和教师层面来开展交流合作，如学校间签订合作协议，教师们发展其所在学科的国际学术人脉等等；但关键是中间层次的交流，即可以贯通于学校与学者这两个层面的、重点在学科层面的交流合作；国际交流应该是包括学校、学科和学者三个层次贯通的交流合作。在校园建设方面，过去称大学校园为象牙塔，但现在的校园有了多种不同的属性，有的是主校区、有的是副校区、有的是功能区或辐射区。校园的核心区、功能区和辐射区，也是一种混合结构。

2.2 权力层级

本节从权力层级的视角来分析 2.1 节所阐述的学术权力与行政权力。我们将学术权力定义为基于学识水平与专业判断力而形成的权力，它是一种权威属性的影响力。基于学术权力的决策方式有集体形式 (如学术协商、讨论、委员会投票等方式) 和个体形式 (如专家评审方式) 两种。我们将行政权力概括为：对发展、稳定、改革等议题的决策和对某行政单位的日常管理。对学术机构来讲，行政权力的目的在于保证其稳定发展、资源的公平分配和公共品牌的维护。其决策有集体形式 (如党委常委会) 和个体形式 (校长或院长负责)。

对大学这类教育机构来讲，其教育权力 (包括学术权力与行政权力) 可分解为校级权力、院系权力、基层权力、专家权力等四个层级。这里校级权力包括：法人权力、机构决策权、资源调控权、机构设立、干部任命、职称审定、教学管理、学位授予等。院系权力包括：学科决策权、学科资源、基层机构设立、基层人事权、职称评审、教学组织、人才招聘、学位推荐等。基层权力包括：学科建设、聘任申请、奖酬设定、课程安排、研究生培养程序、科研方向确定等。专家权力包括：课程讲授、研究生指导、项目申请与执行、学术评审等。

在中国高等教育机构，应该在下述四项基本原则下对这四种权力层级进行权力配平 [7]：一是**共享原则**——对学校、院系、基层、专家这四层中任何一层均应具有不可忽略的权力，在上三层应具有不可忽略的行政权力。二是**上下原则**——由上至下，行政权力递减，学术权力递增。三是**扁平原则**——对任何一个层级，若其结构越扁平，则其上方层级的行政权力就越大，学术权力就越小；反之亦然。四是**趋学原则**——在不影响稳定、公平、公共品牌时，应尽可能地加大学术权力。

在这四项原则下，可以得到下面四条推论：一是层级越多，权力分配就越复杂，权力运行的效率就越低。二是机构越扁平，顶层的行政权力就越大。三是学科越多，顶层就越依赖于行政权力，底层就越依赖于学术权力。四是远期决策应多依赖学术权力，即时决策应多依赖行政权力。

2.3　研究生教育的权力平衡

本节讨论研究生教育中不同权力的平衡，即学术权力与行政权力的配平。

社会上经常有人批评高校的行政化。“去行政化”的难点在于：“去行政化”不等于“去行政”。“行政化”是指“越来越行政主导”或“趋行政”发展。对于高校而言，学术权和行政权，两者缺一不可；关键是两者要实现良好的结合，并且逐步扩大学术权力。

大学的趋行政发展，主要有三个来源：一是组织和纪检系统。组织系统对于机构设置和干部的管理，主要是按层级制来考虑的。纪检系统往往有将高校的干部和教师参照公务员进行管理的考虑，比如要进行个人事项的申报等。这些都把高校作为一个行政机构来处理。近几年，组织和纪检系统开始按照不同的原则来管理院系（学术）干部和校机关（行政）干部，体现了逆行政化的趋势。二是高校科研要部分地融入社会现状。一方面，高校承担越来越多的社会责任，要服务国家和区域发展的需求，国家的重大需求必然要通过一定的行政手段，进行整体协调和完成进度的落实。和地方政府合作，也要服务地方政府的需求，与地方政府的行政组织实现形式上的对接。对接国家和区域需求，都将导致高校强调行政执行力，如对所有工作按照要点分解并进行督办。另一方面，学校对大项目的管理也不是纯粹的学术管理，还要强调行政管理，通过学术和行政两条线进行监管和推动。中国的这一科学研究管理趋势与国际上的趋势是一致的。全球研究理事会 (Global Research Council，GRC) 已经呼吁：除学术卓越外，还要考察研究项目的经济与社会影响力。美国科学基金会 (National Science Foundation，NSF) 已经把国家利益放在与学术价值同样的地位。三是教学评估。教学评估强调责任制、责任体系，还要督查督办等，这些都带来行政性的措施。

行政制度的组成，一是层级制，二是责任制，三是公权力的决策过程。现在一个不好的现象，是在考虑学校事务时认为职能部门先于专业部门，综合部门先于职能部门，这是典型的行政化的表现。另外，现在的大学每年都要做工作要点、责任分解、责任体系等，这是参照了政府行为，也是趋行政发展的表现。

要避免学校的趋行政发展，要在学校内部治理结构和学科结构上下功夫。前者的一个体现是学部制改革。改革的意义在于：推进学术分类管理，促进教授治学和民主管理，避免行政管理过于扁平化，促进与国际接轨。学部的主要功能是学术权力的集成：它是学术管理的平台 (设置学术、教学、学位、人力资源等委员会，负责职称评审，人才选拔等学术事项)，是教授治学的载体 (采取委员会制度)，也是大学的学术组织的体现。这类改革应遵守管理下移的原则：在学术事务上，凡是学院能做好的事，学部不插手；学部能做好的事，学校积极放权。同时，在学校层面，实施学术管理的大部门制 (本科生院、研究生院、科研院、社科院等)。

2.4 不同权力的数学描述

本节根据不同权力的特征，来探讨其数学描述。先讨论行政权力，它具有下述特征：(1) 行政权力体现于各个层次；(2) 行政权力体现为许可权、配置权和奖罚权，许可权涉及研究生教育结构的新起点，配置权涉及对研究生教育的资源分配，奖罚权意味着减少或增加研究生教育动力学的阻尼设置；(3) 许可权是串联型的，只有在与对应决策链上所有层级的行政决策均通过后才有效；(4) 配置权是枝权型的，不同的决策层次均有所对应的资源配置权；(5) 奖罚权不是普适型的，受其影响的客体仅是少数。行政权力的决策依据在于底线政策与价值观。底线政策由所有相关文件和预设门槛组成，并不得位于负面清单之上。价值观体现在对该层级的价值最优导向，即对该层级的总体发展取最大值。

在研究生教育动力学中，行政权力的数学作用体现在其动力系统的四个有关项：(1) 控制项——代表对研究生教育某度量的控制；(2) 阻尼项——代表对研究生教育演化的奖或罚；(3) 资源项——代表对研究生教育的资源输入，为显示行政决策公平，其生均资源投入一般与学科坐标 $\boldsymbol{x}$ 无关；(4) 变量数——代表对研究生教育项目的许可授权 (如学位点授权)。行政权力对研究生教育的影响往往是即时的。

再讨论学术权力，它具有下述特征：(1) 学术权力体现于各个层次。(2) 学术权力体现为许可建议权、资源配置权、学术评价权和学术奖罚权；许可建议权往往由学科评议组做出，由行政权力审批；配置权涉及对研究生教育的资源分配；学术评价权在“三评”(评估、评审、评价) 中得到大量采用；奖罚权意味着减少或增加研究生教育动力学的阻尼。(3) 许可建议权只提供行政许可的前置数据。(4) 不同的决策层次均有所对应的资源配置权。学术权力的决策依据在于学术价值观与同行评议。学术价值观因专家而异，因学科而异。同行评议结果代表了诸位专家对所需决策事务在学术价值观上的共识度。

在研究生教育动力学中，学术权力的数学体现在其动力系统的三个有关项：(1) 阻尼项——代表对研究生教育演化的同行监督；(2) 资源项——代表对研究生教育的资源输入，在学术权力的角逐中，资源投入一般与学科坐标 $\boldsymbol{x}$，以及该坐标下的研究生教育产出度量正相关；(3) 协同项——代表不同学科之间的协同，可由前文中的影响函数来描述。学术权力对研究生教育的影响往往是长期的、竞争性的，呈一种时间上卷积、而在学科空间上的交互作用，分别由动力系统的卷积项和非对角项来描述。

参考文献

[1] 钱学森. 工程控制论 [M]. 上海：上海交通大学出版社, 2007.

[2] C. Kerr. The Use of the University[M]. 5th ed. Cambridge: Harvard University Press, 2001.

[3] D. Bok. Our Underachieving Colleges—A Candid Look at How Much Students Learn and Why They Should Be Learning More[M]. Princeton: Princeton University Press, 2006.

[4] 杨卫. 享受建设世界一流大学的过程 [M]//黄达人. 大学的声音. 北京: 商务印书馆，2012: 294.

[5] R. Levin. The Work of the University[M]. New Haven and London：Yale University Press, 2003.

[6] J. H. Van de Graaff. Academic Power—Patterns of Authority in Seven

National Systems of Higher Education[M]. New York: Praeger Publishers, 1978.

[7] 杨卫. 平衡行政权力与学术权力 [J]. 中国医院院长, 2010, (24): 15.

第 3 章
学科空间

由第 1 章所示，由于研究生教育的学科属性，需要在学科空间中进行研究。本章阐述学科空间的基本性质。在 3.1 节将说明学科空间是一种关联度空间，并在以后的各节中展开对学科空间的性质、数学描述及简化描述。

3.1 关联度空间

学科空间不是物理时空。它涉及知识总体、知识的产生，以及传承或创造知识的人之间的关系。可将知识按照学科进行剖分。但这一剖分并不是绝对的。一是因为知识是鲜活的、流动的、生长的信息体，具有不可禁锢性；二是因为知识之间存在着有机的联系，这一联系表示为知识之间的关联。该种关联具有三重纽带：一是新知识的产生必然涉及现有各学科知识的互动，从脑科学或神经科学的角度上涉及新的神经回路的产生，也就是《中庸》[1] 中所讲的“审问之，慎思之”；二是掌握知识的学者要通过各种学术交流的手段进行关联，也就是《中庸》[1] 中所讲的“明辨之”；三是知识的转化过程 (或应用过程) 必然涉及不同学科知识间的关联，也就是《中庸》[1] 中所讲的“博学之，笃行之”。所以，知识间的相互作用不是通过物理力来进行的，而是通过关联力来进行。知识间的关联即为知识关联力。

由于学科知识和具有学科知识的人 (例如研究生) 的关联作用，可将学科之间的关联视为维系学科空间之整体性的基本作用力。学科之间的关联程度 (或学科关联表征) 可称为学科关联度。因此，可将学科空间定义为一种关联度空间，即以学科关联度来度量该空间中诸学科个体间的关系。学科关联度有多种样本切取形式，如知识关联度、教育关联度、成果关联度等等。知识关联度代表不同学科知识的相互依赖程度，越为基础的知识 (如数学) 就可以同越多的其他学科知识相关联。教育关联度代表在研究生培养过程中由于知识传承过程 (如基础教育、学科基础教育、专业教育) 所关联的非本学科的知识。成果关联度代表在新知识的创造过程中所用到的其他学科的知识。学科关联度体现了诸如知识关联度、教育关联度、成果关联度等的关联集合。由于它必然是一个统计量，我们今后用其期望值 (或均值) 来表达其功用。若忽略不同的学科关联过程对其的影响，也可以将学科关联度视为一个状态量。

3.2 学科空间的性质

从关联度空间的角度来考虑，学科空间具有如下性质：(1) 它从本质上是一种距离空间，即通过在该空间中两点的距离来表示所对应的两个学科的关联度；距离越近，关联度越大，反之亦然。(2) 该空间可泛化为一个连续空间，也可以在知识凝聚和临界体量的假设下 (即只有积累了足够体量的知识，才可以凝聚为一个学科) 抽象为一个由离散的学科点组成的空间。后者还取决于学科的刻画粒度。如按照学科的刻画粒度可分为学科门类空间、一级学科空间、二级学科空间等等。在 1981 年颁布的《中华人民共和国学位条例暂行实施方法》中，规定设置 10 个学科门类；经过四十年发展，学科目录已经包括 14 个学科门类、113 个一级学科、近 400 个二级学科 [2]。在 2021 年已经启动了新一轮的学科专业目录修订，要求做成学科目录与专业目录有所关联的双层体系。(3) 学科空间的维度应不大于学科个体数，并可以通过维度压缩技术找到易于观察的映象。(4) 与时俱进性，由于学科关联度随历史进程不断变化，学科空间本身也随时间而演变。随着交叉学科门类的引进 [3]，学科空间变为个体学科 (N 个，目前 N 值为 13) 与交叉学科的 N-0 复合体。

学科空间的时间演化有三种方式：一是每个学科体量与层次的演变，它记载着学科的兴旺与衰微的动态历史；二是每个学科在学科空间中的位置变化，它刻画了该学科的知识重心的演变轨迹，体现了该学科的学人志士在学海中的孜孜追求；三是学科的分裂与融合，它记载了动力系统演化的分叉点、混沌区和融合点。

3.3 学科空间的基本公理

宇宙之大，基本粒子之小，力无所不在。习近平同志于 2018 年 5 月 28 日在院士大会上的讲话中说道："《墨经》中写道，'力，形之所以奋也'，就是说动力是使物体运动的原因。" 力学是研究力对事物的作用的科学 [4]，学科之间的关联也应属于力学的研究范畴。牛顿力学在物理空间和物质空间所取得的伟大成就，让更多学科的研究者们开始属意于用力学来解释众多事物，甚至包括人类在社会空间中行为的方式。社会力学的基础便是这些研究者在 20 世纪以前所获得的有关运动和物质的力学知识。他们相信，既然力学能够告诉我们由基本单元原子所组成的物质会如何演变，那么作为社会基本单元的人聚在一起后会如何行动，力学也同样能够揭示出答案。爱尔兰著名哲学家与政治经济学家埃奇沃思 (Francis Ysidro Edgeworth, 1845—1926) 在他的巨著《数理心理学》中就如是写道："社会力学" 不像早些时候以天体力学为题的著作那样，能引起一般人的礼赞，这是因为前者的正确只能靠信念之眼才能分辨。天体力学所具有的雕像般的美是十分明显的，而社会力学天仙般的容颜和动人的身段却被遮掩…… 电的力量是看不见的，而拉格朗日的出色方法却能够把握住它；快乐的能力是看不见的，但也可能以类似的方法与之打交道。[5]

因此，力学中的基本原理和基本假设也应该可以用于教育学领域。黑格尔 (Georg Hegel，1770—1831) 在其立身之作《精神现象学》第三章“力与知性：现象和超感官世界”中讲到“力与力的交互作用”时是这样定义力的表现和存在的辩证统一的，“…… 这种运动过程就叫做力：力的一个环节，就是力之分散为各自具有独立存在的质料，就是力的表现；但是当力的这些各自独立存在的质料消失其存在时，便是力的本身，或没有表现的和被迫返回自身的力。但是第一，那被迫返回自身的力必然要表现其自身；第二，在表现时力同样是存在于自身内的力，正如当存在于自身内时力也是表现一样”[6]。黑格尔的这一思想还是中国哲学中“由用求体”“格物穷理”的系统性的体现。马克思特别注重黑格尔的《精神现象学》，曾称精神现象学是黑格尔哲学的真正起源和秘密。在《德意志意识形态》一书中又称精神现象学是“黑格尔的圣经”[7]。由于学科空间是以交互作用力所维系的空间，则理性力学的基本公理 [8] 应当可以适用于学科空间。与后续讨论有关的基本公理有：

一、确定性公理——由学科空间中诸学科个体迄今为止的特征场变量历史，可以确定其将来的演化。出于牛顿力学的可求积性，人们曾经认为任意个体的时间演化都是确定的。也就是说，知道该个体的过去与现在，就可以推测它的未来。其数学表示是：(1) 个体中的运动可表达为该点迄今为止的历史泛函；(2) 若该点过去到现今的响应都是唯一的，其今后的响应也是唯一的。该确定性公设对于大多数情况是正确的，但对于复杂的非线性演化情况，却可能发生分岔、突变、混沌和湍流，此时确定性公理失效 [9]。但即使在出现动力学混沌的情况下，也可以描述其混沌结构特征，或用庞加莱截面法勾勒出出现混沌区域的范围。

二、观察客观性公理——该公理认为，对事物进行客观观察的空间是各向同性的，若从不同角度上进行观察，其所得到实体响应是相同的。其数学表示是：(1) 学科的构效关系要满足对观察坐标系平动的不变性；(2) 学科的构效关系要满足对观察坐标系转动的不变性。对学科空间来讲，任意学科点之间的距离不应随观察者的坐标系选取而改变，由该公理亦可推论出学科空间的各向同性原理。

三、有限相关度公理——任意两学科之间的关联度均在 0—1，且恒不为 0；后一公设基于"宇宙之大，基本粒子之小，力无所不在"的认识；但是在实际计算中，为了避免繁复的遍历式计算，也可以只考虑近程作用且选取一个适当的截断半径。

四、局部作用公理——该公理认为，由于个体之间相互作用的屏蔽性，某一个体的动力学响应仅仅与其周围局部的个体有关，而与较远处的个体响应无关。其数学表示是：(1) 某一个体 $\boldsymbol{x}$ 的演变仅与围绕该点的微小邻域的时间演化有关，与该邻域以外的诸个体点的演化历史无关；(2) 在进一步有关光滑邻域的假设下，若在点 $\boldsymbol{x}$ 处进行泰勒展开，则在点 $\boldsymbol{x}$ 处的演变仅与该点处变形梯度和诸高阶变形梯度有关。应该指出，有一类学科作用不满足局部性公理，可称之为非局部作用，对它们必须用非局部力学进行研究。[10]

3.4 投影误差目标函数

学科空间是一个以知识点为定义的空间。从这一角度来考虑，它也是一个语义空间 [11]。由于其相互作用度量的模糊性，语义空间是一个数学处理能力较差的空间。要进一步讨论其数学结构，就必然要将其投影至一个更利于研究的空间，利用该空间较明确的度量性进行研究。可利用对投影误差目标函数的最小化来将学科空间转化为一个更利于研究的空间。其具体做法是：将学科空间对一选定空间(如欧几里得空间) 进行投影，投影后在新的空间中产生学科关联度；如此形成的学科关联度必然具有投影误差；建立所有学科关联度的投影总误差的度量，称之为投影误差目标函数；利用投影误差函数的最小化来确定诸学科个体在替代空间中的位置，从而也可以回避知识关联或学科关联中的统计性与过程性。从数学上表达，并沿用 1.5 节的标记方法，可记学科空间为 D，其中一点坐标为 $\boldsymbol{d}$；替代空间为 E，其中一点坐标为 $\boldsymbol{x}$；假设存在映射 M，使得

$$\exists M \quad \text{s.t.} \quad \forall \boldsymbol{d} \in D \quad \Rightarrow \quad \boldsymbol{x} \in E \tag{3.1}$$

记学科关联度函数为 $C_D(\boldsymbol{d}';\boldsymbol{d}) \in [0,1]$，其映射到替代空间的学科关联度函数为 $C_E(\boldsymbol{x}';\boldsymbol{x}) \in [0,1]$，则投影误差目标函数为

$$\text{ERR} = \frac{1}{V^2} \int\limits_{\boldsymbol{x}\in D} \int\limits_{\boldsymbol{x}'\in D} \left\| C_D(\boldsymbol{d}';\boldsymbol{d}) - C_E(\boldsymbol{x}';\boldsymbol{x}) \right\| \mathrm{d}\boldsymbol{d}' \mathrm{d}\boldsymbol{d} \tag{3.2}$$

式中，V 为学科空间的体积，$\|\cdot\|$ 表示某种定义下的范数。于是，便可以由 $\min \text{ERR}$ 来确定映射 M。具体的确定还与两个空间的维度有关。

3.5 替代 N 维空间

对替代空间来说，一个自然的选择便是欧几里得空间。欧几里得空间的距离 $x = \|\boldsymbol{x}' - \boldsymbol{x}\|$ 便可以视为两个学科点 $\boldsymbol{d}'$ 与 $\boldsymbol{d}$ 之间的距离。由于前面陈述的确定性公理，可假设总有一种替代方式存在。若

采取 N 维欧几里得空间作为替代空间，由不同的维数值可得到其对应的投影误差目标函数最小值。维数越高，该最小值就越小，但其表示就越复杂。

替代空间的维数确定应该满足下述原则：(1) 由于学科之间具有连通性，替代空间在拓扑学上应该为简单连通；(2) 由观察的客观性公理，替代空间应该为各向同性；(3) 为避免数学的复杂性，维数值应该尽可能地少；(4) 替代空间应该能够反映最简单、最基本的学科交叉情况。最后一条原则排除了一维替代空间的可能性，因为由于实轴在数学上的稠密性，它无法反映跨学科交叉的作用。

由于这里所讨论问题的高度非线性，我们不应期待替代空间选择的唯一性。也就是说，可能存在多种方式 (往往是各有利弊) 来对学科空间进行替代表达。

3.6 学 科 球 面

下面讨论最简单的学科表示空间，即替代二维欧几里得空间。由关联的非零性，可知该二维空间为有界，且具有连通性。由关联度对转动观察的客观性，可知该二维空间具有各向同性特征。因此，在基本公理下该二维空间应简化为一个学科球面。该学科球面有两个形象的比拟。其一为体视金相学比拟，这时学科球面可视为一个学科方位球，每个学科个体均对应于一个学科方位；学科方位相近的学科，其关联程度密切。其二为地球形貌学比拟，这时学科球面可视为地球仪上的世界地图，每个学科个体均有一个学科中心，并由其体量而具备一定的学科面积。若取文科覆盖学科球面的北极部分，则与之关联程度最低的工科和农科大致在南极地区，而理科则会沿赤道分布。在学科球面上学科分布密集的区域便自然地形成了学科洲，对学科洲大陆进行分析可以得到划分学科门类的科学依据。由学科洲中学科体量分布可以得到学科地形图，其中学科群的优势聚集点便形成学科高原或学科山脉。学科洲外的学科稀疏分布地区可视为 (代表学科空白区的) 海洋，在其中可能有若干关联不强的学科岛。相距较近的学科洲之间的学科空白带可视为学科鸿沟。学科球面的直径为学科的总体相关度提供了一个度量尺度。学科的分化与离异造成学科球径的增加；反之，跨学科的交融使得学科相关度增强，造成学科球径的减少。

另一种描述方式是一个学科圆，圆周上为纯学科，圆内为交叉学科，如图 1.1 所示。圆内每一点的学科交叉配比可由通过该点到圆周的连线利用杠杆定律所得，类似于材料的相图中混合相的相成分的比例确定。在圆周上任意两点均可以在其连线上的某一点进行学科交叉，而在学科交叉点处若产生超过临界质量的学科性产出 (包括人才培养、学术产出、学术影响力、学科能力平台建设等) 便可能哺育出一个交叉学科。

同理，也可以在学科球面上绘出纯学科的领地范围，而该球面内包的球体则代表交叉学科。

参考文献

[1] 子思, 等. 礼记 • 中庸// 胡平生, 张萌译注. 礼记 [M]. 北京: 中华书局, 2013.

[2] 国务院学位委员会办公室. 1981—2021 中国学位四十年 [R]. 2021-01.

[3] 国务院学位委员会办公室. 交叉学科设置与管理办法 (试行)[A]. 2021.

[4] 杨卫, 赵沛, 王宏涛. 力学导论 [M]. 北京: 科学出版社, 2020.

[5] F. Y. Edgeworth. Mathematical Psychics: An Essay on the Application of Mathematics to the Moral Sciences[M]. London: Kegan Paul & Co., 1881.

[6] 格奥尔格・威廉・弗里德里希・黑格尔. 精神现象学 [M]. 贺麟, 王玖兴译. 北京: 商务出版社, 1983: 90.

[7] 卡尔・马克思, 弗里德里希・恩格斯. 德意志意识形态 [M]. 莫斯科, 1932.

[8] C. Truesdell. A First Course in Rational Continuum Mechanics[M]. New York, San Francisco, London: Academic Press, 1977.

[9] Sir M. J. Lighthill. The recently recognized failure of predictability in Newtonian dynamics[J]. Proc. R. Soc. Lond. A, 1986, 407: 35–50.

[10] A. C. Eringen. Nonlocal Continuum Field Theories[M]. New York: Springer, 2002.

[11] Z. H. Wu, H. J. Chen. Semantic Grid: Model, Methodology, and Applications[M]. New York: Springer, 2008.

第 4 章
表征场变量

为建立研究生教育动力学的基本理论，需要解决四个问题：一是研究对象，这就是本章所描述的表征场变量；二是研究方法，这将是第二篇的主要内容；三是研究推演过程，这将是第三篇的主要内容；四是研究结果示例，这将是第四篇的主要内容。本章主要解决对研究对象的数学表征问题。

4.1 输入变量——资源

研究生教育动力学需要在学科空间 (或作为其替代物的学科球面) 上研究其表征场变量的动力演化。这里所说的“表征场变量”指的是表述研究生教育特征的场变量，而“场”是指在学科空间 (或学科面、学科圆等) 上的分布场。可概括地将表征场变量分为三类：第一类是输入量，或外界作用量；第二类是输出量，或动力学演化量；第三类是结构量，或动力学内变量。在 4.1 节—4.3 节中，将分别描述这三类表征场变量。所有的场变量均视为空间坐标自变量 $\boldsymbol{x}$(在替代学科空间或学科球面或学科圆上) 和时间自变量 t 的函数。

本节讨论第一类场变量，它为输入变量，以资源 (Z) 来表征。资源相当于连续介质力学的体力场，它按照一定的密度分布 $Z(\boldsymbol{x},t)$ 注入于替代学科空间或学科球面或学科圆中。资源可包括“人、财、物、策”四种类型。“人”可包括研究生数目、导师数目和行政辅助人员数目，加以品质度的加权；“财”为对应于研究生教育的经费量，包括研究生教育经费、奖助学金、科研经费、学科点建设经费等；“物”可以包括研究生生活设施面积、研究生办公面积、培养平台的面积和仪器设备、学科实验室及实验基地等等;“策”指与研究生教育相关的政策，包括定性指标，如研究生培养许可授权、所在学科等级 (学科评估所确定的等级，是否重点学科) 等，以及定量指标，如研究生的许可招生量等。在“人、财、物、策”这四种类型中，“人”(包括人才及其所承载的知识) 是可变资源，“财”是流动资源，“物”是固定资源，“策”是与品质度有关的绩效性资源。

按照其经济与财务属性，这些资源可分为三类：第一类是显性的投入，它们以真实的动产或不动产的形式投入 (如政府对研究生教育的拨款，企业与个人对研究生教育的捐赠，与研究生教育配套的校园、土地、建筑面积等等)；第二类是隐性的投入，它们多以权益性的行政许可方式给出 (如博士学位授予单位许可、博士生培养学科点许可、“双一流建设”的国际一流学科建设许可、重点学科建设许可、教研用地/教研用房的面积许可、研究生历年招生的指标许可、专业学位培养许可等等)；第三类是不定的投入，它们多以竞争的方式得到 (如各级政府的学科建设平台、竞争性研究经费、各种联合培养的资源获得、一些竞争性的计划或称号等等)，其获得体现了所在学科的实力与主观能动性。有些资源对整个学科空间是均匀的 (如研究生生均拨款)，但大多数资源是对学科空间是不均匀的。即使是研究生生均拨款，对文理工农医等不同类型的学科也有差异。

在 0.5 节中有关研究生教育学的基本假设的基础上，可进一步陈述研究生教育中资源量 Z 所应遵循的三项假定。

一是**资源贫乏假定**，即无论是总资源量，还是任一学科的资源量，总达不到该研究生教育平台的理想需求量。资源贫乏假定可导致三个推论：(1) 学科总在不断发展的冲动之中，即学科竞争以“物竞天择、适者生存”为标志的达尔文原则。(2) 资源总是稀缺的，由此赋予了行政许可权、资源分配权和良性竞争原则的重要性。(3) 对资源的投入必须予以理性的控制，这将形成对管理部门的要求，并造成行政管理部门与财务管理部门的常年博弈。

二是**资源投入的不均衡假定**，即不能完全按照研究生教育的当量规模来平均地投放资源。资源投入不均衡假定可导致三个推论：(1) 对学科的发展总要在一定的评估周期中进行评估，并根据评估的结果来调整资源的投入，不可能完全走“自由放飞”、或“钱给够、不干涉”的教育理想主义路线，这也是对所有涉及国家财政投入的一般性原则。(2) 评估应该体现绩效，它是对所在学科主观能动性的评价。(3) 尽管资源的投入不均衡，但应该在合理的上下限之间变动。按照马斯洛 (Abraham H. Maslow，1908—1970) 的需求层次理论 [1]，人类需求像阶梯一样从低到高按层次分为五种，分别是：生理需求、安全需求、社交需求、尊重需求和自我实现需求。对学科发展的需求也是如此，即有学科存活 (Survival) 的需求、学科安全 (Safety) 需求、学科的同行认可 (Social) 需求、学科的自尊 (Self-esteem) 需求和学科的自我实现 (Self-actualization) 需求。因此，学科发展的资源投入下限要高于学科存活的需求，学科发展的资源投入上限要低于学科的自我实现需求。

三是**资源分配的相对合理性假定**，即始无法做到绝对合理，但应该按照一定的原则来分配资源。这些原则可能出自但不局限于下述原则表述：(1) 相对需求原则，即按照学科的属性、体量和发展高度来分配资源。(2) 绩效原则，按照学科在评估时间段的绩效与资源投入的比例来调整资源分配。(3) 发展利益原则，按照该学科在国家或地方发展利益的重要程度或就业需求来调整资源分配。(4) 学术卓越性原则，按照该学科在世界范围的学术卓越性来调整资源分配。若采用上述原则或其加权混合来配置政府资源，尽管无法做到绝对合理，但可以保证相对合理性。若发现其不合理之处时，应该有一块增量资源可以作为追加投入。

4.2 输出变量——产品与质量

本节讨论第二类场变量，它为输出变量，主要包括广延型变量"产品"和强度型变量"质量"。产品 (用其英文 Product 的首字母 P 来表示) 可以是出自某个学科 (全球统计或全国统计) 的产品，也可以是源于某个学位授予单位在某个学科的产品，还可以是某个学术人的学术产出。产品包括人才 (可增殖产品)、新知识与成果 (与人才或学术人相耦合) 和学科建设设施等组成部分。现在国际上各主要学术数据分析平台 (如科睿唯安、Dimensions、SciVal、Scopus、中国知网、智谱等等) 都可以提供针对与学术机构 (如大学、研究院所)、内部院系、学科、学者相关联的定制统计。中文意义上的质量有两种含意：一是力学意义的质量 (可用英文字母 m 表示，代表 mass)，指某一个学科单元的学术体量；二是度量意义的质量 (可用英文字母 Q 表示，代表 Quality)，指某一个学科单元的社会感知密度。对第二种含意下的质量又有两种表示：绝对质量可定义为凝结于平均受教育者的广义知识浓度；相对质量可定义为对平均受教育者的社会满意度，即培养质量与社会期待质量的符合程度。对这两种质量表示，又各有终点质量与质量年增率等不同的度量。

对人才培养、学术产出和学科建设设施这三类产品可有其分别对应的质量指标。对人才培养来说，其质量体现在其知识、能力和价值观的增加值与巩固度。知识 (Knowledge)、能力 (Skills) 和价值观 (Values) 是国际通用的 KSV 体系 [2]；增加值是指由研究生教育而产生 (相对于入学前) 的增量；巩固度是指对应质量随着时光荏苒而具有的保值性。这里我们应消除招生排名的影响，而讨论对人才培养的增值效果。对学术产出来说，可以按照篇均引用 (或学术发表的点数统计) 来衡量其质量，并采用领域加权的平均影响因子 (FWCI) 来进行归一化。对专利和奖项，可分别用转化量和奖励层级与等级来作为其质量体现。对学科建设设施来讲，可以用先进程度 (国内先进、国内领先、世界先进、世界领先) 和独有程度 (全球或全国的台数) 来作为其质量体现。

可以采用质量的权重函数表示法来统一地表达质量与数量。即总产出是人才培养、学术产出和学科建设设施这三类产品 $P_i(i=1,2,3)$ 按照学科均值 $\bar{P}_i$ 归一化以后的加权之和。

$$P=\sum_{i=1}^{3} w_i \frac{P_i}{\bar{P}_i}, \quad \text{且} \ \sum_{i=1}^{3} w_i = 1 \tag{4.1}$$

则加权产出 P^* 为经质量权重函数 $q=\dfrac{Q}{\bar{Q}}$ 加权后的产出：

$$P^* = \int q \mathrm{d}P \tag{4.2}$$

其中，$\bar{Q}$ 为该学科的平均产出质量。

从输入到产出的过程必然是一个随机过程。该过程表达了依赖于时间参数的一组随机变量 (如各种产出变量) 的全体。随机变量是随机现象的数量表现，其取值随着偶然因素的影响而改变。随机过程的理论产生于 20 世纪初期，是在物理学等领域的需要而逐步发展起来的，如吉布斯、玻尔兹曼、庞加莱等对统计力学的研究，以及后来爱因斯坦、维纳、莱维等对布朗运动的开创性工作。研究随机过程的方法多种多样，主要可以分为两大类：一类是概率方法，其中用到轨道性质、驻停时间和随机微分方程等；另一类是分析的方法，其中用到测度论、微分方程、半群理论、函数堆和希尔伯特空间等。1907 年前后，A. A. 马尔可夫研究过一列有特定相依性的随机变量，后人称之为马尔可夫链[3]。1923 年 N. 维纳给出了布朗运动的数学定义，该过程至今仍是重要的研究对象。随机过程一般理论的研究通常认为开始于 20 世纪 30 年代。1931 年，A. H. 柯尔莫哥洛夫发表了《概率论的解析方法》[4]；三年后，A. Я. 辛钦发表了《平稳过程的相关理论》[5]。这两篇重要论文为马尔可夫过程与平稳过程奠定了理论基础。1953 年，J. L. 杜布的名著《随机过程论》[6] 问世，它系统且严格地叙述了随机过程的基本理论。1951 年伊藤清建立了关于布朗运动的随机微分方程的理论，为研究马尔可夫过程开辟了新的道路[7]；我国数学家彭实戈在倒向微分方程和非线性数学期望方面做出了突出的工作[8]。目前，随机过程在教育学和管理科学等领域有着广泛的应用。

4.3 内禀变量——结构

本节讨论第三类变量，称之为结构变量 (S)。在研究生教育动力学中，输入与输出变量为外变量，它们可以在调控能力允许的情况下，较为随意的变化。而结构变量是内禀变量，只能在演化方程的制约下进行演化，不能任意赋值。我们将在后述的章节中陈述内禀变量的演化方程。这些结构变量包括：研究生培养层次和学位授予单位数，学科点的高度和广度 (如重点学科、一级学科、二级学科、博士点、硕士点)，导师的层次和分布等等。结构变量影响着学科个体的下述行为：(1) 对资源的接受能力；(2) 对产品的产出效率；(3) 对质量的保障能力。

下面举例说明这些结构变量。先讨论研究生培养层次和学位授予单位数。高校是承担研究生教育的主体。目前我国有 1265 所普通本科高校，其中公办 822 所、民办 434 所 (独立学院性质 234 所)、中外合作办学和内地与港澳地区合作办学 9 所。1981 年国务院公布的首批博士授予单位 151 个，硕士授予单位 358 个；截至 2020 年 7 月，全国共有学士授予单位 1249 个，硕士授予单位 738 个，博士授予单位 417 个。设置专业学位 47 种，涵盖学士、硕士、博士层次 [9]。博士授予高校占普通本科高校总数的 27%，硕士授予高校占 43.3%。再看学科点的高度和广度。目前，我国有一级学科博士点 3969 个 (其中学术博士点 3691 个、专业博士点 278 个)，二级学科博士点 107 个 (其中学术博士点 3691 个、专业博士点 278 个)；一级学科硕士点 12143 个 (其中学术硕士点 6147 个、专业硕士点 5996 个)，二级学科硕士点 691 个。[9]2019 年招收博士生 10.52 万人，招收硕士生 81.13 万人，在校生约 286 万人，目前位居世界第三位。

如果我国没有改革开放后试水的研究生培养实践，我们就没有办法规模性地产出上述规模的博士或硕士。如果我国没有在四十年间发展起来的完备而具有中国特色的学位制度，就没有对学位培养质量的保障能力，我国的研究生招生量就不能够达到现在研究生年度入学近 100 万、博士研究生入学过 10 万的规模。如果我国没有经过一系列的学科建设步骤 (如重点学科评估、“211 建设”工程、“985 建设”工程、一级学科评估、“双一流建设”等)，我国学科点的高度和世界排名 [10] 也无法达到现在的高度。研究生教育与学科建设的高度契合性，不仅造成了我国研究生导师队伍在量上的飞速发展，也造成了其在质上的飞速提高。这里仅举两个例子：一是以往博士生导师被认为是正教授之上的一个层次，而现在我国“C9 联盟”的多数高校的准聘/长聘系列中的助理教授就是当然的博士生导师；二是我国高影响力学者在世界中的比值已经从十年前的 1% 左右到现在的

10% 左右，我国一流大学的研究生导师水平已经接近世界先进国家的研究生导师水平。

再从一个学位授予单位的视野来讲。如果一所大学不是博士学位授予单位，该校就没有办法规模性地产出博士，没有办法享有博士生教育资源，没有办法自身聘任博士生导师 (这里不排除聘任其他大学的博士生导师，或由本校导师依托在有博士学位授予权的大学进行合作培养)。这样的大学的博士产出效率必然会很低，对博士学位的培养质量没有保障。同时，它对高水平师资的吸引水平也必然缺乏竞争力。传统上，我国对新设高等教育机构采取循序渐进的要求：即先设立本科生教育，在第一届本科生培养十年后再经评估考虑硕士生教育的可行性，在第一届硕士生培养八年后再经评估考虑博士生教育的可行性，如深圳大学、宁波大学乃至南方科技大学这些新设大学都是按照这一路线发展的。但对近期建设的高水平新建大学，则采取了另外一条发展路线，即以研究型开路，先聘用高水平师资，并与之同时招取博士生，这样就保证了对高水平师资在学术卓越性上的吸引力；然后再招收硕士生，最后招收本科生。这样一条发展路线以西湖大学、上海科技大学、中国科学院大学为代表，其特点是以资源输入的前行，带动其结构内变量的抢滩扩张，再拉动研究生教育的产出。

对一个学科来讲。如果它不是博士点，该学科就没有办法产出博士，没有办法享受博士生教育资源，没有办法自身成长出博士生导师。这样的学科对高水平师资的吸引力必然不高，也很难期待它在学科评估时获得 A 档或 B 档的品级。

参考文献

[1] A. H. Maslow. A theory of human motivation[J]. Psychological Review,

1943, 50(4): 370.

[2] F. Hilferty. Teacher professionalism and cultural diversity: Skills, knowledge and values for a changing Australia[J]. Australian Educational Researcher, 2008, 35(3): 53–70.

[3] A. A. Markov. Extension of the limit theorems of probability theory to a sum of variables connected in a chain. Reprinted in Appendix B of: R. Howard. Dynamic Probabilistic Systems, Volume 1: Markov Chains[M]. New York: John Wiley and Sons, 1971.

[4] A. N. Kolmogorov. Grundbegriffe der Wahrscheinlichkeitsrechnung[M], Berlin: Julius Springer, 1933; English translation by Chelsea, New York: Foundation of the Theory of Probability, 1950.

[5] A. Khinchin. Mathematical Foundations of Information Theory[M]. New York: Dover Publications, 1957.

[6] J. L. Doob. Stochastic Processes[M]. New York: John Wiley and Sons, 1953.

[7] K. Ito. Differential equations determining a Markoff process[J]. Zenkoku Sizyo Sugaku Danwakaisi (J. Pan-Japan Math. Coll.), 1942, (1077): 1352–1400.

[8] E. Pardoux and S. G. Peng. Adapted solution of a backward stochastic differential equation[J]. Systems and Control Letters, 1990, 14(1): 55–61.

[9] 国务院学位委员会办公室. 1981—2021 中国学位四十年 [R]. 2021-01.

[10] 泰晤士高等教育 (THE). World University Rankings, China Subject Ratings[OL]. July 22, 2020. https://www.timeshighereducation.com/world-university-rankings/2020/world-ranking#!/page/0/length/25/locations/CN/sort_by/rank/sort_order/asc/cols/stats. [2021-5-13].

第二篇

研究生教育动力学的基本框架

本篇建立研究生教育动力学的基本框架。其数学结构有赖于场论与动力系统。在第 5 章中我们建立研究生教育动力学的基本场方程。这些方程是建立在牛顿时间和学科空间中的偏微分动力方程组。第 6 章讨论资源的输入，既体现外界对研究生教育动力系统的作用，又体现资源在系统内部的流动。第 7 章讨论宏观调控，其范式从极端刚性的指令型控制，到各种柔性乃至多层次的控制。第 8 章讨论总量刻画，以便于对研究生教育动力学的总体把握。第 9 章阐述研究生教育在学科空间演化的初始条件与边界条件。第 10 章则专注于多层次演化，这是具有中国特色的研究生教育的重要特征。以上六章内容形成了对研究生教育动力学的建模。

第 5 章
场 方 程

本章旨在建立研究生教育动力学的基本场方程，包括资源流动方程、学科点作用方程、结构平衡方程、产品转化方程、质量实现方程、学科建设方程。这些方程的建立还只是唯象的、勾勒性的、缺乏细节的。关于研究生教育的丰富实践将使这些方程更加充实与精细化。

5.1 资源流动方程

在任一牛顿时间 t，可在学科球面上选定一个学科点 $\boldsymbol{x}$。该点经过某一时间增量 Δt 后，在学科球面上产生一切向移动增量 $\Delta\boldsymbol{x}$，体现了学科与时俱进的演化变迁。在时间增量趋于零时，学科移动增量与时间增量之比定义为学科流向量，体现了学科演化的速度。

$$\boldsymbol{J} = \mathrm{d}\boldsymbol{x}/\mathrm{d}t \tag{5.1}$$

与连续介质力学的描述相同，固结于学科点上的描述为 Lagrange 描述，相对于学科球面坐标的描述为 Euler 描述 [1,2]。在学科球面上可定义资源密度场 $Z(\boldsymbol{x},t)$，见 4.1 节，它是球面广义坐标与牛顿时间的函数。在无外加资源注入的情况下，与连续介质力学中的物质流动方程类似，可得到资源流动方程：即资源密度场的时间导数应为资源密度本身乘以学科流向量的散度

$$\mathrm{d}Z/\mathrm{d}t = Z\mathrm{div}\boldsymbol{J} \tag{5.2}$$

该方程表明：对于一个封闭系统，学科的演化变迁以追逐资源为目标。在有外加资源注入的情况，需在式 (5.2) 的右端叠加上外加资源

的注入率 $\dot{Z}_{\text{ext}}$；在有资源损耗的情况下，还需在式 (5.2) 的右端消去资源的损耗率 $\dot{Z}_{\text{diss}}$。因此，更完备的资源流动方程可以写为

$$dZ/dt = \dot{Z}_{\text{ext}} - \dot{Z}_{\text{diss}} + Z\,\text{div}\boldsymbol{J} \tag{5.3}$$

除学科点沿球面的切向运动外，还可以研究学科点的层次跃迁。此时，需要考察该学科点产生跃迁冲动的期望资源密度与现实资源密度的差值。该差值类似统计力学中发生跃迁的激活能 ΔQ。对应这一激活过程，层次跃迁的概率 p 为

$$p = \exp\left[-\Delta Q/K_0 T\right] \tag{5.4}$$

式中，K_0 为一个常数 (类似于统计力学中的玻尔兹曼常数)，T 为使学科点产生跃迁冲动的热度。当激活能 ΔQ 很大或热度 T 趋于零时，层次跃迁的概率为零；当激活能 ΔQ 很小或热度 T 很大时，层次跃迁的概率趋于 1。记学科点保留在原层级所需的维持资源为 $Z_{维}(\boldsymbol{x},t)$，超越该维持资源的资源为 $\Delta Z = Z - Z_{维}$，则激活能 ΔQ 应随额外资源 ΔZ 的增长而下降。在资源的时间变化率之驱动下，随额外资源 ΔZ 的增长而使得激活能 ΔQ 逐渐弥平时，便具有发生跃迁的概率，当 ΔQ 为零时，学科跃迁自然而然发生，其跃迁概率成为 1。

5.2 学科点作用方程

记学科点的质量为 m，它在学科空间的坐标为 $\boldsymbol{x}$，其运动受到内力与外力的共同作用。内力的作用并不引起所涉及的质量沿着学科球面的运动，而体现在学科点的层次跃迁 (这时其球面坐标基本不变)，或学科的分裂 (分裂后诸学科的合质心不变)，或与相邻学科的融合 (融合后的质心相当于原诸学科的合质心)。作用于学科点的外力有两类：一是其他学科对其的作用力，二是由于不均匀的资源场分

布而产生的诱导力。前者类似于牛顿力学中的万有引力，即学科之间受到万有引力作用。在无学科壁垒的学科空间中，可写出下列万有影响力定律[3]：

$$F_{12} = G\frac{m_1 m_2}{R(r)} \tag{5.5}$$

式中，F_{12} 代表学科空间中学科点 1 与学科点 2 之间的影响力，m_1 与 m_2 代表该两个学科点上各自承载的质量，G 为万有影响力常数，r 为在学科空间中学科点 1 与学科点 2 之间的距离，$R(r)$ 为相对于 r 的单调递减函数。若学科空间具有均匀且各向同性的性质，则 $R(r)$ 应为 r 的齐次函数。仿照胡克对万有引力的推导过程，对 N 维学科空间，$R(r)$ 应为 r 的 $(N-1)$ 次幂函数。这时式 (5.5) 可具体写为

$$F_{12} = G m_1 m_2 r^{1-N} \tag{5.6}$$

若固定一学科点 $\boldsymbol{x}$，其质量为 m，则其他所有学科点对其作用的合力为

$$F_{\text{inter}}(\boldsymbol{x}) = Gm(\boldsymbol{x})\int_V \frac{m(\boldsymbol{x})}{R(|\boldsymbol{x}'-\boldsymbol{x}|)}\frac{\boldsymbol{x}'-\boldsymbol{x}}{|\boldsymbol{x}'-\boldsymbol{x}|}\mathrm{d}\boldsymbol{x}' \tag{5.7}$$

由不均匀的资源场分布而产生的诱导力应该沿着资源场的梯度方向。将这一认识与式 (5.7) 相结合，可得作用于学科点 $\boldsymbol{x}$ 上的外力为

$$\boldsymbol{F}(\boldsymbol{x}) = \boldsymbol{F}_{\text{inter}}(\boldsymbol{x}) + C_1 \,\text{grad}\, Z(\boldsymbol{x}) \tag{5.8}$$

式中，C_1 是一个与资源诱导力有关的常数。

在上述外力作用下，具有质量 m 的学科点 $\boldsymbol{x}$，其运动必然满足牛顿第二定律，即

$$m\ddot{\boldsymbol{x}} = \boldsymbol{F}(\boldsymbol{x}) \tag{5.9}$$

5.3 结构平衡方程

任何结构场变量都具有固结于学科点上的密度与流向量 (对后者以 $\boldsymbol{v}$ 来统一表示)，两者的乘积可定义为结构动量，类似牛顿力学中的物质动量。该结构动量沿学科球面的切分量 $\boldsymbol{v}_t$ 代表学科迁移分量，垂直于学科球面的法分量 $\boldsymbol{v}_n$ 代表层次跃迁分量。资源场对该学科点可起到两方面的作用：一方面资源注入构成上升冲量；另一方面资源的梯度场对该学科点的造成迁移冲量。类比牛顿第二定律，该学科点所对应的上升结构动量的时间变化应该等于在该段时间内的资源注入冲量：

$$\Delta\left(\rho \boldsymbol{v}_n\right) = C_2 \int_0^{\Delta t} Z\mathrm{d}t \tag{5.10}$$

而该学科点所对应的迁移结构动量的时间变化应该等于在该段时间内其资源梯度的注入冲量：

$$\Delta\left(\rho \boldsymbol{v}_t\right) = C_1 \int_0^{\Delta t} \mathrm{grad}Z\mathrm{d}t \tag{5.11}$$

因为学科间的相互作用并不能直接地转化为使该学科发生结构变化的资源，所以著者在这里忽略了学科间的相互作用力对结构动量的影响。上述两个方程完整地刻画了结构变量的演化，我们将其统称为结构平衡方程。由于研究生教育结构可分为学位授予单位、学科点和导师三个构架层次，于是可以分别写出授予单位层次、学科点层次和导师层次的结构平衡方程。其重点在于描述结构动量的垂直上升及其对应的知识质心沿着学科球面的变化。

我们还可以将拉格朗日动力学理论 (参见文献 [4]) 应用于学科结构的跃升。若记结构动量的法向分量为广义速度集 $\dot{q}$，记结构变量的法向高度为广义坐标集 q，记结构体的质量为 m。则该问题的拉格朗

日量为

$$L = T - U = \frac{1}{2m}\dot{q}^2 - U(q) \tag{5.12}$$

这里的平方记号对应于该集合量的内积。拉格朗日将该动力学作用量 $L(q,\dot{q},t) = T - U$ 来作为系统的动力学参数，其中 T 为与诸广义速度分量 $\dot{q}_i$ 相关的能量部分，称为动能，而 U 则为与诸广义坐标分量 q_i 相关的能量部分，称为势能。拉格朗日把牛顿力学的运动方程从以力为核心改写为以能量为核心。拉格朗日量的出现是如此的重要，甚至连宇宙的演化都可以用 "当能量从大爆炸减退后，它沿着一条拉格朗日量的空间轨迹滑行" 来形容 [5]。

在拉格朗日量的基础上，结合最小作用量原理，拉格朗日推导出了被哈密顿称为 "惊世骇俗公式" 的拉格朗日方程：

$$\frac{\mathrm{d}}{\mathrm{d}t}\frac{\partial L}{\partial \dot{q}_i} - \frac{\partial L}{\partial q_i} = 0, \quad i = 1, 2, \cdots, N \tag{5.13}$$

同时，拉格朗日量还可以用来在式 (5.4) 中取代该式的激活能

$$-\Delta Q = L \tag{5.14}$$

也就是说，在学科点的势能不足以激活跃升的情况下，还可以额外借助于学科的向上动能 T 来驱动结构升级。

5.4 产品转化方程

产品转化方程刻画某一学科点在资源与产出之间的关系，并往往以结构变量为参变量。这里的 "产出" 是指经过质量加权后的产出，其意义同式 (5.2)。它类似连续介质力学中的本构方程。产品转化方程定性与定量地描述了学科点的本质构成 (或构效关系)，也表示由资源注入而引起的产出变化。但对教育学意义的产出来讲，它必然涉

及一个时滞的过程，即涉及一个确定时间周期 t^* 的教育过程。对本科生教育，t^* 为 4 年；对硕士生教育，t^* 为 2—3 年；对普博生教育，t^* 为 3—4 年；对直博生教育，t^* 为 4—5 年。

一般认为，学科空间中任意一点的产出 (即对应于学科点 $\boldsymbol{x}$，时间 t) 是该学科中全部发展历史的泛函。从这一点出发，可借助于 3.3 节中所列的学科空间基本公理来对产品转化方程进行进一步的简化。除 3.3 节中已经陈述过的确定性公理、客观性公理、有限相关度公理、局部性公理外，我们还有下述记忆衰减性假设。

记忆衰减性假设 在学科空间的任一学科点对以往成长历史是有记忆的，但这一记忆具有衰减性。若采用记忆性泛函来表达学科史的影响，则与学科史进行卷积的记忆函数必须是一个衰减函数，甚至是快衰减函数。若该学科瞬间就可以失去对以往历史的记忆，则现今的产品输出关系就与以往的学科史无关，这种关系就称为弹性关系；若某学科虽然不能瞬间丧失对以往历史的记忆，但却可以随时间的延续而不断失去对学科发展历史的记忆，以至到最后可以完全忘却，这种关系就称为黏弹性关系。学科发展所遗留的无法忘却的记忆，或称为永久记忆，代表着学科的传统与初心。力学家们往往将这种永久性的记忆称为塑性，而脑科学或神经科学家则称结构的变化为可塑性。塑性是固体力学中较复杂的概念，而可塑性是当前脑科学中最热门的研究领域。

若产品转化方程与资源注入的速率相关，称之为率相关的产品转化方程；若与资源注入的速率无关，则称之为率无关的产品转化方程。为简单起见，本书后面仅讨论率无关的情况，这时的产品转化量仅取决于资源的注入量和现今的结构状态。考虑到产品转化的年度周期性，可近似从年度平均的角度上来处理资源的注入。与此同时，研究生教育产品的转化也是年平均常数。

按照产品的类型分类，又可写为固定资产转化方程、人才产生方程 (这时具有时滞效果)、知识传授方程、知识产生方程等四类。固定资产转化方程指注入资源转化为固定资产的数量。一般有，

$$\dot{P}_{固}/P_{固0} = T(Z)\dot{Z}/Z_0 \tag{5.15}$$

式中，$P_{固0}$ 为初始的固定资产量；Z_0 是初始的资源量；而 $T(Z)$ 代表一个小于等于 1，且随着 Z 的增长而呈单调递减的函数，该函数表示：随着资源的不断注入，用于购置固定资产的比例会有所下降。可对转化函数 T 采用下述表达式：

$$T(Z) = T_0 - T_1\varphi(z) \tag{5.16}$$

式中，$T_1 < T_0 < 1$，代表两个与转化率上下界有关的参数。函数 $\varphi(z)$ 代表激活函数，其各种表达式见表 5.1。其中 $z = Z/Z^*$, 这里 Z^* 为激活资源量。如可采用 sigmoid 函数作为激活函数，其函数形状像 S 字母。sigmoid 函数是连续、光滑、严格单调的函数，同时能将输出值限定在 0—1。一种常见的 sigmoid 函数是逻辑函数。在现代研究中，激活函数往往是根据数学和工程实际的需要而设计的，诸如 ReLU、tanh 等都是常用的激活函数，参见表 5.1。

类似地，对人才产生方程，若考虑时滞效应，则有

$$\dot{P}_{人}(t+t^*)/P_{人0} = T(Z(t))\dot{Z}(t)/Z_0 \tag{5.17}$$

式中，$P_{人0}$ 为初始的人才量。由于专业的领域覆盖和导师资源一定，所以招生量越大，人才的转化比率越低。对知识传授也可以列出类似的方程：

$$\dot{P}_{智} = \Lambda(Z,S)\dot{Z}_{知} \tag{5.18}$$

其中，智慧形成增量 $\dot{P}_{智}$ 为资源中所含的知识增量乘以传授效率 $\Lambda(Z,S)$，该效率与资源力度 Z 和学科结构变量 S 有关。类似地，知识产生方程可以写为

$$\dot{Z}_{知} = \Xi(Z_{奖}, S_{师})\,\dot{Z} \tag{5.19}$$

激活函数	表达式	示例	一维图像
线性函数	$\phi(z)=z$	自适应线性神经元，线性回归	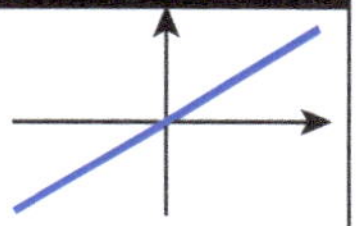
阶跃函数	$\phi(z)=\begin{cases}0, & z<0\\ 0.5, & z=0\\ 1, & z>0\end{cases}$	感知机变体	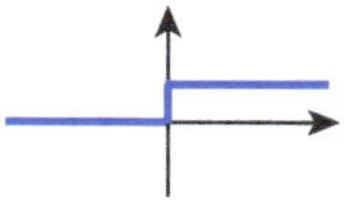
符号函数	$\phi(z)=\begin{cases}-1, & z<0\\ 0, & z=0\\ 1, & z>0\end{cases}$	感知机变体	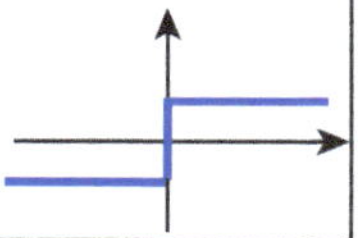
分段线性函数	$\phi(z)=\begin{cases}0, & z\leqslant -1/2\\ z+1/2, & -1/2\leqslant z\leqslant 1/2\\ 1, & z>1/2\end{cases}$	支持向量机	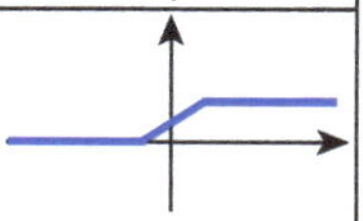
逻辑函数 (sigmoid)	$\phi(z)=\dfrac{1}{1+\mathrm{e}^{-z}}$	逻辑回归，多层神经网络	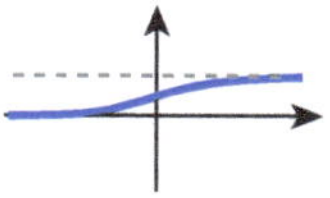
双曲正切函数 (tanh)	$\phi(z)=\dfrac{\mathrm{e}^{z}-\mathrm{e}^{-z}}{\mathrm{e}^{z}+\mathrm{e}^{-z}}$	多层神经网络，循环神经网络	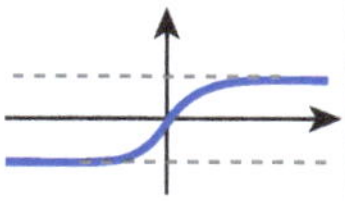
整流线性单元 (ReLU)	$\phi(z)=\begin{cases}0, & z<0\\ z, & z>0\end{cases}$	多层神经网络，卷积神经网络	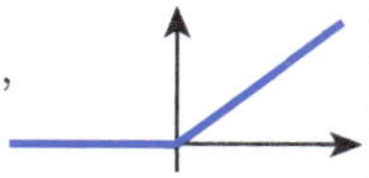

表 5.1　常用的激活函数表达式与示意图

式中，$\Xi(Z_{奖}, S_{师})$ 为知识型投资转换效益。式 (5.19) 表明知识产生方程主要取决于导师结构与研究生的创新性激励。产生的知识仍可以回复为学科点的资源，即

$$\Delta P_{知} = \Delta Z_{知} \tag{5.20}$$

上述诸式体现了研究生教育所特有的资源增生特征。

5.5　质量实现方程

由产品转化方程的诸组成部分，可得到刻画研究生教育的内变量与外变量。先讨论作为内变量的质量。质量可定义为在某个学位授予单位 (或某个学科点，或某个导师) 的平均学生 (人才) 中所凝结的广义知识浓度。

$$m = P_{知}/N \tag{5.21}$$

式中，N 代表当量研究生人数。$P_{知}$ 包括三个组成部分：知识结构、专业素养和创新能力。知识结构由知识传授方程决定；专业素养代表在学科球面一特定区域年复一年地实施专业知识传授的结果，主要体现在该学科点处的结构变量的品质；创新能力由知识产生方程决定，既取决于知识产生的投影面积 (创新面)，又取决于知识产生的高度 (成果水平)。写成公式后有

$$P_{知} = P_{知1}(P_{智}) + P_{知2}(S_{高}) + P_{知3}(Z_{知}) \tag{5.22}$$

式中，$P_{智}$ 代表智慧产出，由式 (5.18) 来决定；$S_{高}$ 代表结构变量的等效高度；$P_{知1}$、$P_{知2}$、$P_{知3}$ 分别代表知识的拓展 (即式 (5.20) 中所定义的 $\Delta P_{知}$)、知识的提高和知识的新生。

5.6 学科建设方程

学科建设方程刻画研究生教育的外变量，包括学科规模和学科资源。学科发展的动力在于其利己性假定，其行为特征取决于其有限的理性，参见 0.5 节中的第一个假设。学科建设方程描述这样一个过程：随着资源的流入，所牵引的固定资产、知识、人才在学科中的集聚，以及由此生成的学科导师队伍结构。这里我们讨论的是沉积在学科的人、财、物、知识、政策五方面的财富，可以表示为

$$Y = Y_{人} + Y_{财} + Y_{固} + Y_{知} + Y_{策} \tag{5.23}$$

式中，$Y_{人}$ 项表示学科点中的现有人才储备：

$$Y_{人} = \int_0^t \dot{P}_{人}(t + t^*)\,\mathrm{d}t - P_{人} + Y_{引} \tag{5.24}$$

这里的 $\dot{P}_{人}$ 项由式 (5.17) 给出，而 $P_{人}$ 代表人才输出 (即人才培养的输出量)。式 (5.24) 右端前两项之差代表沉淀在学科点的人才数，而最后一项代表学科点的引进人才数。

式 (5.23) 中的 $Y_{财}$ 项表示学科点中现存的资金积淀：

$$Y_{财} = \sum_t [Z_{财} - Z_{耗}] \tag{5.25}$$

这里的 $Z_{财}$ 项代表历年输入学科点的资金来源，而 $Z_{耗}$ 代表历年的资金消耗。

式 (5.23) 中的 $Y_{固}$ 项表示学科点现有的固定资产：

$$Y_{固} = \sum_t [Z_{固} - D_{固}] \tag{5.26}$$

这里的 $Z_{固}$ 项由式 (5.15) 给出，而 $D_{固}$ 代表历年的固定资产的折旧。

式 (5.23) 中的 $Y_{知}$ 项表示学科点现有的知识累积 (包括学术成

果、科学论文、专利、知识产权、教材及教案、软实力等)：

$$Y_{知} = P_{知} + \int_t \dot{Z}_{知} \mathrm{d}t \tag{5.27}$$

这里的 $\dot{Z}_{知}$ 与 $P_{知}$ 分别由式 (5.19) 与式 (5.22) 给出。这里我们要特别强调：无论是留存在学科点的知识 $Z_{知}$，还是由于研究生教育产出而贡献到社会上的知识 $P_{知}$ 都增强了学科点的知识累积。式 (5.27) 右端中这一加号代表了教育的倍增效果，也代表了校友的作用。

式 (5.23) 中的 $Y_{策}$ 项表示学科点中现存的政策利好：

$$Y_{策} = \sum_t Z_{策} \tag{5.28}$$

利好的政策 (如硕士点、博士点、重点学科、“双一流”学科) 往往可以经年使用，没有折旧。

除了学科自身的建设外，还需要考虑相邻学科的相互影响。式 (1.2) 定义了描述相邻学科作用的影响函数 $W(\boldsymbol{x}, \boldsymbol{\xi})$。由该影响函数可以得到对学科空间的三类连续介质描述：(1) 对稀疏配置的导师群或各自独立发展且互不影响的导师群来讲，$W(\boldsymbol{x}, \boldsymbol{\xi})$ 成为 Dirac Delta 函数 $\delta(|\boldsymbol{x} - \boldsymbol{\xi}|)$，所对应的连续介质为气体；(2) 对常规配置且各自有一定交互作用的导师群来讲，$W(\boldsymbol{x}, \boldsymbol{\xi})$ 成为短程影响函数，该导师群对学科空间的收缩有较强的抗力，但无法长期抵抗不同导师群组由资源引致的剪切变形，其所对应的连续介质为液体；(3) 对密集配置的导师群或常规大团队配置的各自具有关联影响的学科空间来讲，$W(\boldsymbol{x}, \boldsymbol{\xi})$ 成为具有周期性的影响函数，学科空间出现长程有序性，对压缩与剪切均可以提供抗力，这时所对应的连续介质为固体。固体与液体介质一般具有不可压缩性或弱压缩性，即体积模量大；而气体介质则具有可压缩性，即体积模量小。固体介质具有可观的剪切模量，而液体与气体 (统称流体) 的长时剪切模量为零。液体介质的黏

性往往大于气体介质。在不均匀资源场的作用下，除了学科产出场 $P(\boldsymbol{x},t)$ 出现不均匀增长外，所对应的学科建设场 $Y(\boldsymbol{x},t)$ 会发生沿着学科空间的不均匀流动。该方程可写为

$$\begin{aligned}\frac{\mathrm{d}Y(\boldsymbol{x},t)}{\mathrm{d}t} &= \frac{\mathrm{d}}{\mathrm{d}t}\int W(\boldsymbol{x},\boldsymbol{\xi})Y(\boldsymbol{\xi},t)\mathrm{d}\boldsymbol{\xi} \\ &= \int\left\{W(\boldsymbol{x},\boldsymbol{\xi})\frac{\partial Y(\boldsymbol{\xi},t)}{\partial t}+\frac{\partial W(\boldsymbol{x},\boldsymbol{\xi})}{\partial \boldsymbol{x}}\dot{\boldsymbol{x}}Y(\boldsymbol{\xi},t)\right\}\mathrm{d}\boldsymbol{\xi} \qquad (5.29)\end{aligned}$$

式中，右端大括号中的第一项体现学科点的自身建设速率，如式 (5.23)—式 (5.28) 所示，而第二项则体现学科点的牵连建设速率。

参考文献

[1] 杨卫. 研究生教育动力学——理论框架初探 [J]. 学位与研究生教育, 2006, 2:1–9.

[2] C. Truesdell. A First Course in Rational Continuum Mechanics[M], 2nd ed. New York: Academic Press, 1991.

[3] W. Yang, H. T. Wang, T. F. Li, S. X. Qu. X-Mechanics—An endless frontier[J]. Science China—Physics Mechanics & Astronomy, 2019, 62(1): 014601.

[4] 杨卫, 赵沛, 王宏涛. 力学导论 [M]. 北京：科学出版社, 2020.

[5] 黄克孙. 大自然的基本力——规范场的故事 [M]. 杨建邺, 龙芸译. 上海: 上海世纪出版集团, 2009.

第 6 章
资源的输入

本章讨论研究生教育过程中的资源输入，它既体现外界对研究生教育动力系统的作用，又体现资源在系统内部的流动与转化。6.1 节阐述具有中国特色的多层次资源输入；6.2 节—6.4 节讨论资源的消耗、资源的转化、与资源的增值；作为本章的结尾，在 6.5 节中给出了著者对研究生教育中的成本分担理论的认识。

6.1 资源的多层次输入

资源的输入分为多个层次，包括国际资源输入、国家资源输入、地方和行业资源的输入、横向资源的输入、社会资源的输入、人才培养费的输入、慈善捐赠的输入等等。由 0.5 节中的资源稀缺假设，输入的资源永远也不能满足一个学科点 (或学位授予单位) 的理想化需求。每个学科点 (或学位授予单位) 所期盼的资源输入与实际得到的资源输入之差决定了其发展的驱动力。每个学科点 (或学位授予单位) 总要不断地调整其结构来获得最大的资源容纳度。

对研究生教育而言，这一结构调整包括下述五个维度：

一是研究生教育结构进行纵向升级以扩大对资源的层次容纳能力。例如：若成为学位自主审核单位，可以在一定程度上自主增设学科点，并可以进行交叉学科的试点 [1]。再如，在学校中设立研究生院后，可以适度地扩大自主性，一方面可以较独立地掌控研究生教育的资源，另一方面可以加大研究生教育在学校管理实务方面的话语权。又如，将学科点从硕士点升级为博士点后，其获得人财物各方面资源的能力将大幅度提升，在学科评估中冲 B 或冲 A 的可能性大幅上升，并提升了吸引优秀师资的吸引力。再又如，将学科点从单一学位培养扩充为学术学位与专业学位的协同培养时，将加大对行业资源与地方资源的吸收性，并进一步扩充导师队伍，改造导师的专业知识结构，扩大研究生教育规模，扩大进行横向科研或全链条科研的能力。又再如，将学科点对研究生的教育模式扩展为中外联合培养可进一步加大研究生教育的国际化和培养水平，拓展导师的国际知名度。

二是研究生教育结构进行横向迁移以追逐高通量的资源注入。利用第 5 章中的式 (5.8) 与式 (5.9)，可得

$$m\ddot{\boldsymbol{x}} = \boldsymbol{F}_{\text{inter}}(\boldsymbol{x}) + C_1 \text{grad} Z(\boldsymbol{x}) \tag{6.1}$$

该式说明了学科迁移与资源梯度的关系。学科迁移的结果会引起学科点结构的下述变化：(1) 招生吸引力的变化；(2) 导师的组成与知识结构的变化；(3) 学科面的宽化或分裂后造成的集聚化；(4) 学科平台的能力变化。所有这些变化都以追逐高通量的资源注入为驱动力。

三是加强学科点对外界资源的吸引力。其措施包括：(1) 设立发展联络部门，更好地协调和吸引对诸学科的捐赠；(2) 吸引不同区域的资源，在有条件的区域设立研发平台，获得更好的研发空间资源和规模性研究平台；(3) 向资助机构、同行业管理部门、龙头企业等派遣挂职人员，获得使学科发展得以吸收更多资源的第一手信息。

四是建设好与该学科点有关的国际、国家和区域平台的建设。这些平台不仅仅扩大了学科点的能力、规模和运行经费，还提高了学科点的声誉。后者在争取竞争性资源时最为重要。一个五星级的学科就应该具有下述平台或声誉称号：(1) 国家重点实验室或国家自然科学基金委的基础研究中心；(2) 国家工程中心；(3) 国家重点学科或一流建设学科；(4) 国际引智基地；(5) 国家级人才（“四大四

青”) 聚集地。

五是对研究生教育的学术生态培育。再好的学科点，一旦发生学术不端行为，其学术声望将会一落千丈，对外界的资源吸引也具有一票否决的作用 [2,3]。所以一定要花大气力建设好学科点的学术生态和软环境，包括学科发展历史、学科文化、有助于培育学风的严谨制度与程序 [4]。

6.2 资源的消耗

由 6.1 节，资源的争取与输入均来之不易。这些输入的资源用于维持研究生教育的运行，在一定程度上决定了学科点的兴衰。研究生教育过程涉及资源的消耗、转化和增殖。我们将在本节讨论资源的消耗，在 6.3 节和 6.4 节中分别讨论资源的转化与资源的增值。

资源的消耗可分为消耗性资源 (如水电、消耗性物资等) 的使用和人才培养消耗，后者指人才培养中的消耗性费用 (如生活维持费)。用于这两项消耗的有三个来源：一是国家对研究生教育的生均拨款，其数额取决于研究生教育的层次 (即博士还是硕士) 与所在学科 (医科最高、工科、农科次之、理科再次之、文科最少)；二是科研经费中的间接费用，可用于支付学校的管理费用 (含实验室的空间占用、水电消耗和一部分对应的行政性管理费用) 和研究生导师的部分津贴；三是科研经费中的部分直接费用，可支付研究生进行课题研究的劳务费，与研究生课题研究相关的消耗性物资等。由此可见，仅依赖于国家对研究生教育的生均拨款，是不可能确保研究生的课题研究费用，并维持一位研究生可实现作为有尊严的初级研究者的生活水平。导师能够申请到研究课题，是确保研究生教育的质量、实施导师责任制的先决条件，对理工农医等学科门类尤为如此。

6.3 资源的转化

资源的转化系指由于跨学科建设与新学科建设而引起的资金的转移性流动。该种转移可能是学校行为 (用优势学科的资源孵化新学科)，也可能是学科点行为 (学科点的转移)。对后者来说，资源的转化是学科点由于发展的需要而采取的战略性行为。该种转化需要满足三个先决条件：(1) 学科点拥有可自由使用的 (即不是具有限定使用范围) 的剩余资源，类似于英文的 Endowment；(2) 该项转化使用具有预期的投入效果 (即对学科发展具有重要性与可行性)，也就是说该项投入具有更大的资源吸引前景，或导致更大的学科发展空间或更高的学科建设水平，如从二级学科学位授权点 (简称为学位点) 上升为一级学科学位点；(3) 该项转化得到学科点绝大多数学人的支持。资源的转化应该是所涉及导师群的集体决策。

6.4 资源的增值

资源的增殖是研究生教育中最积极的部分。它可能包括：(1) 可变资源的增值，如导师队伍数量和质量的上扬；(2) 该学科的知识库的增长，指知识产权、学术论文和专利的增加；(3) 学科毕业的校友人数的增加；(4) 学校品牌和学科品牌的提升，尤其是层间跃迁的实现。概括而言，我们有

$$\Delta Z_{\text{增}} = \Delta Z_{\text{变}}(\Delta S) + \Delta Z_{\text{知}} + \Delta Z_{\text{人}} + \Delta Y \tag{6.2}$$

我们下面分别讨论方程右端这四项的对应表达。式 (6.2) 中各项前缀的增量号 Δ 均代表在时间段 Δt 中所对应的增量。其中右端的第一项代表由于结构变量的增值 ΔS 而产生的资源升值；且在 ΔS 为零时，其导致的资源升值 (或减值) 量必然为零。为简单起见，可

近似地将两者间的关系用等比关系来描述：

$$\Delta Z_{\text{变}}(\Delta S) = K\Delta S \tag{6.3}$$

其中，比例系数 K 表示知识经济系数。式 (6.2) 右端的第二项可由知识产生方程 (5.19) 在所考察的时间增量 Δt 中的积分所得到

$$\Delta Z_{\text{知}} = \int_0^{\Delta Z} \Xi(Z_{\text{奖}}, S_{\text{师}})\,\mathrm{d}Z \tag{6.4}$$

在式 (6.4) 右端的积分中，我们已经把对时间的积分转化为对资源增量的积分。式 (6.2) 右端的第三项可由人才产生方程 (5.17) 在所考察的时间增量 Δt 中的积分所得到

$$\Delta Z_{\text{人}} = \int_0^{\Delta Z} T(Z)\,\mathrm{d}Z \tag{6.5}$$

这里考虑了归一化参数的消去，并已经把对时间的积分转化为对资源增量的积分。式 (6.2) 右端的第四项可由学科建设方程 (5.23) 在所考察的时间增量 Δt 中的差值所得到

$$\Delta Y = Y(t_0 + \Delta t) - Y(t_0) \tag{6.6}$$

其中，式 (5.23) 中的各项分别由式 (5.24)—式 (5.28) 给出。

6.5 成本分担理论

研究生教育是少数人的精英教育，其产品具有准公共性质。中国的研究生教育同时还体现了国家意志*。上述特点导致对研究生教育资源的多元输入，由此必然导致成本分担。人才培养的成本 c (代表 cost) 应包括直接成本和间接成本：

$$c = c_{\text{直}} + c_{\text{间}} \tag{6.7}$$

* 我国研究生培养经费的主体由国家 (通过对研究生教育的直接拨款和科研项目中用于研究生的劳务费部分) 提供。

前者仅含花费在某个研究生的培养费用，而后者尚需覆盖与研究生培养的全成本 (即学校全年运行费用 F 除以当量人才培养数 N) 之间的差值。也就是说：

$$c_{间} = F/N - c_{直} \tag{6.8}$$

在动力型发展阶段，国家投入在成本分担中应占有较大份额；在和谐型发展阶段，应形成一个和谐的成本分担构架。科学的成本分担理论应该建立在对人才培养过程中各方的投入/产出效益的精确分析上。应该在国家、地方、行业、学校、导师、用人单位、研究生本人各方效益的综合最优化目标下，建立合理的成本分担理论。只有这样，才能保障未来的研究生教育具有和谐发展的内在机制。下面讨论在和谐型发展阶段的成本分担构架。我们讨论两类模型：一个是基于支付能力的模型，另一个基于均等受益的模型。

首先讨论基于支付能力的模型。对国家和地方政府来讲，应该保证有至少于 4%的 GDP 投于教育。考虑教育的不同阶段，这里应该将其中的 1/4 (也就是 1%的 GDP) 投于高等教育。这折合到 2020 年的 GDP 就应该是 1 万亿人民币。如果按照本科年招生 1000 万人、硕士生年招生 100 万人、博士生年招生 10 万人，且按其平均毕业年限分别为 4 年、2.5 年和 3.5 年来计算，且一名硕士生的年培养成本为本科生的 2 倍，一名博士生的年培养成本为本科生的 5 倍，则按照本科生计算在校当量数为 $1000 \times 4 + 100 \times 2.5 \times 2 + 10 \times 3.5 \times 5 = 4675$ 万，其中研究生折算的当量数为 675 万。因此，各级政府有能力对每一位本科生投入 2.14 万元，对每一位硕士生投入 4.28 万元，对每一位博士生投入 10.7 万元。再考虑学校和导师的因素。学校所接受的教育拨款已经在前一项中计入。学校所得到的科研经费、学科建设经费、国际交流经费、地方和行业资源的输入、横向资源的输入、慈善捐赠应该有 30%—60%用于广义的研究生教育。在我国较好的研究型大学，每位导师的人均上述经费为 60 万—100 万元。若他们将其一半用于广义的研究生教育，且每位导师平均指导 5—7 名研究生 (我国目前有研究生导师 46 万人，其中博士生导师 11 万人)，他们可为每位研究生每年投入 5 万元。最后考虑研究生自我分担的部分，按照我国人均可支配收入每年 3 万元计算，则研究生及其家庭在该生读研期间应该可以平均分担每年 3 万元，即与年人均可支配收入平齐。

继而讨论基于均等受益的模型。输入成本分担理论应该建立在对人才培养过程中各方的投入/产出效益的精确分析上。研究生的投入是青春时光和部分培养费用，得到的产出是知识结构、专业素质、创新能力和学位品牌；导师的投入是知识传授和部分科研经费，得到的产出是知识的增生、研究项目的协助、弟子链的延伸、学术影响力的扩大；学校的投入是部分培养经费和教学科研设施，得到的产出是科研经费的管理费、学校品牌的伸张和人才培养的继承作用 (校友作用)；国家或地方政府投入的是部分培养费用，得到的产出是政府支出中所必须包含的教育公益投入；用人单位 (如行业) 也可能投入部分培养费用，得到的产品是人才。上述群体 (即研究生、导师、学校、政府、用人单位) 都是广义研究生教育链中的责任主体 (Stakeholders)。应该在各方效益的综合最优化目标下建立合理而和谐的成本分担理论。均等受益模型就是让这些责任主体在研究生教育过程中的投入/收获比大致相同，且均应该大于 1。

在讨论均等受益模型时，还应该区分硕士生与博士生教育阶段，以及学术型学位与专业型学位的区别。对博士生教育来讲，导师与学校得到的收益较大，往往大幅度地超过从硕士生教育所得到的收益。所以，导师与学校对博士生教育的成本分担量应该较多，这也是世界各国研究生教育的普遍做法。对专业型学位来说，由于其与就任职业的强相关性，对学位获得者和用人单位来讲受益较丰，用人单位往往还可以省下一部分培训费用，所以在其成本分担中研究生与用人单位要承受较多部分的成本。前者以 EMBA、MBA 等专业学位的高额培养费用为特征，后者以这些学位的获得者在毕业后的高薪为特征(衡量管理学科卓越性的一个指标就是攻读学位之后的薪酬与之前的薪酬比，越高说明其塑造力越大，其收费也就越高)。这些都应该是 0.5 节中有关研究生教育学的四项基本假设的应有之义。

无论遵照哪一种模型，都可以用一个比值系数 C_1 来代表研究生教育过程中的生均总成本与中央财政投入的倍数比例。该比值在一定程度上体现中央财政对地方财政、学校投入和社会投入的拉动效果。该比值系数必然是时间的函数。我国在 20 世纪 80 年代初改革的开放伊始、刚开始进行规模化的研究生教育时，该比例为单位值 1，即那时的全部研究生教育经费由中央财政提供。随着多层次递减控制的实施，见第 15 章的案例研究，比值系数 C_1 逐渐上升，目前已经远超过 1，体现了成本分担实践的不断深化。

参考文献

[1] 国务院学位委员会办公室. 交叉学科设置与管理办法（试行）[A]. 2021 年.

[2] 中共中央办公厅，国务院办公厅. 关于进一步弘扬科学家精神加强作风和学风建设的意见 (中办发〔2019〕35 号)[A]. 2019-05-28.

[3] D. Cyranoski. Research ethics: Zero tolerance, a university cracks down on misconduct in China[J]. Nature, 2012, 481(7380): 134–136.

[4] M. S. Frankel, A. I. Leshner, W. Yang. Research Integrity: Perspective from China and the United States[M]// Editor: Tracey Bretag. Handbook of Academic Integrity. Singapore: Springer Science+Business Media, 2015.

第 7 章

宏观控制

中国特色研究生教育的精髓在于宏观控制与微观自治的有机结合，且宏观控制的力度随发展的进程而不断调弱。其特色之一在于控制方式的丰富性，包括指令性控制、指导性控制、统计性控制、反馈式控制、多层次控制等形式。从四十年前实施学位条例伊始的指令性控制，到随之逐步放权而实行的指导性控制；从中央政府通过数据学习而形成的统计型控制，到根据政策实施效果而进行调控的反馈式控制；再到从中央到地方到学位授予单位进而到学科点的多层次控制。这些控制的理论与方法层出不穷，覆盖了整个控制学的范畴，是研究生教育动力学的精髓所在。

7.1 指令性控制

本节简述指令性控制。

指令性控制等价于对结构型变量的直接赋值。如指令性的学科目录直接给出了学科空间的控制点位置。对学位授予单位的行政许可式审批亦属于指令性控制，它对学科点的载体数进行了直接的赋值控制。指令性的学科点审批相当于在学科空间上诸点处对结构变量的赋值。早先实行的国家对研究生导师的指令性审批也反映了我国早期对研究生教育的一种末端控制。指令性控制的缺点在于：(1) 控制的力度有余而柔性不足；(2) 给予上级行政部门过多的行政权力，以至于一度形成了“跑博士点”“跑博士授权单位”“跑 211”等“跑部前进”的现象；(3) 禁锢了研究生教育中下层机构的活力，尤其是资源变量对结构变量的滋养。

在指令性控制下，5.1 节所讨论的学科演化与层次跃迁完全取决于指令性的赋值，代之以国务院学位委员会的会议决定事项。如我国现有 14 个学科门类、113 个一级学科，417 个博士学位授予单位、321 个硕士学位授予单位，这些都是指令性控制的产物。再往研究生教育的末梢走，有博士点 4086 个 (其中学术博士点 3808 个、专业博士点 278 个)、硕士点 12835 个 (其中学术硕士点 6839 个、专业硕士点 5996 个)。附属于其上的是研究生年度招生指标，如我国在 2019 年招收博士生 10.52 万人，招收硕士生 81.13 万人，目前在校生 286 万人，位居世界第 3 位 [1]。在 2020 年度，我国硕士生扩招 18.9 万人，博士生扩招 1 万人。在指令性控制下，学科点的结构平衡方程由 5.3 节中的统计激活方式变为简单的开关控制 (On-Off Control)：

$$u=\begin{cases} u_{\max}, & \text{if} \quad e>0 \\ u_{\min}, & \text{if} \quad e<0 \end{cases} \tag{7.1}$$

式中，u 为可赋值的控制量，e 为决定是否变化赋值状态的准则量。开关控制的优点在于控制器构造简单，没有需要调节的参数；但却容易在系统中引致振荡。

在指令性控制下，5.4 节所叙述的产品转化方程会变得非常具有确定性，但资源转化函数 $T(Z)$ 却达不到其优化值。在 5.5 节所涉及的质量实现方程中，所涉及的结构参变量均在一定程度上丧失了其演化性；而在 5.6 节所涉及的学科建设方程中，也往往呈现出一种僵化的形态。

7.2 指导性控制

指导性控制 (Supervised Control) 相当于力控制，或一阶导数控制。国际上许多国家采取指导性的学科目录。我国目前在一级学科授予下自主增设二级学科的做法也属于指导性控制。在学位授予自主审核单位进行的增列学位点也是指导性控制的例子 [2]。在更大的范围内，也可以探讨指导性控制。如我国在近十年间根据不同省份的研究生教育发展状况和其省域技术经济的发展状况，在学位授予单位这个更高的层次上实行遵循时间进程的定额制指导性审批，把自主权下放到省学位委员会。在中国还有实施指导性控制的广大空间，如对交叉学科门类的一级学科目录改为指导性控制、对硕士授予单位和硕士学位学科点的省级指导性控制等等。由指令性控制转为指导性控制会释放出研究生教育系统中的新活力 (这可以通过释放学科空间由给定位移的嵌入变形能的方式来实现)，但也可能产生监管不力、损害品牌的情况。

指导性控制是一种约束下的优化控制方式，即某类研究生教育机构在一定的导则下为优化其研究生教育目标而实现的控制，同时保证指导性要求的满足和培养目标达到最大值。优化控制理论是应用数学与力学 [3] 的一个分支，致力于寻找一段时间内动力学系统的最优控制规律，从而优化目标函数。不同的系统所关心的问题和控制对象不尽相同。对研究生教育系统而言，教育家们往往关心的是研究生教育机构对参考指令的跟随偏差 $\boldsymbol{e}$ 和培养机构输出的研究生教育能力 $\boldsymbol{u}$，目标量一般可写为下述形式：

$$J(\boldsymbol{e},\boldsymbol{u})=\int_{t_0}^{t_f}(\boldsymbol{e}^{\mathrm{T}}\boldsymbol{Q}_x\boldsymbol{e}+\boldsymbol{u}^{\mathrm{T}}\boldsymbol{Q}_u\boldsymbol{u})\mathrm{d}t \tag{7.2}$$

式中，$\boldsymbol{Q}_x$ 和 $\boldsymbol{Q}_u$ 分别为相对于跟随偏差 $\boldsymbol{e}$ 和培养机构研究生教育能力 $\boldsymbol{u}$ 的权重矩阵，前者反映对参考指令的跟随难度，后者反映研究生教育过程对资源的需求。从控制理论的角度来说，对参考指令的主要考虑在于使得它们易于执行 (即跟随难度小) 且实际效果 (指产品转换方程) 显著；对培养机构的控制来说，其主要考虑在于降低其控制过程对资源的需求，这样不仅能够降低实际培养过程的资源需求，也能降低系统的资源消耗。最优控制可以理解为在系统动力学和其他条件约束下，对以控制量和运动状态为变量的性能指标函数 (泛函) 求极值的过程。针对线性系统，利用 LQR 控制器 (Linear Quadratic Regulator，线性二次型调节器，亦参见 7.4 节) 可以得到最优控制函数的显式表达。真实的研究生教育系统往往是一个具有约束的非线性动力学系统，LQR 算法并不适用。

指导性控制下的优化过程也可以通过现代的强化学习 (Reinforcement Learning，也称增强学习) 方法来进行。其基本思想是通过教育管理者的不断试错来不断提升实践效果。强化学习算法一般从任意初始化控制器开始，依据交互过程中的反馈来动态调整控制器的参数直至收敛，从而实现最优控制。这里的“强化”系指控制效果不断变好的过程。强化学习算法通过设计数值算法建立研究生教育状态和研究生教育效果之间的映射关系，以实现奖励量的最大化。在连续系统的控制问题中，可采用强化学习算法中的策略梯度 (Policy Gradients) 算法 [4]。这里涉及的策略通常可表示为条件概率分布函数 $\pi(a|s)$。其含义是：当研究生教育机构处于状态 s 时，采取教育举措 a 的概率为 $\pi(a|s)$。当研究生教育机构处于状态 s 并采取教育举措 a 时，都会获得一个奖励信号 $r(s,a)$。条件概率函数 $P(s'|s,a)$ 表示当研究生教育机构在状态 s 时，采取教育举措 a 之后，该机构的状态变为 s' 的概率。这个概率被称为状态转移概率，是一种利用随机过程方法对环境所建立的数学模型，参见 4.2 节。研究生教育机构根据策略不断与环境交互直至终止状态 s_T 的过程叫做教育轨迹 τ, 根据策略 $\pi(a|s)$ 和状态转移概率 $P(s'|s,a)$ 的定义，可以得到教育轨迹 τ 在策略 π 情况下出现的概率 $p^\pi(\tau)$ 为

$$p^\pi(\tau) = p(s_1)\prod_{t=1}^{T}\pi(a_t|s_t)P(s_{t+1}|s_t,a_t) \tag{7.3}$$

其中，$p(s_1)$ 表示选择初始状态 s_1 的概率。

所谓策略梯度算法就是直接优化策略 $\pi(a|s)$，使得累积奖赏的期望达到最大。策略的模型表示为 $\pi_\theta(a|s)$，其具体形式可以是任何以 θ 为参数的概率密度函数。从直观上讲，可将其视为按照不同角度的教育轨迹来进行考察的过程。可通过对策略参数 θ 的调整来最大化教育轨迹上的累积奖励信号的期望值 [3]：

$$\begin{aligned}
&\theta^* = \arg\max_\theta J(\theta)\\
&J(\theta) = E_{\tau\sim p^{\pi_\theta}} R(\tau) = \int p^{\pi_\theta}(\tau)R(\tau)\mathrm{d}\tau\\
&R(\tau) = \sum_t r(s_t, a_t)
\end{aligned} \tag{7.4}$$

式中，E 代表数学期望。策略优化可以通过目标函数的梯度下降方法来实现。因此，将累积奖励的期望对策略参数求梯度，并将式中的教育轨迹 τ 在策略 π_θ 下出现的概率用策略 $\pi_\theta(a|s)$ 和状态转移概率 $P(s'|s,a)$ 来表示，可以得到 (参见文献 [3, 4])

$$\nabla_\theta J(\theta) = E_{\tau\sim p^{\pi_\theta(\tau)}}\left[\left(\sum_{t=1}^{T}\log\pi_\theta(a_t|s_t)\right)\left(\sum_{t=1}^{T} r(s_t, a_t)\right)\right] \tag{7.5}$$

在实际计算过程中，公式中的期望过程可由同时进行的多次采样的方法来近似。若进行 N 次测试就会产生 N 条轨迹，梯度的表达式为

$$\nabla_\theta J(\theta) \approx \frac{1}{N}\sum_{i=1}^{N}\left[\left(\sum_{t=1}^{T}\log\pi_\theta(a_t^i|s_t^i)\right)\left(\sum_{t=1}^{T} r(s_t^i, a_t^i)\right)\right] \tag{7.6}$$

其中，a_t^i 表示第 i 条轨迹在第 t 次状态转移时所采取的动作，s_t^i 表示第 i 条轨迹在第 t 次状态转移时所处的状态。图 7.1 展示了强化学习的轨迹采样过程，它是一个尝试、失败与反思的过程 [3]。

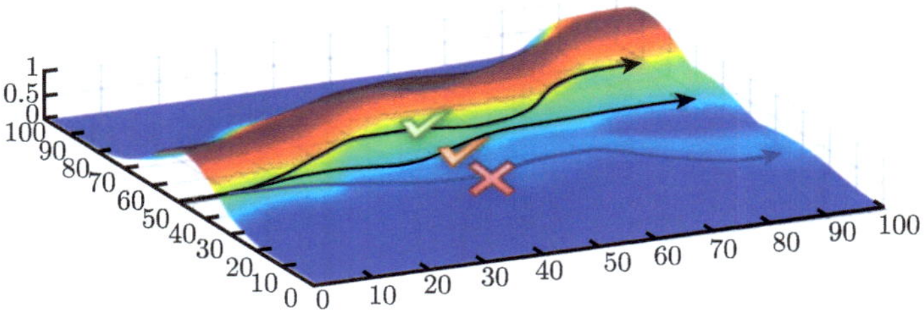

图 7.1　强化学习的轨迹采样 [3]

每次采样 N 条轨迹之后，策略的参数可按照梯度进行更新：

$$\theta \leftarrow \theta + \alpha \nabla_\theta J(\theta) \tag{7.7}$$

利用更新的策略，对参数重新进行测试采样，直至 $J(\theta)$ 收敛。回顾上述推导过程，虽然在推导每条轨迹出现的概率时使用了系统的模型 $P(s'|s,a)$，但是在求解目标函数关于策略的梯度时却与系统的模型无关。这种不受具体模型影响的特性为利用强化学习方法生成复杂系统的最优控制方案提供了便利。为了提升策略梯度方法的训练效率，研究者发展了 Actor-Critic、PPO、TRPO 等算法 [5-7]。将上述算法用于研究生教育的具体实践还有待在未来进行丰富。

7.3　统计型控制

统计型控制是一种更为柔性的控制方式。在美国目前实行统计型学科目录，即学科目录本身根据数据挖掘和统计来自发地进行更新，我国在刚刚启动的新一轮学科专业目录修订中将采取考虑统计型因素的二级学科目录。在我国第十次学位授予审核中所采取的总量控制下的学位授予单位审批也是统计型控制的一次实践。在国家、地区、学位授予单位层次上实施过的统计型控制的导师资格审批体现了对研究生教育末端结构变量的柔性控制。在增量比控制下的学科自主增设是一种统计型控制的新策略。

对统计型控制的指标挖掘可借助于正在快速发展的深度学习方法。乌克兰数学家伊瓦赫年科 (1913—2007) 奠立了分组数据处理方法 (Group Method of Data Handling，GMDH)，被称为“深度学习之父”。他领衔的研究组在 1967 年发表了第一篇可用于监督深度前馈多层感知机 (Perceptron) 工作的学习算法 [8]。他本人在 1971 发表的论文描述了在 GMDH 算法训练下一个具有 8 层深度的网络 [9]。因此，深度前馈网络 (Deep Feedforward Network) 也被称为前馈神经网络或多层感知机。该方法之所以被称为网络，是因为由不同的函数复合在一起得到其构造。假设有三个基函数 $f^1(\cdot)$, $f^2(\cdot)$, $f^3(\cdot)$，可以采用加权复合函数方法则给出形式为

$$y = f(x) = f^3(w^3 f^2(w^2 f^1(w^1 x))) \tag{7.8}$$

这种复合的链式结构就是神经网络中最为常见的结构，体现了连接不同的基函数所进行的深度发掘。在这种情况下，$f^1(\cdot)$ 被称为网络的第一层，$f^2(\cdot)$ 被称为网络的第二层，以此类推。这种链式结构的全长称之为“深度”，也正因此产生了“深度学习”这个名词术语。网络的最后一层称为输出层。一旦网络的结构被确定下来，通过不断调整参数 w^i 到最优的参数集 w^*，即可实现 x 到 y 的最优映射 $y = f^*(x; w^*)$。对于最优的定义则取决于网络具体的应用场景。对参数调整的过程一般称为训练。高效的训练算法是得以应用于大型复杂网络的前提。为此，科学家发明了反向传播算法、随机梯度下降法、自适应矩阵估计法等。深度学习的解题思路是希望能够学习出原本方法所蕴藏的基函数，而这种学习得到基函数则以隐藏层的形式来体现。最终通过学习出的基函数的线性组合实现最优映射。随着问题规模的提升，深度学习方法只要对应地调整网络的结构，诸如增加

网络的深度、扩展网络的宽度，就能够生成大规模的最优映射模型。

万能近似定理 (Universal Approximation Theorem)[10] 表明：如果一个前馈神经网络具有线性输出层和至少一层具有“挤压”性质的激活函数 (如表 5.1 中的 sigmoid，tanh 等激活函数) 的隐藏层，只要给予网络足够数量的隐藏单元，就可以用任意的精度来近似从一个有限维空间到另一个有限维空间的博雷尔 (Émile Borel，1871—1956) 可测函数。在 $\mathbb{R}^n$ 的有界闭集上的任意连续函数都是博雷尔可测的，因而都可以用前馈神经网络拟合。前馈网络的导数也可以任意精确地近似函数的导数。

虽然通过调整深度前馈网络的深度和宽度可以提升模型产生复杂函数的能力，但是随着网络深度的增加、参数数量的增加，深度前馈网络的训练过程变得代价高昂。为了节省训练的开销，科学家们提出了一种权重共享和稀疏链接的方法。这种方法在卷积神经网络 (Convolutional Neural Networks, CNN) 中发挥了重要的作用 [11]。在神经网络中，卷积往往沿着网络相邻层的粒度进行，体现一种错位的关联效果。在深度前馈网络中，连接权重 w 的每个值都不一样，且不为零。而在卷积神经网络中却存在大量重复的连接权重，并且也存在大量的零连接权重。

深度强化学习是深度学习与强化学习的结合，继承了深度学习的学习能力和强化学习的“尝试—反馈—强化”的特性，为处理复杂决策、控制问题提供了可行的思路。由深度思维 (DeepMind) 公司开发的阿尔法围棋 (AlphaGo) 算法 [12] 就是基于深度强化学习实现的。

将深度强化学习应用于研究生教育会遇到两个难题。其一是系统的开放性，深度强化学习非常适用于封闭系统，如围棋，其棋子种类、棋盘上的交叉点个数、定式的数目、可能的走法等等都是有限的，而研究生教育却是一个完全开放的系统；其二是模仿学习的可能性，虽然强化学习算法受到人类学习过程的启发而发明，但是在现实中，研究生教育者往往能够通过学科建设示范迅速地学会新的知识技能，而强化学习算法并不存在这种模仿学习的机制。为了解决后一问题，可以采用直接模仿学习算法。假定某研究生教育机构获得了一批研究生教育的决策轨迹数据 $\{\tau_1, \tau_2, \cdots, \tau_m\}$，每批决策数据包含了状态和动作的序列：$\tau_i = \langle x_1^i, u_1^i, x_2^i, u_2^i, \cdots, x_{n_i+1}^i \rangle$，其中 n_i 表示每条决策轨迹数据中决策的次数。有了这个批数据，就意味着告诉了控制器在什么状态下该采取什么策略，因此可以采用监督学习方法直接学习状态 x 和控制量 u 之间的最优映射 $u = u_0(x)$。对这个过程中不需要进行仿真，可直接利用已有的数据进行拟合，于是控制器的参数可以快速收敛。直接模仿学习的第二步是在 $u = u_0(x)$ 的基础上，继续执行强化学习算法，让控制器针对具体的研究生教育系统进行进一步的优化，从而收敛到适合每个研究生教育系统的最优控制方案。模仿学习算法借助了监督学习，能够对控制器进行很好的初始化，从而加快参数收敛的速度。但是，在研究生教育控制中最常见的问题是教育管理者们只提供了参考轨迹，而希望每个研究生教育系统能够完成这些示范的教育实践。这时可以采用深度模仿学习 (DeepMimic) 算法，利用深度强化学习来控制系统实现示范性教育实践 [13]。该算法的核心在于其代价函数的设计和训练过程中的有效状态的初始化。

7.4 反馈式控制

反馈式控制指在研究生教育的动力演化中利用反馈函数来加以控制。对专业学位的反馈式招生控制 (以最低录取分数的排序均值作为反馈函数) 是已经实现的反馈式控制的例子。在未来的研究生培养机制改革中正在酝酿的基于资助率的招生数控制是另一个可能予以实施的反馈式控制格式。反馈式控制将基于过程初值的控制转化为基于过程终值的控制。该隐式控制格式增加了系统的稳定性。

反馈控制的基本想法是比较当前状态与目标状态，根据两者之差对控制量进行修正。反馈控制的基本思想虽然简单，却是整个控制领域的基础。根据反馈控制，可以设计出简单而有效的控制器。最简单的反馈控制是比例控制 (Proportional Control)，假设控制量与偏差之间成正比，即 $u = k_p e$，根据偏差的大小来进行调节。比例系数可以根据对响应快慢的需求来进行设定。如果希望对未来趋势进行判断，可以在控制量中加入偏差导数 (Derivative) 的比例项 $k_d \dot{e}$。类似地，还可以考虑偏差历史累积 (Integral)，依照同样的方法加入偏差积分的比例项 $k_i \int_0^t e\mathrm{d}t$。综上所述，控制量可以表示为

$$u = k_p e + k_d \dot{e} + k_i \int_0^t e\mathrm{d}t \tag{7.9}$$

这种控制策略称为 PID 控制，P、I、D 分别为比例 (Proportion)、积分 (Integration) 和微分 (Differentiation) 的首字母。在 PID 控制中，积分项具有重要的意义，它保证了误差总是趋向于零。在实际应用中，一般仅考虑比例项和积分项，即 PI 控制。PID 控制简单有效，其控制系数可以根据收敛快慢及超调大小的要求来确定。PID 控制的历史可追溯至惠更斯在 17 世纪对风车的定摆控制，以及瓦特亲手设计的锥形摆。俄裔美国工程师尼古拉斯·米诺尔斯基在设计美国海军的自动操作系统时，撰写了世上第一篇 PID 控制器的理论分析论文 [14]。他的设计思想来源于对舵手的观察，即控制船舶不只根据目前的误差，也考虑过去的误差以及误差的变化趋势。

线性系统是对真实教育系统的近似。对于分阶段实施的教育过

程，可以在不同的阶段予以线性化。通过分析线性系统的响应，可以窥视真实系统的动力学行为；而针对线性系统设计的反馈控制器，在实践中也取得了良好的应用效果。对系统模型线性化后，动力学方程可写为如下标准形式

$$\boldsymbol{M}\ddot{\boldsymbol{q}}+\boldsymbol{C}\dot{\boldsymbol{q}}+\boldsymbol{K}\boldsymbol{q}=\boldsymbol{u} \tag{7.10}$$

式中，$\boldsymbol{q}$ 为广义位置。上述方程的解取决于其特征方程的根 λ，即

$$\det(\lambda^2\boldsymbol{M}+\lambda\boldsymbol{C}+\boldsymbol{K})=0 \tag{7.11}$$

求解常微分方程 (7.10)，可以得到系统状态随时间的演化，由此可以进一步分析系统的动力学特性，此法称之为时域分析方法。另一方面，还可以对动力学方程进行基于特征频率的傅里叶展开：

$$\begin{aligned}&\text{激励：}\quad \boldsymbol{u}=\boldsymbol{U}(s)\mathrm{e}^{st}\\&\text{响应：}\quad \boldsymbol{q}=\boldsymbol{Q}(s)\mathrm{e}^{st}\end{aligned}$$

式中，$s=\mathrm{i}\omega$。将激励和响应的形式代入动力学方程，可以得到

$$\left(s^2\boldsymbol{M}+s\boldsymbol{C}+\boldsymbol{K}\right)\boldsymbol{Q}(s)=\boldsymbol{U}(s) \tag{7.12}$$

通过上式可以方便地求解出

$$\begin{aligned}\boldsymbol{Q}(s)&=\boldsymbol{T}(s)\boldsymbol{U}(s)\\\boldsymbol{T}(s)&=\left(s^2\boldsymbol{M}+s\boldsymbol{C}+\boldsymbol{K}\right)^{-1}\end{aligned} \tag{7.13}$$

式中，$\boldsymbol{T}(s)$ 反映了线性系统对于激励的响应，称之为频响函数。比较可知，频响函数与特征方程 (7.11) 相同。使得频响函数不可逆的 s 值称为极点 (Pole)，即为特征方程的根。使频响函数为零的 s 值称为零点 (Zero)，在零点处进行激励对线性系统是无效的。通过以上变换，可以给出系统对于不同频率下激励的响应，称之为频域分析。以

上傅里叶变换把描述动力学系统的微分方程转变为更容易计算的代数方程。通过傅里叶逆变换，可以给出时域的响应。

对于动力学系统，无论采取哪种控制，我们总希望它能够按照预期的教育轨迹运动，这就涉及系统的可控性。系统的可控性应该表达为：对给定系统的动力学方程，从原点出发可以到达状态空间中任意一点。对于非线性系统，系统可控性的条件并非显而易见，对于如下线性系统

$$\dot{\boldsymbol{x}} = \boldsymbol{A}\boldsymbol{x} + \boldsymbol{B}\boldsymbol{u} \tag{7.14}$$

式中，$\boldsymbol{B}$ 为列矩阵时，有一个简单的结论，即当矩阵 $\boldsymbol{W}_r = [\boldsymbol{B}, \boldsymbol{A}\boldsymbol{B}, \cdots, \boldsymbol{A}^{n-1}\boldsymbol{B}]$ 可逆时，该系统可控，反之亦然。

与可控性类似的一个问题是系统的可观察性，定义为能否通过一段时间的测量值来给出系统的当前状态。一般而言，系统状态无法一一测量，对于线性系统，观测量 $\boldsymbol{y}$ 与状态 $\boldsymbol{x}$ 之间的关系为

$$\boldsymbol{y} = \boldsymbol{C}\boldsymbol{x} + \boldsymbol{D}\boldsymbol{u} \tag{7.15}$$

系统的可观察性即为：能否根据系统的动力学模型、测量值 $\boldsymbol{y}$ 和控制量 $\boldsymbol{u}$ 来求解 $\boldsymbol{x}$。对于 $\boldsymbol{C}$ 为行向量、$\boldsymbol{D}$ 为零的情况，以上系统的可观察性等价于如下矩阵的满秩条件：

$$\boldsymbol{W}_o = \begin{bmatrix} \boldsymbol{C} \\ \boldsymbol{C}\boldsymbol{A} \\ \vdots \\ \boldsymbol{C}\boldsymbol{A}^{n-1} \end{bmatrix} \tag{7.16}$$

一般线性系统可以表示为

$$\begin{cases} \dot{\boldsymbol{x}} = \boldsymbol{A}\boldsymbol{x} + \boldsymbol{B}\boldsymbol{u} \\ \boldsymbol{y} = \boldsymbol{C}\boldsymbol{x} \end{cases} \tag{7.17}$$

反馈控制可以直观地描述为：寻找控制量与状态的直接关系 $\boldsymbol{u}(\boldsymbol{x})$，使得当 $t \to \infty$ 时，系统状态能够无限逼近参考状态，即 $\boldsymbol{x} \to \boldsymbol{x}_r$。更为简便的做法是考虑两者的差值 $\boldsymbol{e} = \boldsymbol{x}_r - \boldsymbol{x}$ 是否趋向于零。我们首先建立偏差 $\boldsymbol{e}$ 满足的方程。如果系统可控、模型精确且无环境扰动，可以根据动力学方程和预设参考状态计算出控制量 $\boldsymbol{u}_{\text{ff}}$：

$$\dot{\boldsymbol{x}}_r = \boldsymbol{A}\boldsymbol{x}_r + \boldsymbol{B}\boldsymbol{u}_{\text{ff}} \tag{7.18}$$

在理想情况下，输入前馈控制量 $\boldsymbol{u}_{\text{ff}}$，系统将按照预设参考状态演化。在真实的研究生教育实践中，模型仅是对真实系统的近似，同时还会有不可预知的扰动，因此实际控制量 $\boldsymbol{u}(\boldsymbol{x})$ 并不完全等同于前馈控制，还需要包括根据当前状态与参考状态差值的修正，即反馈控制 $\boldsymbol{u}_{\text{fb}}$：

$$\boldsymbol{u} = \boldsymbol{u}_{\text{ff}} + \boldsymbol{u}_{\text{fb}}(\boldsymbol{e}) \tag{7.19}$$

基于以上分解，差值满足的方程可以写为

$$\dot{\boldsymbol{e}} = \boldsymbol{A}\boldsymbol{e} - \boldsymbol{B}\boldsymbol{u}_{\text{fb}}(\boldsymbol{e}) \tag{7.20}$$

假设反馈控制 $\boldsymbol{u}_{\text{fb}}$ 形式为 $\boldsymbol{u}_{\text{fb}}(\boldsymbol{x}) = \boldsymbol{K}\boldsymbol{e}$，其中 $\boldsymbol{K}$ 为增益矩阵，式 (7.20) 可改写为

$$\dot{\boldsymbol{e}} = (\boldsymbol{A} - \boldsymbol{B}\boldsymbol{K})\,\boldsymbol{e} \tag{7.21}$$

如果式 (7.21) 中 $(\boldsymbol{A}-\boldsymbol{B}\boldsymbol{K})$ 的所有特征值的实部均小于零，则 $\boldsymbol{e} \to \boldsymbol{0}$。这些特征根实部的绝对值反映了收敛的快慢。

上述线性系统反馈控制器和观察器的设计形式非常类似。描述线性系统的可控性和可观察性的两个矩阵分别为

$$\boldsymbol{W}_r = \left[\boldsymbol{B}, \boldsymbol{A}\boldsymbol{B}, \cdots, \boldsymbol{A}^{n-1}\boldsymbol{B}\right] \tag{7.22}$$

$$\boldsymbol{W}_o = \begin{bmatrix} \boldsymbol{C} \\ \boldsymbol{CA} \\ \vdots \\ \boldsymbol{CA}^{n-1} \end{bmatrix} \tag{7.23}$$

由此不难看出矩阵 $\boldsymbol{W}_r$ 和 $\boldsymbol{W}_o$ 在形式上的对偶性。

在上述分析的基础上，根据状态进行的反馈控制可以进一步改进为基于系统输出量的反馈控制，如图 7.2 所示，主要区别在于需要设计观察器，用状态估计来代替真实状态。

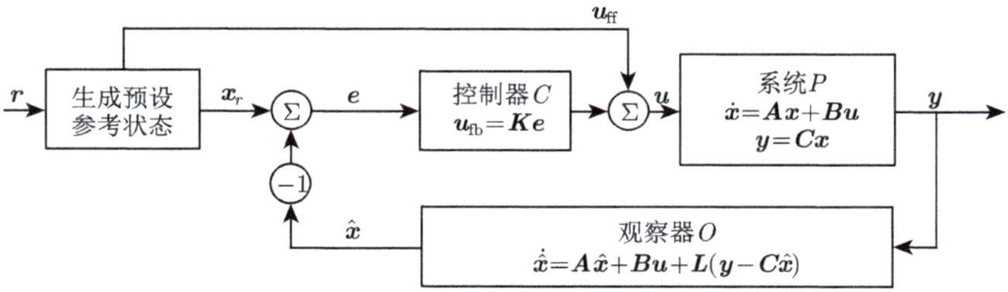

图 7.2　基于系统输出量的反馈控制

综上所述，线性系统的反馈控制器设计要求选择适当的增益矩阵 $\boldsymbol{K}$，使得 $(\boldsymbol{A}-\boldsymbol{BK})$ 的全部特征值的实部均小于零。显然，不同的 $\boldsymbol{K}$ 决定了反馈控制的代价不同。对于任何系统，可以提出综合权衡各方面要求的目标泛函。对于动力学系统的最优控制，常用的目标泛函为权衡一段时间内的状态偏差累积以及所需的控制量大小，一般写为式 (7.2) 的形式，并要求式中权重矩阵 $\boldsymbol{Q}_x$ 和 $\boldsymbol{Q}_u$ 为半正定或者正定矩阵，在实际应用中通常取为对角矩阵，对角元即为对应的状态分量或者控制分量的权重系数。上述二次型的形式保证了泛函具有唯一的极值，线性系统的最优控制器设计可以通过求解对应的增益矩阵 $\boldsymbol{K}$ 获得

$$\boldsymbol{u} = \boldsymbol{Q}_u^{-1}\boldsymbol{B}^{\mathrm{T}}\boldsymbol{Pe} \tag{7.24}$$

式中，$\boldsymbol{P}$ 为正定矩阵，满足如下代数里卡蒂方程（Riccatic Equation）：

$$\boldsymbol{P}\boldsymbol{A}+\boldsymbol{A}^{\mathrm{T}}\boldsymbol{P}-\boldsymbol{P}\boldsymbol{B}\boldsymbol{Q}_u^{-1}\boldsymbol{B}^{\mathrm{T}}\boldsymbol{P}+\boldsymbol{Q}_x=\boldsymbol{0} \tag{7.25}$$

线性系统的二次型泛函的目标优化通常称之为线性二次型调节器，或者简称 LQR 控制器，见 7.2 节。由于传感器存在误差以及信号噪声，若直接基于测量量进行控制，则会将上述偏差放大 $\boldsymbol{K}$ 倍后引入到系统中。美国数学家卡尔曼 (Rudolph E. Kalman，1930—2016) 在 1960 年考虑了这一问题，其所提出的控制模型称为卡尔曼滤波。

7.5 多层次控制

研究生教育往往体现为诸多层次，如国家层次、地方 (行业) 层次、学位授予单位层次等。因此，复合控制或多层次控制也成为常用的策略。它将对关键层面较为刚性的控制转化为对多个相邻层次较为柔性的控制，采用层级控制架构。对其较深入的讨论需要借助于树状多层次控制模型。相邻模块仅通过输入和输出联系，因此将复杂的控制问题分解为多个独立模块，每一部分功能独立，实现起来较为简单。这一层级控制架构在研究生教育中得到广泛应用，使得每一个层级都能够产生其主观能动性。类似的研究方法也产生于经济学中，如林毅夫先生的新结构经济学 [15]。

对研究生教育的动力学控制就是给出所有控制结点的驱动力随时间的变化，从而使年复一年的教育按照其模式形成周期性的发展轨迹。控制的目标量为

$$J=\int_t^{t+T}\left[(\boldsymbol{x}-\boldsymbol{x}_r)^{\mathrm{T}}\boldsymbol{Q}_x(\boldsymbol{x}-\boldsymbol{x}_r)+\boldsymbol{u}^{\mathrm{T}}\boldsymbol{Q}_u\boldsymbol{u}\right]\mathrm{d}t \tag{7.26}$$

上述表达式和 LQR 调节器的目标泛函类似。但 LQR 调节器对应的是线性时不变系统，积分限为从零到无穷大，而这里考虑的是线性化的

阶段控制。使得全局最优的控制量为状态误差的函数，即 $\boldsymbol{u}=-\boldsymbol{K}\boldsymbol{x}$，与时间无关，并适用于任何状态。因此，LQR 调节器是全局最优解，若系统模型的线性化近似成立，应具有良好的控制效果。但对于非线性问题，难以得到全局最优解。针对这一难点，一般有下述两种思路。

第一种方法借鉴 LQR 调节器的方法，在当前状态附近对模型进行线性化，求得线性系统的最优控制。当系统的状态发生改变时，该线性系统状态方程难以近似描述真实运动状态，就需要不断更新状态，根据 LQR 方法重新求解新的控制量。通过逐步线性化状态方程求解 LQR 调节器实现状态控制也称为迭代 LQR 方法 (iLQR)。

第二种方法不对系统状态变化进行线性化，而是缩短目标泛函的积分时间 T。我们仅希望在该段时间内 $(t—t+T)$ 能够较好地控制非线性系统。这时难以对该系统给出控制量和状态量之间的显式形式。一般求解方法是对问题进行离散化，利用数值优化的方法来求解 $(t—t+T)$ 时间范围内的最优轨迹和控制量，得到基于目标优化的开环控制量。上述状态方程和目标优化泛函都是基于状态反馈不断进行修正。通过反复地求解该数值优化问题，可以使驱动系统跟随参考状态演化。注意到目标泛函已经写为常用的二次型的形式，是经典的二次型优化问题，针对此已经发展了高效稳定的数值优化算法，在实践中证明了该控制方法的有效性。

以上的控制策略基于系统动力学模型，通过优化求解未来一段时间的最优轨迹，并将此预测作为系统控制的依据，因此也称之为模型预测控制 (MPC)。对于线性系统，模型预测控制可以直接求解出控制量与状态量的线性关系；对于非线性系统，需要进行在线的实时优化求解。模型预测控制已经广泛地用于足式机器人的行走控制，如何有效地应用于研究生教育的进程控制还有待于实践。

参考文献

[1] 国务院学位委员会. 2020 年博士硕士学位授权审核工作方案 (国务院学位委员会第三十六次会议审议文件之二)[A]. 2020-07.

[2] 国务院学位委员会. 国务院学位委员会关于高等学校开展学位授权自主审核工作的意见 (学位〔2018〕17 号)[A]. 2018-04-19.

[3] 杨卫, 赵沛, 王宏涛. 力学导论 [M]. 北京：科学出版社，2020.

[4] D. Silver, G. Lever, N. Heess, et al. Deterministic policy gradient algorithms[C]. Beijing: Proceedings of the 31st International Conference on International Conference on Machine Learning. 2014, 32: 387–395.

[5] T. Degris, M. White, R. S. Sutton. Off-Policy Actor-Critic[J]. 2012, 1: 457–464.

[6] J. Schulman, F. Wolski, P. Dhariwal, et al. Proximal policy optimization algorithms[J]. arXiv preprint arXiv: 1707.06347, 2017.

[7] J. Schulman, S. Levine, P. Abbeel, et al. Trust region policy optimization[C]. Lille, France: International Conference on Machine Learning, 2015: 1889–1897.

[8] A. G. Ivakhnenko, V. G. Lapa, T. I. Scripta. Cybernetics and Forecasting Techniques[M]. New York: American Elsevier, 1967.

[9] A. G. Ivakhnenko. Polynomial theory of complex systems[J]. IEEE transactions on Systems, Man, and Cybernetics, 1971, (4): 364–378.

[10] K. Hornik, M. Stinchcombe, H. White. Multilayer feedforward networks are universal approximators[J]. Neural Networks, 1989, 2(5): 359–366.

[11] Y. LeCun, Y. Bengio. Convolutional networks for images, speech, and time series[M]// M. A. Arbib Eds. The Handbook of Brain Theory and Neural Networks. Cambridge: MIT Press, 1995: 3361.

[12] D. Silver, A. Huang, C. J. Maddison, et al. Mastering the game of Go with deep neural networks and tree search[J]. Nature, 2016, 529(7587): 484.

[13] X. B. Peng, P. Abbeel, S. Levine, et al. Deepmimic: Example-guided deep

reinforcement learning of physics-based character skills[J]. ACM Transactions on Graphics (TOG), 2018, 37(4): 1–14.

[14] N. Minorsky. Directional stability of automatically steered bodies[J]. Journal of the American Society for Naval Engineers, 1922, 34(2): 280–309.

[15] J. Yifu Lin. New Structural Economics — A Framework for Rethinking Development and Policy[M]. Washington D. C.: World Bank Publications, 2012-01-06.

第 8 章

总量刻画

为把握研究生教育的宏观特征，总量刻画必不可少。对研究生教育的总量刻画旨在把握如下特征。一是对标我国研究生教育在国际中的地位，这可以从规模、层次、结构、效率这些宏观量的国际比较来实现 [1−3]。二是认识研究生教育的水平，这可以从研究生教育的生均资源、研究生教育的师均产出、研究生教育的质量这些统计量来刻画。三是量化研究生教育对我国社会主义发展新时代的贡献，这可以从研究生教育的社会效益、研究生教育在知识创新中的贡献、研究生教育在高端人才培养的功用这些方面具有说服力的数据来体现。

8.1 资源总量

对研究生教育输入端进行刻画的关键在于资源总量。资源总量既体现了社会对研究生教育的投入，也代表了我国在通往创新型国家之路上的发展水平。在中国特色社会主义发展的新时代，教育所占用的资源总量应该逐渐从全社会 GDP 的 4%(目前我国水平) 上升为从 5%(世界平均水平)—8%。这时高等教育所应占用的资源总量应该逐渐从全社会 GDP 的 1%上升为 2%；而研究生教育所应占用的资源总量应该逐渐从全社会 GDP 的 0.2%上升为 0.5%。在从 2020—2050 年的我国建设教育强国、科技强国的路程中，我国应用于研究生教育的资源总量应该按照每年 7%—10%的上升率来进行增长。为了实现全社会资源总量的这一高速增长投入，我们需要实现从中央政府到地方政府，从“双一流建设”高校 (覆盖了我国博士生教育的 3/4、硕士生教育的 2/3 和留学生教育的 60%) 到其他地方高校，从接受研究生教育的人群到他们的家庭，从接纳研究生就业的企业到社会事业单位在这一目标上的一致共识。从中央政府到地方政府，都要不断加大对研究生教育的投入；从“双一流建设”高校到其他地方高校，都要不断加大研究生教育所占据的资源比重；从接受研究生教育的人群到他们的家庭，都要加大成本分担的意识，明确接受研究生教育有利于他们在新时代实现对美好生活的向往；从企业到社会事业单位，都要不断增加对经过研究生教育的人群的人力资源需求和薪酬标准。

研究生教育的资源总量组成既包括传统资源 (即人力、物力、财力)，也包括以知识为代表的可增殖资源。将知识与人力资源相结合 (如培训) 可提升人力资源的层次，从而实现生命 2.0[4] 意义上的极致；将知识与物力资源相结合 (如研究平台升级) 可提升物质性研究平台资源的独有程度、知识产权占有程度和社会竞争力，并进一步形成国家的战略性科技力量；将知识与财力资源相结合 (如资本运作) 可提升财富性资源的升值空间，壮大资本市场的创新板块。按照常规的统计学角度，将全国层次、或地区层次、或学位授予单位层次的资源密度在学科球面上的积分即为全国、或地区、或学位授予单位的资源总量。但在实现过程中，还可以由于学科之间的交叉而产生新的交叉资源，从而兑现融通过程所带来的增值。诸如在交叉门类中设立新的学科[5]、在学科间的处女地上收获新的知识突破，形成新的复合型人才等等。

8.2 产出总量

与之相似，可以对产出总量进行刻画。产出的组成包括人力、物力、知识、知识产权等分项。产出的学科分布可定义为学科产出密度。

将全国层次或地区层次或学位授予单位层次的学科产出密度在学科球面上的积分即为全国或地区或学位授予单位的产出总量。在把握产出总量时，需要考察四方面的关系。

一是供需方面的平衡关系。研究生教育的产品 (学位获得者) 除少量留在学术机构，作为师资与研究人员的补充，一部分继续深造或从事博士后工作外，其大部分应溢出学术机构，成为研究生教育的溢出产品。研究生教育的溢出产品 (供) 与社会、产业界的需求 (需) 之间的平衡关系是决定研究生教育产出总量的根本关系。由于研究生的深造与就业常在一定程度上表现为国际性的大循环，该关系还与“人才外流”“人才回流”等现象有关。在研究生教育的高速扩张期，对研究生教育产出的最早吸收者体现在学术机构就职，随之便扩展到企事业单位，也包括一定程度的个人创业。研究生教育既要追求学术卓越，也要面向国家利益和国家需求。教育的目标是要使得毕业的研究生们成为社会主义建设的高端人才的主力军和生力军，成为创新型人才的核心组成部分。华为有数万人的研发队伍，其中坚就是近十年来从我国诸所“双一流建设”大学中培养的博士与硕士，如浙江大学仅在 2019 年就输送了 550 人，该校研究生毕业在华为工作的总人数已达两三千人之多。清华大学、华中科技大学、电子科技大学都有大量的研究生在华为工作。他们已成为这次中美欧在信息科学与技术领域角力的生力军。

二是产出的学科结构协调关系。由于不同学科在某一历史阶段的发展速度和上升空间的预期不同，造成其对毕业研究生的薪酬待遇不同。薪酬不应是研究生择业的唯一选择。二十年前，清华大学的主要领导带队到国防部门调研。该国防部门提供了自新中国成立以来清华大学毕业生参与军工事业的编年人数，“文革”前清华大学对国防的贡献巨大，改革开放后逐年减少，到 2000 年减少为零。清华大学由此深受震动，从此设立“国防班”，并筹建航天航空学科。以此为契机，国民教育体系中诸高校的航院得到发展，目前已经超过 50 个。我国航天界的中青年栋梁都是国内各校的研究生毕业。在刚刚发布的按中国一级学科排列的泰晤士高等教育全球排名中，清华大学、浙江大学、西安交通大学与上海交通大学设立才十余年的航宇学科都被评为全球的 A^+ 学科。

三是产出的层次协调关系。在对研究生的规模化培养中，当学术机构的师资需求已经逐步走向饱和时 (我国目前统计的博士毕业生走上教育和研究岗位的仅占 40%)，社会就业对研究生的层次需求，如博士/硕士比例、学术型学位与专业型学位的比例等，就成为研究生培养单位需要进行层次协调的主要关系。我国在研究生教育发展伊始，以学术型学位为主，但随后专业型学位的比例逐渐加大。目前，硕士学位的获得者已经有 60%是专业学位，这一比例在今后还要进一步加大。另外，随着我国经济发展方式的转型，创新驱动发展逐渐成为主体模式，对研究生教育的高等级学位的需求将加大，且既包括学术型 (创新学术思想的提供者) 人才，也包括专业型 (高知识架构的管理者) 人才。

四是把握知识增值与学位产出的关系。诸经济与社会部门对某一学科研究生教育产品的需求量主要取决于两个因素：一是该学科的知识增值量，二是增值知识的可应用广度。后者往往取决于该学科的发展机遇，是可遇而不可求的。所以，对某一学科来讲，要把握其学科可实现的知识增值与学位产出的关系，避免出现学位产出较大程度地供过于求。

8.3 质量期望与质量方差

对研究生教育进行定量描述的难题之一在于对研究生教育质量的刻画。对质量的描述必须有切实可信的数据来加以支持；但由于质量本身所具有的统计性，也不能以个别事例否定一般趋势。在 4.2 节中，我们对质量的一个定义是有度量意义的质量 (Q)，指某个或某类研究生教育产品的社会感知密度，其绝对质量定义为凝结于平均受教育者的广义知识浓度；相对质量定义为培养质量与社会期待质量的符合程度。对这两种质量表示，又各有终点质量与质量年增率等不同的度量。4.2 节还给出了采用质量的权重函数表示法来统一地表达质量与数量，即式 (4.2)。

就这一定义下的质量而言，针对质量的统计特征，窃以为可将教育质量用其期望值 (即均值质量 $\bar{Q}$) 与方差 σ 来刻画。质量期望应随所投入人均资源 ($z = Z/N$，其中 N 为研究生教育的当量人数) 的上升 (去除通货膨胀率) 而上升，随产出总量上升而下降，随结构变量的优化而提高。按照表 5.1 中关于激活函数的设定，可以将这一类关系数学地表达为

$$\bar{Q} = T(z)[1 - T(P)]\tilde{Q}(S) \tag{8.1}$$

式中，$T(z)$ 或 $T(P)$ 为由式 (5.16) 所刻画的转化函数，其具体表达式亦可参照式 (15.1)—式 (15.3) 的诸式。$\tilde{Q}(S)$ 为随 S 单调递增的结构质量函数。

可以通过下述方略来提高研究生教育的质量期望：(1) 提高对研究生的生均资源投入 z，但要注意到投资边际效益递减的影响，后者指转化函数 $T(z)$ 在 z 值较大时的饱和现象。(2) 降低研究生的生师比，当一个学科点的导师数固定时，也就意味着增加式 (8.1) 中方括号内的数值，当然要以各学科的最佳生师比为界，统一地考量教育产出与教育质量。(3) 改革研究生教育的结构，即提升式 (8.1) 中的 $\tilde{Q}(S)$ 项，它可以归结为对研究生招生机制、资助机制、培养机制、评价机制的改革，达到激发研究生创新活力的目的，同时提升导师的水平。

下面进一步描述对 $\tilde{Q}(S)$ 项的提升路径。$\tilde{Q}(S)$ 项表示研究生教育路径中研究生自身的成长过程 (包括报考、资助、培养、评价等环节) 与所在学科点的结构要素 (包括导师、团队、平台、独有知识、学术生态、学科文化) 的卷积过程而产生的作用。它是一种交互作用过程。该过程始于招生机制，它应该是研究生与导师和学科点一个互相认可的过程。这里既不完全是研究生凭借全国通用考试的笔试成绩选学科、选学校、选导师，也不完全是学科凭借其学术实力选考生，还不完全是导师凭自己的学识和研究课题选学生，而是一个三方互相认可的过程。所以，研究生入学考试不能像高考那样，完全由全国性的统一考试来决定，导师对考生的了解和口试会为他们之间随之 (以人跟人的方式) 进行的研究生培养打下坚实的基础。由导师来负责对研究生教育的部分资助 (如国外的 RA 制度) 是将导师与研究生的利益扭成一体的关键机制，将研究生的成长与导师的学术提升形成双赢机制，同时还可以避免个别明星导师过度地占用研究生资源。在研究生教育中实行导师负责制的核心就是将研究生的命运与导师的努力联通为一体，形成一种共荣、共担、共助、共享的关系。研究生的培养机制应该是四方面努力的集成：学科点所积淀的学科文化、学术生态和管理规章的耳濡目染，导师的精心指导，研究生的资质、刻苦与创新精神，以及与其同学们在各方面的交流与帮助。对最后一点值得加以进一步的说明。杨振宁先生曾经说过：在研究生阶段，同学之间的互学占到其所获知识量的 70%。在研究生期间，同学间的友好关系将为他们一生的事业打下基础，同学间的竞争也是促进大家向前的最大动力，同学们之间的交互是全方位的，从网络到校园生活、从价值观塑造到就业。我们最后再提一下研究生的评价机制，其重点在于对学位论文的评价。学位论文应该代表研究生在所涉及领域的一项有压力的学术破冰之举。这里“有压力”代表对学位论文水平较为刚性的要求，“破冰”指一定要有一整块的学术创新之举，其表现形式应该是可以对其意义、水平、深度和置信度来进行客观评价的方式。破冰量的大小体现了学位的层级、所在学科的要求和导师的学术声望。

质量方差刻画研究生教育质量的分布宽度。它随着投入资源、人才素质、导师水平的差异加大而上升，随研究生公共教育管理的力度加强而下降。各校研究生院的作用在于对研究生教育进行公共管理。这类公共管理有两种模式。一种模式是普适性的、着力于公平的管理，且一般更加倾向于对“底线”的监督性管理。其管理力度越大，质量方差就越小。也就是说：过度加强管理力度，可能会抑止少数精英的出现；而过度弱化管理力度，可能会使个别研究生跌破学位要求的底线。另一种模式是因材施教式的、着力于个体发展高度的管理。个体管理与群体管理的分配比例，多按照“二八”或“三七”模式。其偏置力度越大，质量方差就越大。也就是说：过度加强偏置力度，既可能会促成少数精英成长，但也容易激发过度竞争，不利于造就和谐的同学关系。

8.4 效　　益

对研究生教育进行刻画的另一个关键量是效益。效益是指在研究生教育中的产出与投入的比值。这里的产出系指加权产出，即由式 (4.2) 所定义的、经质量加权后在产出域上的积分。由于知识是可传授的且具有近零边际成本的资源，所以在研究生教育中实际的投入是以人力、物力、财力为表征 (但不包括知识) 的不变资源。因此，效益 η 可以准确地定义为下述比值：

$$\eta = \int q\mathrm{d}P / \left(Z_{\text{人}} + Z_{\text{财}} + Z_{\text{物}}\right) \tag{8.2}$$

式中，q 为质量权重函数 $q=\dfrac{Q}{\bar{Q}}$, $\bar{Q}$ 为该学科的平均质量，见式 (8.1)。式 (8.2) 分母上的 $Z_{人}$ 项代表研究生教育所占用的人力资源，其与人才产生的关系由演化方程 (5.17) 所制约，$Z_{财}$ 见式 (5.25) 的解释，$Z_{物}$ 代表物质资源的消耗，包括一次性使用与折旧。

研究生教育的效益还可以用知识创新指数来衡量，可将其定义为知识产生与知识传授之比，详见 8.6 节。

8.5 结　构

对研究生教育的结构也应当设立可进行总量刻画的测度。这里讲的结构测度并不是指结构水平的高低，而是指结构的效率与组合性。研究生教育的特征是：(1) 具有诸个单一学科，也具有跨学科培养研究生的可能；(2) 具有硕士与博士等不同的学位层次；(3) 具有学术型学位和专业型学位这两种培养模式；(4) 具有贯通培养和分段培养这两种行进方式；(5) 具有研究生与导师这两种教育过程的主体。对最后一点来讲，应该对“两个主体”做如下说明：从知识建构主义的说法来讲，应该以研究生作为教育的主体；对学术至上主义的学理来讲，按照“铁打的营盘流水的兵”，应该以导师作为教育的主体。研究生院应该是塑造并管理运行这类结构的场所。对其管理效率和组合的丰富性可以用三个效率指标来衡量。

一是从研究生教育的层次结构 (即从学位授予单位 $\longrightarrow$ 学科点 $\longrightarrow$ 导师的树状分叉) 可以刻画结构的顺畅性。顺畅性可以由顺畅效率 $\eta_{顺}$ 来衡量，它是该校研究生院所管理的所有学科 (假设一共有 n 个) 的顺畅度的统计平均所得：分子为该学科点的学位层级数 l，分母为该学科从最低学位到最高学位所需历经指导的导师人数 $l_{师}$，即

$$\eta_{顺} = \frac{1}{n}\sum_{l=1}^{n}\frac{l}{l_{师}} \tag{8.3}$$

顺畅效率越高，该研究生院对该研究生培养的专注度就越高。当然，顺畅效率越低，该研究生培养的分叉度就越高，其学脉传承就越具有交叉性。

二是从师均研究生当量数可以刻画研究生培养结构的负载度。这里可以取学术型学位的硕士生为基数 1，学术型学位的博士生为当量 2；专业型学位由于存在联合培养导师可乘以一个值域在 0.5—0.8 的折减系数；对国际或国内联合培养的情况再乘以一个约为 0.5 的系数。师均研究生当量数可以定义为某学位培养单位 (或学科点) 的研究生当量数除以该单位 (或该学科点) 的导师总数。将如此得到的师均研究生当量数除以全国的师均研究生当量数，就可以得到该校 (或该学科点) 的负载程度 $P_{载}$。数值 1.0 代表全国平均水平，大于 1.0 表示较深重的负载度，小于 1.0 表示较轻盈的负载度或较低的培养人数。于是可定义研究生教育的负载效率为

$$\eta_{载} = 1 - |\log P_{载}| \tag{8.4}$$

该公式说明：无论是过度负载 ($P_{载} > 1$) 还是负载不足 ($P_{载} < 1$) 都不能充分发挥该研究生教育机构的效率。

三是从导师对学科点的多联络通道可以刻画研究生教育的跨学科混合熵。按照玻尔兹曼的混合熵定义，熵表示了系统中大量微观粒子的无序性，并在此基础上给出了它的定量表达式。这一公式在 1900 年由普朗克改写成我们现在所熟知的形式，即 $S = k\log\Omega$。这是物理学中最美丽和最富有智慧的公式之一，它将作为经验科学的热力学与严谨的数学之间建立起关系。公式中 k 为玻尔兹曼常数，Ω 代表该热力学体系对应的宏观状态数。对研究生教育学来讲，Ω 应该

代表研究生教育体系可能提供的教育方式组合数 (即涉及不同学位层次、不同学位类型、不同联通方式、导师的跨学科选择、研究生的跨学科培养的种种可能的组合数)。若将混合效率定义为这一混合熵与全国平均混合熵的比值，则有

$$\eta_{混} = \log \Omega / \log \bar{\Omega} \tag{8.5}$$

式中，Ω 与 $\bar{\Omega}$ 分别为所考察研究生教育体系的可提供教育方式组合数与全国平均的可提供教育方式组合数。$\eta_{混}$ 越高，说明所提供的研究生教育方式越丰富，在因材施教和吸引各路人才等方面具有优先地位。

在结构变量空间中使得效益为最优的点可定义为研究生教育的最优结构。类似于产权结构 (Institutional Structure) 理论 [6]，研究生教育中宏观调控的目的在于实现研究生教育的最优结构，并进一步利用结构配置的优化来促进资源配置的优化。一个可能的优化目标函数为

$$\max \quad (\eta_{顺} \times \eta_{载} \times \eta_{混}) \tag{8.6}$$

8.6 知识创新指数

研究生教育牵涉到人类当今的一个主要知识创新过程。这不仅仅是由于未来的创新型人才大多经过研究生教育而产生，而是由于当今世界上新产生的知识就有相当多的数量是在研究生教育的过程中产生的。比如，当今世界上每年发表的学术论文中，就至少有一半是以研究生加导师加团队成员的署名方式完成的。因此，研究生教育中的一个重要的总量衡量指标是该教育过程中的知识创新指数，记为 KII (Knowledge Innovation Index)。KII 表示知识发展过程的投

入产出比，可定义为知识产生与知识传授之比

$$\mathrm{KII} = P_{知}/Z_{知} \tag{8.7}$$

式中，$Z_{知}$ 与 $P_{知}$ 分别由式 (5.19) 与式 (5.22) 给出。这里必须指出，由式 (8.7) 所定义的知识创新指数，不仅与知识传授的效率和导师的启迪性/感召力有关，在一定的程度上也与对应学科的成熟度和发展动能有关。这也是造成各学科研究生教育的冷热不均的一个原因。

参考文献

[1] 中国学位与研究生教育发展报告课题组. 中国学位与研究生教育发展报告: 1978—2003[M]. 北京：高等教育出版社, 2006.

[2] 国务院学位委员会办公室. 1981—2021 中国学位四十年 [R]. 2021-01.

[3] The State of U. S. Science and Engineering 2020，NSB Science & Engineering Indicators[OL]. https://ncses.nsf.gov/pubs/nsb20201/conclusion[2021-5-13].

[4] 迈克斯 • 泰格马克. 生命 3.0：人工智能时代——人类的进化与重生 [M]. 汪婕舒译. 杭州：浙江教育出版社，2018.

[5] 国务院学位委员会办公室. 交叉学科设置与管理办法（试行）[A]. 2021.

[6] R. H. Coase. The nature of the firm[J]. Economica, 1937, 4 (16): 386–405.

第 9 章 初始条件与边界条件

在建构出研究生教育动力学的基本方程后，还需要给出其定解条件，即初始条件与边界条件，这将是本章所讨论的问题。由于研究生教育是在学科空间中展开的，而学科空间是由散布的学科点所构成，所以初始条件即为在某一牛顿时间 t_0 时，所考虑学科点 $\boldsymbol{x}$ 处的初始条件，可以写为

$$\{Z,P,Y\}(\boldsymbol{x},t_0)=\{Z_0,P_0,Y_0\}\quad\forall\,\boldsymbol{x}\tag{9.1}$$

而边界条件则是在不同学科的边界点 $\boldsymbol{x}_{\mathrm{b}}$ 给出，即

$$\{Z,P,Y\}(\boldsymbol{x}_{\mathrm{b}},t)=\{Z_{\mathrm{b}},P_{\mathrm{b}},Y_{\mathrm{b}}\}\quad\forall\,t\tag{9.2}$$

在本章中，我们将展开讨论五个问题：(1) 学科点 $\boldsymbol{x}$ 的位置确定，即学科目录；(2) 某一研究生教育机构出现学科点 $\boldsymbol{x}$ 的条件，即学科点门槛；(3) 出现某一研究生教育机构的条件，即学位授予单位门槛；(4) 学科间的边界 $\boldsymbol{x}_{\mathrm{b}}$；(5) 新学科的疆界。

9.1 学科目录

首先讨论学科专业目录的确定。学科目录相对于学科空间，是针对学术型学位而言；专业目录相对于专业空间，是针对专业型学位而言。这两套系统既有学科基础的联系，又体现了面向各自需求的特征。本节从学科目录出发进行讨论，其绝大多数内容可适用于专业目录。学科目录是学科空间的控制点，它们体现出三重作用。首先，学科目录上的各学科是各种人力 (如通过研究生招生)、物力 (如重点学

科建设)、财力 (如申请各种研究项目所归属的学科目录) 资源的资源 (可统一地用 Z 来表示) 输入点。其次，它们还是各类产品 (如培养的人才、积累的学科知识，可统一地用 P 来表示) 的产品输出点。最后，它们是研究生教育结构的构架累积点 (可统一地用 Y 来表示)。

学科目录的确定涉及四个问题：一是学科质心的迁移，二是学科的分裂，三是学科的融合，四是交叉学科设置。现分别加以讨论。

对学科质心的迁移而言，按照 5.1 节与 5.3 节的论述，学科质心的迁移是在外力 (包括学科间作用力和资源诱导力，见式 (5.8)) 的作用下以牛顿第二运动的形式来移动的，见式 (5.9)；该学科点的对应结构也将按照式 (5.11) 所表达的资源梯度的冲量而改变。

对学科的分裂而言，它相当于从 $\boldsymbol{x}$ 变换为 $\boldsymbol{x}_1$ 与 $\boldsymbol{x}_2$ 的过程。此时，学科的资源注入由 Z 变为 Z_1 与 Z_2，其对应的质量由 m 变为 m_1 与 m_2，学科的财富 (按照式 (5.23) 的表示) 也从 Y 变为 Y_1 与 Y_2。学科的分裂只有在下述三个条件满足下才可能发生：(1) 分裂后的学科质量 m_1 与 m_2 均应该达到临界质量条件，该临界质量可由学科目录中按质量排序的后 10%学科的平均质量来设定。(2) 学科分裂后，其对应的学科资源与学科财富均可期待有较大幅度 (如大于 20%) 的上升，即

$$Z_1 + Z_2 \geqslant 1.2Z, \quad Y_1 + Y_2 \geqslant 1.2Y \tag{9.3}$$

考虑到资源的组成和学科财富的组成 (式 (5.23))，只有在下述情景时这一条件才可以得到满足：即学科处于快速发展期和热门专业期 (即对应于资源扩张的边际效益递增)；学科中的一部分可形成具有更高资源竞争力的新学科 (即学科更名后可以获得新资源)；原适用于单个学科的政策性财富可以几乎同等地 (或无边际成本地) 用于分裂后的两个学科 (即式 (5.23) 中的 $Y_{知}$ 项可以借力增值，$Y_{策}$ 项可以近乎

加倍)。(3) 学科分裂后，其对应的效益 (按照式 (8.2) 的定义) 与效率 (按照 8.5 节中 $\eta_{顺} \times \eta_{载} \times \eta_{混}$ 的定义) 不会下降。

学科融合是上一过程的逆过程，即从 $\boldsymbol{x}_1$ 与 $\boldsymbol{x}_2$ 变换为 $\boldsymbol{x}$ 的过程。此时，学科的资源注入由 Z_1 与 Z_2 变为 Z，其对应的质量由 m_1 与 m_2 变为 m，学科的财富也从 Y_1 与 Y_2 变为 Y。学科的融合也只能在下述三个条件满足下才可能发生：(1) 未融合前的某一学科的质量 m_1 或 m_2 已经危险地下降到临界质量条件附近。(2) 学科融合后，其对应的学科资源与学科财富均可期待有较大幅度 (如大于 20%) 的上升，即

$$Z \geqslant 1.2\left(Z_1+Z_2\right), \quad Y \geqslant 1.2\left(Y_1+Y_2\right) \tag{9.4}$$

这一条件只有在下述情景时才可以得到满足：即两个学科中至少有一个处于收缩期 (即资源的扩张边际效益递减)；至少有一个学科在融合后可享受更高的资源竞争红利；原适用于单个学科的政策性财富可以移植到另一个学科中。(3) 学科融合后，其对应的效益与效率会有一定程度的提升。

最后讨论交叉学科设置。在国务院学位委员会的第三十六次会议上，确立了交叉学科门类的设立，并将“集成电路科学与工程”列为该学科门类的第一个一级学科 [1]。交叉学科是由两个以上的一级学科各分出一部分内容，来形成一个新的学科的过程。如果按照图 1.1 中所表示的学科泡图，单一知识构成的组成学科位于学科圆的圆周上，而多知识构成的交叉学科则位于圆周内。若取圆心为坐标原点，则对应于圆周上的两个学科 $\boldsymbol{x}_1$ 与 $\boldsymbol{x}_2$，且其分别具有的学科财富为 Y_1 与 Y_2，其形成的交叉学科在圆中的坐标 $\boldsymbol{x}^*$ 应满足下述两个条件：(1) $\boldsymbol{x}^*$ 应位于 $\boldsymbol{x}_1$ 与 $\boldsymbol{x}_2$ 的连线上；(2) 在该连线上的剖分应该满足：

$$\left|\boldsymbol{x}_2-\boldsymbol{x}^*\right| Y_1=\left|\boldsymbol{x}_1-\boldsymbol{x}^*\right| Y_2 \tag{9.5}$$

交叉学科设置的过程也只有在下述三个条件满足下才可能发生：(1) 学科交叉后的新学科 $\boldsymbol{x}^*$ 所独有质量应该达到临界质量条件，该临界质量可由交叉学科门类中按质量排序的后 30%学科的平均质量来设定；同时原学科 $\boldsymbol{x}_1$ 与 $\boldsymbol{x}_2$ 经消减后的质量也不应退到临界质量之下。(2) 学科交叉后，其分出部分所对应的学科资源可期待有较大幅度 (如大于 30%) 的上升，另外原学科的师均资源也会有所上升。考虑到资源的组成和新交叉学科的财富组成 (式 (5.23))，只有在下述条件下这一条件才可以得到满足：即交叉学科比原学科具有更高的社会需求和资源供给；适用于母体学科的政策性财富可以移植到交叉学科；交叉领域可以造成更丰裕的知识产生。(3) 学科交叉后，其对应的效益 (按照式 (8.2) 的定义) 与效率 (按照 8.5 节中 $\eta_{顺} \times \eta_{载} \times \eta_{混}$ 的定义，这时顺畅度一般会下降，但混合熵会上升) 会有所上升。按照国务院学位委员会办公室新制定的《交叉学科设置与管理办法 (试行)》[2]，还需要在具有自主审核资格的学位授予单位获得同意，并经过一段时间的试点运行后，才可以提交至国务院学位委员会进行审议。

9.2　学位点门槛

一旦学科目录加以固定，学位管理人员的下一个目标就是在现有的学位授予单位中，可以许可这些单位授予何种学科的硕士或博士学位。这包括两方面的因素，一是相关的学位授予单位有意愿进行拟设学科的研究生教育，并申请许可授予对应的学位；二是行使行政许可的管理部门通过评估或考察认为该学科点已经达到了培养对应学位的起点要求。前者称为学位点的申请，后者称为学位点的审核。只有通过了学位点的审核工作，才能合法地开启该学科的学位与研究生教育。有鉴于此，学位点的审核条件提供了学位点的门槛，也相当于提供了在该学位点开启研究生教育的动力系统时诸场变量的初始条件。任何学科均必须具备一定学科财富，具有一个合格的初始结构，才可能被审批为学科点，即

$$Y(x,t_0) \geqslant Y_{\text{槛}}, \quad S(x,t_0) \geqslant S_{\text{槛}} \tag{9.6}$$

在《中华人民共和国学位条例》的责任授予下[3]，国务院学位委员会学科评议组的任务就在于确证申报的学科是否满足所要求的学科资源门槛和学科结构门槛。该两类门槛通常可参照同一学科目录下已有的学位点的后 1/3 的均值来加以确定。在学科财富方面，如参见式 (5.23)，可以设立有关人才产出 $Y_{\text{人}}$ (高水平人才教育实践)、资金积淀 $Y_{\text{财}}$ (科研经费规模、学科建设投入)、固定资产 $Y_{\text{固}}$ (学科空间、实验平台等)、知识累积 $Y_{\text{知}}$ (科技成果)、政策制定 $Y_{\text{策}}$ (研究生教育制度建设) 等有关的门槛条件；在学科结构方面，可以设立有关结构高度 $S_{\text{高}}$ (研究生培养层级及年限)、导师资质 $S_{\text{师}}$ (导师的数量、学位、层次和分布)、学位课程开设能力 $S_{\text{课}}$ 等有关的门槛条件。

举例说明：在刚刚颁布的《交叉学科设置与管理办法 (试行)》中，就对交叉学科的设置提出了下列基本条件：“(一) 具有新的、明确的研究对象以及需要通过多学科理论和方法交叉融合解决的新科学问题和现象，具有形成相对独立的理论、知识和方法体系的发展潜力；(二) 社会对该学科人才有一定规模的迫切需求，并具有稳定的需求发展趋势；(三) 具有深厚的结构合理的高水平教师队伍、相关学科基础、良好的人才培养条件，能够形成与培养目标相适应的研究生培养体系。”[2]

在更细的层次上，任一学科中的导师资格也需要一个初始条件。也就是说，对申请作为研究生指导教师的人，应该设立其在学识和所

控制的不变资源方面的门槛 (如师德学风、已具有的最高学位、研究生课程教育能力、创新性研究的能力、高水平科研项目、可用于助研岗位的经费数额等)。另外，对学位的规格标准也界定了对研究生教育的产品门槛。所有的门槛都可以分为学士、硕士与博士三个级别，按照学术型和专业型而有不同的要求。比如，对学士学位，要求有扎实的理论基础与适应于所从事工作的专业知识；对硕士学位，要求有坚实的理论基础与系统的专业知识，有独立从事专业研究的能力；对博士学位，要求有坚实宽广的理论基础与系统深入的专业知识，有独立从事创造性研究的能力。

9.3 学位授予单位门槛

我国有关学位的法律规定 [3]，只有通过学位授予单位的审核、并通过至少为一个学位点的审核，才可以在所通过审核的学位点开展研究生教育工作。这里学位授予单位为研究生教育提供大环境，学位点为研究生教育提供小环境，研究生导师为研究生提供具体指导。与 9.2 节中有关学位点门槛相似，研究生教育的大环境需要由学位授予单位的门槛条件来加以保证。学位授予单位的审核工作从更宽的尺度范围上为该学位申请单位的学术财富变量与结构变量总体水平提供了一个门槛性的初始条件。

在中国目前的学位管理与研究生教育体系中，对学位授予单位的许可是稀缺性竞争指标，亦参见在 0.5 节中有关研究生教育的第二条基本假设。目前控制的增长速度是每三年审核一次，每次新增单位数不超过原总量的 5%[4]。对门槛性条件一般有两种确定模式：一种是竞争型确定模式，即由限定的指标名额来选择相对最优的申请学位授予单位，这时的门槛性条件即为这些单位的对应条件的下包络线；

另一种是前置条件 + 竞争的确定模式，即先给出前置性的门槛条件，再从符合前置性的门槛条件的申请学位授予单位中按照规定的指标名额来选择相对最优的申请学位授予单位，这时的门槛性条件即为前置性的门槛条件，也称为基本条件[5]。以 2020 年启动开展的新增博士硕士学位授予单位工作为例，该项工作规定了博士硕士学位授予单位申请基本条件。对于存在有达到申请基本条件高校的省份，只要高校达到申请基本条件即可申报，不限数量；对于没有能达到申请基本条件高校的省份，可按需择优推荐博士高校 1 所，推荐单位应基本达到申请基本条件。

学位授予单位的门槛条件可视为一个复合型门槛，综合了品牌门槛、管理门槛、资源 (或学术累积) 门槛、产品门槛、导师门槛等分项指标。后三者可视为该学位申请单位在同时申请诸学位点的积分总量。现以文献 [5] 所规定的基本条件为例，来分析说明博士学位授予单位申请所对应的门槛。(1) 品牌门槛：原则上应已获得硕士学位授予八年以上；具有国际一流高水平师资队伍的普通高等学校，可不受年限限制直接申请。(2) 管理门槛：要求已列入省级学位委员会新增博士学位授予单位立项建设的普通高等学校；学校研究生教育管理机构健全，专职管理人员配置合理，规章制度完善，执行情况较好；有完善的研究生奖助体系，公共服务体系完备。(3) 资源门槛：拥有国家重大科研平台、承担国家重大科研任务，承担多项国家级、省部级及横向科研项目；近五年，师均年科研经费不低于 10 万元 (农医类高校不低于 6 万元，文科单科性高校和艺术体育类高校不低于 2 万元)；具有支撑博士研究生培养所必需的省部级及以上实验室、基地、智库等科研平台；学校生均经费收入不低于 4 万元 (艺术体育类高校不低于 7 万元)。产品门槛：现有本科生和硕士研究生培养质量高，社会声誉良好；近五年内无重大学术不端事件；已制定科学完整的博士研究生培养方案，能够按方案开设高水平博士生课程。导师门槛：专任教师中具有博士学位教师的比例不低于 45% (艺术体育类高校的比例不低于 20%)，年龄结构合理，全日制在校学生人数与专任教师的比例不超过 16:1 (艺术体育类高校的比例不超过 12:1)，部分教师担任过博士生导师。这些门槛条件仅仅是可以许可进行博士生教育的起点条件的下限。

9.4 跨学科界面

学科之间的边界可分为跨学科界面与新学科疆界，前者是学科陆地之间的边界，后者是学科陆地与学科海洋之间的海岸线。跨学科边界具有三种类型：(1) 绝缘性界面，在界面上不存在资源、产品的交换，相邻学科“鸡犬之声相闻，老死不得往来”，相当于力学中的不扩散 (Impermeable) 界面；(2) 渗透性界面，在界面上存在资源、产品的交换，相当于力学中的扩散 (Diffusive) 界面；(3) 共融性界面，在界面已经形成了资源、产品的交换平衡，相对于力学中的平衡连续 (Conductive) 相界面 [6]。在绝缘性界面的任一侧 (分别用上标“+”与“−”来表示)，我们有

$$\begin{aligned} &\partial Z^+/\partial n = 0, \quad \partial P^+/\partial n = 0 \\ &\partial Z^-/\partial n = 0, \quad \partial P^-/\partial n = 0 \end{aligned} \tag{9.7}$$

式中，n 代表界面的法向。对渗透性界面，我们有

$$[\![\partial Z/\partial n]\!]_{\mathrm{I}} = \hat{z} > 0, \quad [\![\partial P/\partial n]\!]_{\mathrm{I}} = \hat{p} > 0 \tag{9.8}$$

式中，记号 $[\![\cdot]\!]_{\mathrm{I}}$ 代表跨过界面 I 的跳跃值，而量 $\hat{z}$ 与 $\hat{p}$ 分别为跨界面的资源渗透率和跨界面的人员交流渗透率。对共融性界面，我们有

$$[\![Z]\!]_{\mathrm{I}} = 0, \quad [\![P]\!]_{\mathrm{I}} = 0 \tag{9.9}$$

在研究生教育的动力演化中，跨学科边界的类型也可以发生转变。一种是从绝缘性界面到渗透性界面再到共融性界面的和谐式转变，标志了学科鸿沟的消融与填充。这时跨学科界面从绝对的绝缘体，即式 (9.7)；转变到部分导通体，即式 (9.8)；再转变到完全导通体，即式 (9.9)。另一种是从共融性界面到渗透性界面再到绝缘性界面的隔离式转变，标志了学科鸿沟的形成。这时跨学科界面从完全导通体，即式 (9.9)；转变到部分导通体，即式 (9.8)；再转变到绝对的绝缘体，即式 (9.7)。

9.5 新学科疆界

新学科疆界代表了学科前沿。它们多为自由边界，遵守自由边界条件，即在边界处的结构变量 (如学科点数目和导师数目) 均取零值。

$$S_{\mathrm{B}} = 0 \tag{9.10}$$

新学科疆界的演化主要采取两种方式：(1) 蒸发/沉积式的前沿变迁，即在探索新学科的冲动下，将其他学科所蒸发的资源 (物力、人力、财力) 和知识，沉积到一个新的学科；(2) 扩散式前沿变迁，即将邻近学科的资源和知识，沿界面扩散到一个新的学科，其中的不变资源部分在该扩散过程中应该保持数量守恒。

按照结构演化的理论 [6]，蒸发/沉积式的速率过程 (Kinetics)，也就是垂直于界面的移动量，正比于相邻两个区域的化学势之差，也正比于界面的曲率。对表面扩散式的速率过程，垂直于界面的移动量也正比于相邻两个区域的化学势之差，同时正比于界面曲率的二阶导数。

由式 (9.10) 可知，新学科疆界可视为一个从非零结构变量场区域过渡到零结构变量场区域的边界，由此可推论出沿着新学科边界必然存在着表面能。该表面能存在的一个推论是新学科边界必然趋于一个尽可能小的曲率值。无论是蒸发/沉积式的速率过程，还是表面扩散式的速率过程均为如此，且后者尤为甚之。这一表面能或表面张力的存在既为新学科边界的延展提供了动力，也为新学科边界的突破式进展带来了困难。

参考文献

[1] 国务院学位委员会. 关于设置“集成电路科学与工程”一级学科的建议 (国务院学位委员会第三十六次会议审批文件之二)[A]. 2020-07.

[2] 国务院学位委员会办公室. 交叉学科设置与管理办法（试行）[A]. 2021.

[3] 全国人民代表大会常务委员会. 中华人民共和国学位条例 (全国人大常务委员会令第四号)[A]. 颁布时间 1980-02-12，生效时间 1981-01-01.

[4] 国务院学位委员会. 2020 年博士硕士学位授权审核工作方案 (国务院学位委员会第三十六次会议审议文件之二)[A]. 2020-07.

[5] 国务院学位委员会. 学位授权审核申请基本条件（试行）[A]//《关于开展2017 年博士硕士学位授权审核工作的通知》(学位〔2017〕12 号). 2017-03-17.

[6] Z. Suo. Motions of microscopic surfaces in materials[J]. Advances in Applied Mechanics, 1997, 33: 193–294.

第 10 章

多层次演化

多层次演化是具有中国特色的研究生教育过程的一个专有问题。它既包含对这一演化的机理学研究，如层间传递、演化动力、演化阻力等，见 10.1—10.3 诸节；也包含对这一演化的建模研究，见 10.4 节；又包括对典型演化形式的描述，如 10.5 节的稳态演化与 10.6 节的准静态演化；还包括对演化结果的评判，如 10.7 节的演化引起层次跃迁与 10.8 节的演化的评估。

10.1 层间传递

研究生教育可视为一个多层次演化的动力学过程。其涉及的层次包括：国家层次、区域层次、学校层次、院系/一级学科层次、二级学科层次、导师组层次、导师层次等等。不同层次之间的相互作用是一个重要问题，其相互作用的方式可以分成三种类型。

第一种称为自上而下主导型。其特征是：(1) 无论是资源、产出还是结构之间的互动，其主导的传递方向为自上而下；(2) 自上而下的传递制约着研究生教育动力学的发展主脉络；(3) 自下而上的作用也可以局部地影响动力学过程，并通过反馈来优化其上层的结构。

第二种称为自下而上主导型。其特征是：(1) 无论是资源、产出还是结构之间的互动，其主导的传递方向为自下而上；(2) 自下而上的作用可颠覆研究生教育动力学的上层结构；(3) 自上而下的作用可以影响研究生教育动力学的定量行为，但不足以影响其动力学发展的定性特征。

第三种称为上下互动型。其特征是：(1) 无论是资源、产出还是结构之间的互动，其双向的传递均同等重要；(2) 研究生教育动力学的上层结构与定性特征由双向作用的结果而确定；(3) 上下作用之间由一定的协议方式来达成妥协型共识。

中国目前的研究生教育方式可基本由自上而下主导型而刻画，并通过“放权”与“微观搞活”等措施向着上下互动型发展。其主体依据是：(1) 我国目前的学位仍为国家学位；(2) 指令型的《学位条例》[1] 或今后有可能制定的“学位法”是研究生教育的主要政策和法规陈述；(3) 国务院学位委员会和各省学位委员会是研究生教育的行政许可管理机构；(4) 研究生教育的牵引性资源由政府公共财政资源支付；(5) 研究生教育的主要过程，包括学科目录确定、学位授予单位和学位点确定、研究生教育的监管与评估、重点发展计划 (如早期的“211”计划、“985”计划和如今的“双一流”计划) 等都由国家教育主管部门来确定。向上下互动型发展的主要征兆是：(1) 各校研究生院的成立与实体运行化，标志着由国家学位向实体品牌学位的过渡；(2) 国务院学位委员会的逐步放权，包括将研究生导师的评定权限下放到学校，对博士与硕士学位点从逐一审批转为总量控制，将硕士学位授予单位的审批下放到省学位委员会，使有研究生院的头部大学有自行审批一级学科增设的权力等；(3) 博士生教育的部分资源开始由导师通过申请国家课题来筹措，并通过“助研”的方式来授予研究生，专业学位硕士生开始实施成本分担机制。

如何从数学上来刻画这种自上而下主导型的交互方式呢？可以借用对复杂电网动力学进行控制的“主从分裂”“自律协同”的理论框架 [2] 来予以描述。我们引入相互作用范数 ρ 来描述层级之间相互作用的大小，它代表由相邻层注入的广义资源 (也包括产品需求和政策资源) 对该层的发展拖动效果。这里取 ρ 值为 1 代表上下层级之间的相互作用相等。为清晰起见，我们用 $\rho_{上}$ 来度量自上而下的传递作用，用 $\rho_{下}$ 来度量自下而上的传递作用。对自上而下主导型的交互方式有下述“主从分裂”的量级估计：

$$\rho_{上} \geqslant 1, \quad \rho_{下} < 1 \tag{10.1}$$

当式 (10.1) 得到满足时，可以采取“自律协同”的迭代过程来求解含不同层次相互作用的动力学过程：(1) 先计算顶层的优化结构与动力学响应，暂忽略其他各层次的影响；(2) 在初步确定的顶层结构下，计算顶层的资源、产出、结构各变量对下一层的影响，并以此作为外力输入来推定下一层的优化结构与动力学响应，同时忽略更下方的各层次对该层的影响；(3) 以此继续向下进行这类单边干涉性计算，直至最下一层，注意在从第 (1) 步—第 (3) 步的逐层计算中，均有 $\rho_{上} \geqslant 1$；(4) 计算最底层在研究生教育动力学的发展构型，并计算其对上一层的不平衡作用力，该作用的量级应该符合 $\rho_{下} < 1$；(5) 以此继续向上进行单边的影响力矫正，并将该过程一直推进到顶层，由于恒有 $\rho_{下} < 1$，这一修正会越来越小；(6) 修正顶层的优化结构与动力学响应；(7) 继续进行从上到下、再从下到上的迭代，直至收敛到多层动力学系统的不动点。由于式 (10.1) 的范数估计，或其体现的“主从分裂”“自律协同”的特征，整个多层次系统将会迭代至以不动点为特征的最优解。

层次间的场变量传递是一个在建模中需要详细考察的问题。首先是层次之间的资源传递，包括从高层到低层的资源配置 (这是场变量传递的主节奏，也可以称为一次配置) 和低层到高层的资源奉献；后者将在资源的二次配置中重新以不同的原则分发至下。一次配置往往采取基于学科用度和结构品质的公平配置原则，而二次配置往往采取绩效配置原则。其次是层次之间关于管理模式的映照，包括从高至低的推广和从低至高的总结归纳；该过程有时以自上而下主导的方式出现，有时采取上下互动的方式进行。研究生教育动力学的实际运行往往不完全是策划出来的，而是基层的优秀实践 (Best Practices) 被发现和推广的过程。著名的例子包括“双一流建设”在各地的井喷式增长和博士生联合培养的国际访学模式。最后是层次之间产出模式的匹配，这里会出现国家与社会需求与行业薪酬水平的不一致景况；出现冷门专业 (但可能有足够的需求) 与热门专业 (但可能在不远的将来会出现供给过剩) 的冰火两重天。层次传递的效率是一个关键问题。从高层到低层的传递时，层次传递效率体现在激励效率与层间消耗 (以不作为主义和文牍主义为特征)；从低层到高层的传递时，层次传递效率体现在团队聚合效应与动力指向的如何趋同以及传递过程中的案头搁置 (以官僚主义为特征)。

10.2 演化动力

研究生教育结构的演化可由演化方程来表示，其一般形式为

$$\dot{S} = F_{动} - F_{阻} \tag{10.2}$$

其中，$F_{动}$ 表示推进演化的原动力，$F_{阻}$ 表示演化的阻力。这两项将在本节与 10.3 节中予以表述。演化的原动力 $F_{动}$ 包括：受教育客体的好奇心、荣誉感、知识渴望、竞争力、学位动力等等。学科点的发展还受到层间跃迁动力。马斯洛的需求层次学说 [3] 适用于描述学科点的演化动力需求，体现为五个首字母为“S”的层次。在学科点发展初期为存活 (Survival) 层次，其主要需求是能够维持招生、教学计划得以延续、导师可实现的维系性的更新；随后发展到学科安全 (Safety) 层次，其主要需求是能够通过学科评估、教学评估，不至于面临“一票否决”的风险；学科点地位的进一步上升便发展到社会交

流 (Social) 层次，其主要需求是研究生培养质量与导师队伍能够得到同行公认，成为同行中的中坚力量；经过再一步发展可上升到学科尊严 (Self-esteem) 层次，其主要需求是值得享有自尊并受到同行尊重，如被同行或管理部门认为是重点学科、在任一学术活动或学术过程中同行以其参加为荣，并有渴望成为重点学科或一流学科的诉求；最后一个需求层次是学科自我实现 (Self-actualization) 层次，其主要需求是具有实现层间跃迁的能力，如从硕士生培养跃迁到博士生培养，从 B 类学科跃升至 A 类学科等。层间跃迁后可再次重复上述过程，如从 A 类学科继续跃迁到 A^+ 类学科。在上述五层学科演化的动机下，其演化动力由下述因素决定：资源投入、导师年龄和经济/社会地位、学科热度 (即竞争程度)、知识更新率、相邻学科的拉动等等。其中最后一项涉及在本章末尾要讨论的在学科空间延拓的稳态 (Steady State) 发展与自相似 (Self-similar) 发展。对演化动力的数学描述是一个需要深入探讨的问题。在资源上往往体现在其所占有的广义资源相对于该学科的资源均值的超出值，如获得了额外的学科建设经费、获批了新的学科平台、配置了新的学科发展空间、引进或培养人才的成功等等。这些超出均值的增量往往导致了新一轮学科发展的客观基础或物质动力。在结构上往往体现在其结构不断增长以至于逼近升级的门槛，如位于原层级间的头部且认为可以同上一层级的尾部开展公平竞争，于是便产生了层间跃迁的期待。这些期待往往使整个学科万众一心，形成新一轮学科发展的主观或精神动力。在产出上往往体现在其社会需求的突然膨胀、也可能是新的重大学科突破的出现 (如人工智能、机器人、集成电路等)，于是产生了对规模扩张和结构变异的期待。这些期待往往容易得到社会 (包括校友、院友、系友) 的响应，但有时也会遭遇冷热无常的不可预测性。

综上所述，演化动力可以简约地表达为

$$F_{动} = A\left(Z - Z_{均}\right) + B\left(S - S_{均}\right) + C\dot{P} \tag{10.3}$$

式中，$Z_{均}$ 为该学科在同类学位授予单位可获得的平均资源，$S_{均}$ 为该学科在同类学位授予单位可望企及的平均学术结构高度，而 A、B、C 均为值为正的常数，代表对应于资源、结构、产出的动力系数。

10.3 演化阻力

研究生教育结构的演化亦必然有其阻力。其基本阻力包括：由结构不匹配引起的黏性阻尼，由学科点发展过快产生的在知识位差影响下的恢复力，由层间跃迁门槛造成的消耗阻力。这三个因素可以统一地表达为

$$F_{阻} = D\left(S_{均} - S\right) \tag{10.4}$$

式中，假设 $S < S_{均}$，$S_{均}$ 为所在新层级的结构高度均值。式 (10.4) 右端的前置量 D 为呈正值的阻力系数，且与发展的速率相关。决定演化阻力系数的因素包括：资源投入不足、学术与学科嫉妒心、病态 (负面) 竞争、社会俗文化的侵蚀等等；描述为数学表达式则有

$$D = D_0 - D_1\left(Z - Z_{均}\right) + D_2 \mathrm{d}S/\mathrm{d}Z \tag{10.5}$$

而 D_0、D_1、D_2 均为值为正的常数，代表对应于环境侵蚀、资源不足、过度竞争 (即学科结构随资源的过度增长) 的阻力系数；$Z_{均}$ 为所在新层级的资源均值。对演化阻力的数学描述 (即式 (10.4) 与式 (10.5)) 可导致演化方程的率相关特征。

10.4 演化动力学方程

从研究生教育动力学的场方程出发，可得到演化动力学方程，其一般形式为

$$\dot{\xi} = f(\xi, t) \tag{10.6}$$

式中，$\xi = \{Z, P, S)$ 为广义变量，f 为广义的演化函数，t 为牛顿时间。可按照动力系统的一般理论 [4] 来分析研究生教育的演化动力学方程。譬如，若演化函数 f 中不显含时间 t，则动力系统为自治系统。自治系统的一个基本特征在于：一旦 $\xi(t)$ 是定义在时间边值问题 $t \in (a, b)$ 上的解，则 $\xi(t-\tau)$ 也是定义在时间边值问题 $t \in (a-\tau, b-\tau)$ 上的解。由自治系统还可得到不随时间变化的相图，从相图中可以揭示出动力演化的吸引子。常规吸引子为不动点与极限环，对高维非线性系统会有奇异吸引子 (或混沌) 的出现。

从一般性方程 (10.6) 出发，还可以经过消元处理，获得更简练的控制方程。若仅考虑一个学科或一所学校的演化动力学方程，且只考虑自上而下的研究生教育管理方式，见式 (10.1)，则对资源 Z 和产出 P 的控制往往由上方下达，以直接赋值的指令性方式实现。则式 (10.6) 可以简化为对学科结构的演化动力学方程，这时所有与资源和产出有关的量均视为输入量或控制量，我们有

$$\boldsymbol{M}\ddot{\boldsymbol{S}} + \boldsymbol{C}\dot{\boldsymbol{S}} + \boldsymbol{K}\boldsymbol{S} = \boldsymbol{u} \tag{10.7}$$

式中，$\boldsymbol{M}$ 为与学科演化有关的质量矩阵，$\boldsymbol{C}$ 为与学科演化有关的阻尼矩阵，见 10.3 节，$\boldsymbol{K}$ 为与学科演化有关的刚度矩阵，$\boldsymbol{u}$ 为对学科演化有关的控制与输入向量。若上述四个量仅与学科结构本身弱相关，则其线性化的方程与式 (7.10) 相类似，对其进行反馈控制的理论已经在 7.4 节中予以介绍。

方程 (10.7) 中的诸项可进一步加以讨论。例如，研究生教育动力学的演化方程必然包括瞬态项与稳态项，前者为从一个稳态发展阶段到另一个稳态发展阶段的转变效应，常为随时间的衰减项。若对动力学方程进行基于特征频率的傅里叶展开，即 $\boldsymbol{u}=U(\boldsymbol{s})\,\mathrm{e}^{\boldsymbol{s}t}$，$\boldsymbol{S}=\hat{S}(\boldsymbol{s})\mathrm{e}^{\boldsymbol{s}t}$，式中 $\boldsymbol{s}=\alpha+\mathrm{i}\omega$，这里 α 与 ω 均为实数。α 为正值代表随演化的增长项，α 为负值代表随演化的衰减项。将其代入式 (10.7) 可得，参见式 (7.12)：

$$\left(\boldsymbol{s}^2\boldsymbol{M}+\boldsymbol{s}\boldsymbol{C}+\boldsymbol{K}\right)\hat{S}(\boldsymbol{s})=U(\boldsymbol{s}) \tag{10.8}$$

通过式 (10.8) 可以方便地求解出频响函数，且该频响函数与特征方程 (7.11) 相同。使得频响函数不可逆的 $\boldsymbol{s}$ 值称为极点 (Pole)，即为特征方程的根：

$$\det\left(\boldsymbol{s}^2\boldsymbol{M}+\boldsymbol{s}\boldsymbol{C}+\boldsymbol{K}\right)=0 \tag{10.9}$$

对式 (10.9) 进行求解，可以根据特征根 $\boldsymbol{s}$ 中的实部 α 的正负来判断其增长或衰减特征。

10.5 稳态演化

考虑学科空间的演化动力学方程，此时不仅仅有随时间 t 的演化，还有沿着空间坐标 $\boldsymbol{x}$ 的演化 [5,6]。该种演化也可以分解为瞬态效应与稳态效应之和，其中的稳态演化常为某历史阶段的演化主基调。从该基调出发可以进行范数对比，即从稳态项与瞬态项的范数比来进行量级估算，从而判断能否忽略瞬态效应。当瞬态效应可忽略时，演化动力学方程退化为稳态演化方程，这时自变量由 $\boldsymbol{x}$ 与 t 缩减为相似性变量 $\boldsymbol{y}$。后者还可以由该方程对时空坐标的相似群特征而划分为平移式稳态 $\boldsymbol{y}=\boldsymbol{x}-\boldsymbol{v}t$ 与自相似式稳态 $\boldsymbol{y}=\boldsymbol{x}/f\,(t)$ 等。对前者来说，演化场在学科空间中以速度 $\boldsymbol{v}$ 进行平移，代表学科建设向着广度方向的拓展；对后者来说，演化场在学科空间随时间 t 自相似地放大，代表山型学科分布的隆起形成。与稳态演化相关的数学特征可参见力学家巴伦布莱特 (Barenblatt) 的著作 [7]。稳态演化生动地描述了研究生教育动力学的群体特征。

10.6 准静态演化

准静态演化系指可忽略动态惯性项的情况。此时作用在结构变量上的合力为零，定义在学科空间上的诸结构场处于平衡状态；维持该状态的资源输入和产品输出也处于平衡状态。这类演化称为准静态演化。由式 (10.6)，在速率项可忽略不计的情况下，准静态演化的平衡场可由下述方程得到

$$f(\xi, t) = 0 \tag{10.10}$$

准静态演化的一个场景是在学位授予单位 (即学校) 层面，这时学科之间的不平衡动力发展被共同发展的利益所消融，而成为所有学科的共同发展。不同学科的发展空间都得到了合理的分配，发展资源得到了最优的配置。这种由于不动点所造成的学科竞争的准静态却可能造就出诸研究组或整个学位授予单位的快速发展：资源共同增长，产品共同增长，学科结构共同长高。这是一个典型的“自律协同”状态。

10.7 演化引起层次跃迁

结构场变量演化到一定阶段，便可能引起层次跃迁。对某一层次 (如硕士层次) 的学位授予单位或学位点来说，其资源与产出有一个逐年增加的平均值；同时，其对应的上方层次 (如博士层次) 也有

一个逐年上升的 (对资源与产出的) 门槛期望值。一旦这两者的变化趋势出现发生相遇 (Cross-over) 的预期时，该学位授予单位或学位点便可能产生层次跃迁的冲动，寻求结构变量的突变。这也可以认为是该学位授予单位或学位点发展到社会心理学第 5 层次的需求，参见 10.2 节。演化引起的层次跃迁过程可以描述如下：(1) 自由发展的接近过程；(2) 约束发展下的进一步贴近过程；(3) 跃迁冲动的产生；(4) 学位授予单位或学位点主观能动性的发挥和虚拟资源的吸入；(5) 跃迁试探过程与跃迁过程，其跃迁的激活过程由式 (5.4)、式 (5.12) 和式 (5.14) 给出：

$$p = \exp\left\{-\left[U\left(q\right) - \frac{1}{2m}\dot{q}^2\right]/K_0 T\right\} \tag{10.11}$$

(6) 后跃迁过程，这时虚拟资源有实化或消散两种可能，在下一个竞争层次的存活变为首要问题。

与层间跃迁相关的定量预测将在 15.4 节中给出。

对层间跃迁的控制可采取下述措施：(1) 在研究生教育的层级要求上设立有一定刚性的门槛，即式 (10.7) 的右端控制项中反映学位授予申请的基本条件 [8]；(2) 设立对层间跃迁过程的资源要求，即增大式 (10.5) 中的 D_2 值，以促进在该过程中学位授予单位或学科点可以多方位地吸入资源；(3) 每个评审年可设立允许层间跃迁量的数量上限，即降低式 (10.11) 中的激活概率要求，以抑制层间跃迁的过度冲动；(4) 以明确的评审目标和对利益冲突的规避来规范评审程序；(5) 通过公示和独立的核查来形成实事求是的学风。

10.8　演化的评估

对研究生教育演化的评估是把握其发展节奏的关键。客观的评估参数包括：(1) 资源总量；(2) 产出规模；(3) 结构变量与资源、产出的协调度，可分为保守、适中、泡沫三个类别；(4) 演化的学科协调度，指学科布局在学科空间上呈密集状、散疏状、还是团粒状；(5) 学科结构的演化速度。文献 [9] 给出了现行的学位点的合格评估办法。

第五次学科评估正在全国展开。学科评估是一个世界性难题，其评价体系往往呈动态演化特征。我国的学科评价体系经历了“螺旋行进”于主观评价与客观评价之间的过程。建国初期，学科评价多采取基于专家评议的主观评价体系，但随后出现了学派之争，导致了部分压抑后进、有失公允的评价。20 世纪 90 年代伊始，南京大学率先推进基于客观引用数据的评价体系，在当时推动了评价的客观化、定量化。但随后行政部门乃至学术界为其客观性和操作简便性所倾倒，把客观评价体系推向极致，而同行评议的分量逐渐削弱。日积月累，对以定量指标为核心的评价体系怨声渐起，引发了我国从客观至上的评价体系向主客观结合的评价体系的转变。学科评估也历经了上述介于主观评价与客观评价的博弈过程。近日公布的《第五轮学科评估工作方案》[10] 的指导思想在于：深入贯彻党中央、国务院《深化新时代教育评价改革总体方案》[11] 精神，遵循教育规律，扭转不科学的评价导向，加快建立中国特色、世界水平的教育评价体系。对这一学科评估工作方案，著者有下述四点感触。

一是注重传承、但彰显创新的评价体系，可梳理出五项传承与五项创新。五项传承是：评估的组织方不变；学科评估的逻辑框架不变，仍取一级学科整体水平评估的基本定位；学科评估的核心指标不变，仍以“质量、成效、特色、贡献”为价值导向；学科评估的评价方式不变，仍采取以定量与定性评价相结合为基本方法；评估结果的发布形式不变，仍采取按照分档的粗粒化发布方式。五项创新是：在客观数据展示上采取结构性证据链，充分运用“融合评价”，建立专家“元评价”制度；在学术贡献划分上提出归属度原则，鼓励学科交叉融合和学科生态优化，确保跨学科成果合理使用；在指标权重上遵循重质量的原则，采用“计量评价与专家评价相结合”等方法，按照不同学科领域的习惯来衡量学术成果的影响力；在评估结果呈现上采取多元化优化分档，多元呈现评估结果，分类发布总体结果与提供单项评估结果相结合；注意到不同学科的体容量特征。

二是重公正，但涵养特色的包容范式。学科评估的核心在于保障评估指标体系下各个学科的平等性。我们要注重公正，但也要注意形成包容性范式，可以涵养不同的学科特色。在评估时应注意不能磨平各个学科的特色，而是做到“主体等同对待，特色有别陈述”。坚决不能搞“横向到边、纵向到底”的“一刀切”逻辑。要对不同类型的学科采取不同的分类评价范式。要强化分类特色评价，按一级学科分别设置指标体系，充分体现办学定位与学科优势。为做到这一点，评估体系的设计要采取包容范式，体现在：有充分数据支持的专家评审；专家充分酝酿规则下的数据注入；留出特色发挥空间，采取规定字数下的自选风格的描述语言；多维度评价，注重多元评价，采取多维方法。

三是重证据，但适度柔化的指标设置。我们要承认客观证据的必要性，也要承认一些良好指标对被评估对象的概括能力。反对一刀切的评价方法。数据是需要的，但断章取义地抽取数据是不对的。对教师队伍的评价也是一样。在工作方案中，不设人才“帽子”指标，采用“队伍总体结构与代表性教师相结合”的方法评价教师队伍质量，重视青年教师队伍情况。评价教师不唯学历和职称，避免了以往片面以学术头衔评价学术水平的做法。

四是重专家，但切断利益的同行评议。公平性是评审的计量基础，专业性是评审的权威体现。它们在所有的评审中是第一位的。对成果的评价来说，其下一层指标是颠覆性、适用面和影响力。对评估程序来讲，其下一层指标是客观性、逻辑性、能动性与灵活性。同行评议是各国通用的主观评价手段、其评价的基础是学术价值观的共识性。一个好的同行评议注重了专业性，还应考虑其公正性。我们应该尊重专家，但需要化解在同行评议中可能出现的非对称利益。在中国，同行评价的四个公正性障碍是：学术关系网，这主要指专家之间的学派归属、传承关系、合作关系等；利益冲突，这主要指评审专家与评审对象之间可能有的利益关联与利益输送关系；群体博弈，这主要指多个学科由于共同的评估利益而采取的一致性博弈行为；专家泛化，这是指因为“一刀切”地避免利益冲突，而产生的二流评一流的现象，影响了专家所应具有的权威性。前三个公正性障碍与不同专家之间、专家与评审对象之间的利益链有关。解决方案有两个，一是切断利益链，二是造成利益均等，这些都可以消除同行评议中的非对称利益。最后一个公正性障碍实为能力障碍或不作为障碍，可由一流专家等量参与的构架设计来解决。

参考文献

[1] 全国人民代表大会常务委员会. 中华人民共和国学位条例 (全国人大常务委员会令第四号)[A]. 颁布时间 1980-02-12，生效时间 1981-01-01.

[2] 孙宏斌. 能源互联网 [M]. 北京：科学出版社，2016.

[3] A. H. Maslow. Toward a Psychology of Being[M]. New York: John Wiley & Sons, 1998.

[4] J. K. Hale. Ordinary Differential Equations[M]. New York: Wiley Interscience, 1969.

[5] 杨卫. 研究生教育动力学——理论框架初探 [J]. 学位与研究生教育, 2006, (2): 1–9.

[6] 杨卫. 研究生教育动力学——定性讨论与案例构想 [J]. 学位与研究生教育, 2006, (4): 8–14.

[7] G. I. Barenblatt. Scaling, Self-similarity, and Intermediate Asymptotics[M]. Cambridge: Cambridge University Press, 1996.

[8] 国务院学位委员会. 学位授权审核申请基本条件（试行）[A]//《关于开展2017年博士硕士学位授权审核工作的通知》(学位〔2017〕12号). 2017-03-17.

[9] 国务院学位委员会. 学位授权点合格评估办法 (国务院学位委员会第三十六次会议审议文件之三)[A]. 2020-07.

[10] 教育部学位与研究生教育发展中心. 第五轮学科评估工作方案 [A]. 2020-11-03.

[11] 新华社. 中共中央、国务院印发《深化新时代教育评价改革总体方案》[A]. 2020-10-13.

第三篇

研究生教育动力学的定性讨论

关于研究生教育动力学的定性讨论要解决三个问题：一是其动力学发展的总体特征，包括其演化形态、发展阶段、关联特征，以及是否存在着终极的稳态；二是其动力学发展的结构特征，包括其分离或融通特征、发展斑图，以及是否可能出现混沌现象等；三是其动力学发展的绩效特征，包括其投入产出效益、扩张与凋亡，以及与人类知识演化的互动联系。这些定性讨论将会借助于动力系统理论来加以进行。

在本篇的四个章节中，将聚焦于下述问题：第 11 章集中于学科演化的特征，这也是研究生教育动力学的定性理论基础；第 12 章讨论学科演化的稳定性，并涉及研究生教育与社会需求的关系，并进而涉及学科的凋亡与互融，它们也可以视为学科的转移与再生；第 13 章阐述研究生教育动力学的投入/产出效益问题，兼顾讨论研究生教育动力学的不同阶段及其特征；第 14 章则专注于质量控制，这是学科发展的关键。

第 11 章 学科演化特征

研究生教育的动力学发展有三种典型特征形态，即自激发态、中间渐进态、和谐态。本章首先讨论这三种演化特征形态的形成与发展，然后讨论学科演化的诸种动力系统结构特征。

11.1 自激发态

自激发态是研究生教育发展的一种初期形态，这时既无边界条件约束，也无对结构和产出总量的控制约束，且对应的研究生教育结构尚没有滋生出耗散因素 (即没有阻尼项)。这时式 (10.7) 简化为

$$\ddot{\boldsymbol{S}} + \hat{\boldsymbol{K}}\boldsymbol{S} = \boldsymbol{0}, \quad \hat{\boldsymbol{K}} = \boldsymbol{M}^{-1}\boldsymbol{K} \tag{11.1}$$

若进一步考虑自激发态时各类学术结构变量之间的弱相关性，可忽略非对角线元素的影响。再进一步考虑约束刚度的均匀与各向同性，可将 $\hat{\boldsymbol{K}}$ 简写为 $\hat{K}\mathbf{I}$，其中 $\mathbf{I}$ 为单位阵，而 $\hat{K}$ 为一标量算子。再考虑沿学科空间的调和特征，可将式 (11.1) 进一步简化为

$$\ddot{\boldsymbol{S}} - \frac{\nabla^2}{\boldsymbol{c}^2}\boldsymbol{S} = 0 \tag{11.2}$$

此即为在学科空间发生的波动方程。其解为行波解 $\boldsymbol{S}(\boldsymbol{x} \pm \boldsymbol{c}t)$，这里 $\boldsymbol{c} = c\boldsymbol{\omega}$，其中 c 为传播速度，$\boldsymbol{\omega}$ 为单位长度的传播特征向量。假设激发时刻为 t_0，在学科空间的激发点为 $\boldsymbol{x}_0$，自激发态的数学表征为 $\boldsymbol{S}\left[(\boldsymbol{x} - \boldsymbol{x}_0) \pm \boldsymbol{c}\,(t - t_0)\right]$，颇为类似于波在无限空间的传播，可能存在着激波与波前。波前的高度由初始条件和资源注入量所决定。

11.2 多层次波前

对多层次的研究生教育 (如硕士层次和博士层次)，其演化形态属于多层次自激发态，这时可以出现多层次波前。层次之间可能出现摩擦或耗散，其例子包括在无效的层次跃迁冲动下所耗散的资源。我国研究生学位教育初期所显示的发展形态即为多层次自激发态。对多层次自激发态，往往先在最低的层次实现自激发，激发时刻为 t_0，在学科空间的激发点为 $\boldsymbol{x}_0$，其对应的自激发态的数学表征为 $\boldsymbol{S}_1\left[(\boldsymbol{x}-\boldsymbol{x}_0)\pm\boldsymbol{c}_1(t-t_0)\right]$，这里的 $\boldsymbol{S}_1$ 是结构变量 $\boldsymbol{S}$ 的一个最底层的子集 1，$\boldsymbol{c}_1$ 为第一底层激发态的传播速度。随着自激发态的进展，以及资源与产出的不断上升，其激活能达到了层间跃迁的要求，见式 (10.11)，于是往往在原中心激发点 $\boldsymbol{x}_0$ 实现了相邻层次的激发，产生激发的时刻为 $t_1>t_0$。这一激发态的数学表征为 $\boldsymbol{S}_2\left[(\boldsymbol{x}-\boldsymbol{x}_0)\pm\boldsymbol{c}_2(t-t_1)\right]$，这里的 $\boldsymbol{S}_2$ 是结构变量 $\boldsymbol{S}$ 从底层数第二个子集 2，$\boldsymbol{c}_2$ 为第二底层激发态的传播速度。以此类推，…… 若 $\boldsymbol{S}=\{\boldsymbol{S}_1+\boldsymbol{S}_2+\cdots+\boldsymbol{S}_n\}$，其中 n 为层次个数，则对多层次自激发态有

$$\boldsymbol{S}=\left\{\begin{array}{c}\boldsymbol{S}_1\\ \boldsymbol{S}_2\\ \vdots\\ \boldsymbol{S}_n\end{array}\right\}=\left\{\begin{array}{c}\boldsymbol{S}_1\left[(\boldsymbol{x}-\boldsymbol{x}_0)\pm\boldsymbol{c}_1(t-t_0)\right]\\ \boldsymbol{S}_2\left[(\boldsymbol{x}-\boldsymbol{x}_0)\pm\boldsymbol{c}_2(t-t_1)\right]\\ \vdots\\ \boldsymbol{S}_n\left[(\boldsymbol{x}-\boldsymbol{x}_0)\pm\boldsymbol{c}_n(t-t_{n-1})\right]\end{array}\right\} \tag{11.3}$$

11.3 中间渐进态

随着研究生教育的深入发展和规模的逐渐加大，在学科空间的填充度也不断提高。一方面，学科球面上更多的面积被覆盖；另一方面，被覆盖的层级不断加大。在教育产出不能马上转化为资源且学科建设尚不能实现自主成长时，就必然造成资源的摊薄乃至短缺。由此

反馈到控制，对结构总量和产出总量的宏观控制开始起到约束作用，研究生招生指标和研究生导师的增列数开始稀缺。与此同时，研究生教育的多层次结构开始出现耗散因素，如式 (11.3) 所表征的不同层次的激发时间的差距越来越大，不同层次的传播波速的差别也越来越大，开始不再呈初始的线性关系。尽管如此，在学科空间中尚未出现类似于边界条件的非宏观影响，所有对发展的制约都还表达在总量上。我们将这种演化形态称为中间渐进态，它是一种介于 (不受约束的) 自激发态和 (在约束下呈饱和发展的) 和谐态之间的过渡态，是一种介于行波解和驻波解之间的慢扩展波动解。其波前的运动，既不像行波解那样与时间成正比，也不像驻波解那样与时间无关，而可以看成一种 (由于资源的不足和不同层次之间的耗散所影响的) 缓慢进展。这种“减速前进”的中间渐进态可以视为一种局部自相似态，其数学表征可借助于力学中的有关理论 [1−3]。

对局部自相似态，其波前的运动速度正比于 t^α，此处 α 为介于 0 (驻波解) 与 1 (行波解) 之间的实数。对应的自相似变量为 $\boldsymbol{x}/t^\alpha$，而自相似解的表达形式为

$$\boldsymbol{S}(\boldsymbol{x},t)=\boldsymbol{S}(\boldsymbol{x}/t^\alpha) \tag{11.4}$$

当位于局部自相似态时，所涉及的资源配置、招生数量、导师人数等都可以采用自相似的方式进行，这样可以降低在不同发展程度的学科之间的摩擦与内耗。

11.4 和 谐 态

随着研究生教育的形态走向成熟，学科空间中可发展的部分逐步充满，不同的发展层次和学位种类 (如学术型与专业型) 也逐步充盈。边界条件开始制衡其发展。对多科性大学，所对应的学科及其有限的

相关学科均已充满；对综合性大学，所涉及的学科门类均已经发展成熟。学科边界开始对发展的波形起到反射或衍射的作用。方程 (11.2) 的驻波解开始出现。随着时间的推演，演变的瞬变效应逐渐消逝，研究生教育便步入诸结构要素协同发展的和谐态。和谐态还可以分为两种：一为稳态演化的和谐态，此时研究生教育的结构仍在惯性的作用下进行稳态演化，这时由缩减坐标 $\boldsymbol{\xi} = \boldsymbol{x}/t^{\alpha}$ 来描述方程 (11.2) 的自相似解，并将方程 (11.2) 转化为缩减坐标下的和谐方程求解。二为准静态的和谐分布，此时动力学影响已经基本消失，方程 (11.2) 简化为下述调和方程 (拉普拉斯方程)：

$$\nabla^2 \boldsymbol{S} = 0 \tag{11.5}$$

此时，研究生教育的结构处于平衡态，代表了一种相对静态但优化的布局。具体布局将由边界条件来决定。研究生教育的学科结构由调和函数或解析函数来表示。

11.5 学科的纵横关联

研究生教育动力学是在学科空间中展开的。学科空间既为研究学科演化提供了基本的研究手段，也为描述研究生教育动力学的结构特征提供了量化的依据。在学科空间中，可根据学科间的相关度来定义学科间的距离 [1]，亦参见第 3 章。这里强调指出：学科之间的关联应该从时空的双重角度上进行考量。从空间角度来说，可在 (任意指定的时间点上) 按照确切定义下的学科距离来描述学科间的相关度；从时间的角度来说，可按照两个学科在学科空间的历史发展轨迹来考察其相关度。所以，学科的关联是在动力系统意义下的关联。

在某一时间断面，还可以从学科树的角度上讨论学科间的纵横关联 [2]。一级学科中诸二级学科的关联称为学科的纵关联，具有近程强关联和较窄的关联幅。不同一级学科的某些二级学科之关联称为学科的横关联，具有远程弱关联和较宽的关联幅。除了上述两种可产生具体关联行为的学科间作用力外，学科间还存在着相互作用的背景力，类似于力学中的万有引力。学科万有引力的存在基础在于学术语言的共同性、学术规范的认同性，以及学人之间的互尊性。这种亲和力为跨学科的学术交流提供了驱动力。不同的学科基团间，由于知识结构的相似度或互补性，也可以形成促进学科交叉的基团作用力 (相当于物理世界中的分子基团作用力)。综上所述，与物理学中的四种基本作用力 (核力、电磁力、万有引力、弱作用力) 相类似，也可以用四种学科作用力来描述学科间的作用：一是纵关联力，它对应于物理学中的核力，可包括一级学科内的凝聚力和其中诸二级学科间的近程斥力；前者维持一级学科的组成架构，后者促成各二级学科的临界质量。二是横关联力，它对应于物理学中的电磁力，可代表由于知识互补或并行不悖促成的 (同极相斥且异极相吸的) 库仑效应。三是背景力，它对应于物理学中的万有引力，在这里可泛指学术圈中的三观认同力。四是交叉作用力，它对应于物理学中的弱作用力 (如范德华力、卡西米尔力、氢键作用力等)。

上述作用力对研究生教育动力学的功用体现在两个方面：一是影响诸学科在学科空间上的坐标；二是影响诸学科所涵养的场变量 (资源、结构、产出等) 的增长。从另一角度来说，诸学科的场变量，经过适当的加权，也可以影响上述四种作用力。举例说明：某学科资源的超常增加会改变其纵关联力的特征，类似改变物理学中核力表述的原子平衡间距或作用力切断半径；某学科影响力的快速上升可以增加其横关联力，类似物理学中由于电荷的不断蓄积所对应的电磁力增加，以及由此产生的顺磁效应或逆磁效应；某学科等效体量的快速上升可以增加背景力，类似物理学中由于质量增加对于其万有引力的影响；某学科活性基团的快速增加可导致其更强的交叉作用力，促进交叉学科的形成，类似化学中由于羟基增加而造成的氢键与亲和力。

11.6 演化的吸引子

研究生教育动力学的演化规律可借助于动力系统理论来加以定性探讨。同第 3 章，可记学科空间为 D，其中任一学科点的坐标为 $\boldsymbol{x}$；在该学科点的因变量记为 $\{Z,P,Y\}\equiv\boldsymbol{y}=\boldsymbol{y}(\boldsymbol{x},t)$，并以发展高度和发展动量为广义坐标 $\boldsymbol{\xi}=\{\boldsymbol{y},m\dot{\boldsymbol{y}}\}$。则研究生教育的动力学方程可概括地写为

$$\dot{\boldsymbol{\xi}}=\boldsymbol{f}(\boldsymbol{\xi},\boldsymbol{x},t) \tag{11.6}$$

式中，右端一般为非线性、非均匀、时变的动力系统算子，并可能包含控制量。建立在学科空间的研究生教育动力学体系将形成对学科演化的各类常规吸引子，如不动点、势阱、极限环等。由于方程的非线性特征，除常规吸引子外，还可能形成奇异吸引子 (Strange Attractor)。因此，学科的演化不一定是确定性的，也可能形成结构性混沌。

考虑已经处于发展稳定态的非时变系统，这时的资源投入、教育产出和结构演进都不再具有瞬态特征，式 (11.6) 简化为下述成熟态演化方程：

$$\dot{\boldsymbol{\xi}}=\boldsymbol{f}(\boldsymbol{\xi},\boldsymbol{x}) \tag{11.7}$$

对某一学科 $\boldsymbol{x}_0$ 而言，在其邻域处可将式 (11.7) 展开为

$$\dot{\boldsymbol{\xi}}=\boldsymbol{f}(\boldsymbol{\xi}(\boldsymbol{x}_0),\boldsymbol{x}_0) \tag{11.8}$$

该方程可视为以 $\boldsymbol{x}_0$ 为参数的自治型动力系统。在发展相空间中存在着对应于稳态发展 (其线性化方程以实部为主，实部为正对应于扩张

模式，实部为负对应为收缩模式) 和周期式振荡发展 (其线性化方程以虚部为主) 的内禀性吸引子。

对整个学科空间而言，又可能由于持续投入 (如科学技术中长期发展规划所规定的优先发展学科) 而造成外源性吸引子。随着时间的推移，外源性吸引子在学科空间上引起相空间变量 ξ 在优化发展处的富集，且可能诱发学科点的分裂。比如，在大力强调信息科学与技术时，可能因此从计算机科学学科中分裂出人工智能、数据科学等新学科，从电子工程科学中分裂出集成电路科学与工程这一新学科 [4]；当从“三个面向”扩展为“四个面向”时，由于新近强调的“面向人民生命健康”的提法，可能因此从临床医学这个一级学科中分裂出内科、外科、妇科、儿科等新的一级学科。

11.7　学科的热力学

本节讨论学科空间的热力学特征。该类特征在讨论学科迁移与演化时非常重要。我们可以抽象地引入“温度”的概念，它系指学科热度。冷门学科与热门学科就对应不同的学科热度。按照玻尔兹曼的统计力学理论，温度为单位体积中无序运动的粒子动能的总和。因此，研究生教育动力学中的温度就指在单位体积的学科空间中其教育体系构元 (如导师、学生、毕业生) 进行热无序运动 (既可能是受到激发，也或许由于浮躁) 的动能总和。

首先给出均匀热平衡体系的定义：若 (1) 所有学科点均处于平均意义上的静止态 (即其迁移速度场为零)；(2) 学科体系的所有能量均不随时间变化；(3) 所有的内禀性能量均与空间位置无关, 则称该学科体系处于均匀热平衡状态。注意：上述的第一个条件是指学科点处于宏观静止态, 此时，组成该学科点的诸组元仍可能保持一定的热振动，或具有一定的温度。对处于均匀热平衡下的学科体系，其存在着 $(n+1)$ 个状态变量。考虑两个分别处于均匀热平衡状态的学科系统 A 与 B。若使其产生充分接触后，其状态变量不发生变化，则称系统 A 与系统 B 处于热平衡，并记为 $A \sim B$。

对学科空间的热力学体系来说，可以仿照卡拉西奥多里 [5,6] 的热力学叙事架构来阐述诸热力学定律。热力学第零定律可以数学归纳为如下三条：(1)$A \sim A$；(2) 若 $A \sim B$，则 $B \sim A$；(3) 若 $A \sim B$ 且 $B \sim C$，则 $A \sim C$。其中第一条代表自身的热平衡，第二条代表交换律或热平衡的次序无关性，第三条代表传递律或热力学的第零定律。上述三条关系，从集合理论的框架下定义了一种等价关系，即系统 A(或集合 A) 与系统 B(或集合 B) 等价。对于只有一个独立性能变量的子集，可将其唯一的性能变量称为经验温标 θ。对一般情况，恒可将其 $(n+1)$ 个状态变量记为 n 个状态变量与经验温标 θ。

考虑具有不同经验温标 θ 的、并各自保持均匀热平衡状态的两个系统 A 与 B。若把它们放在一起，但却在两者之间构造一道绝热壁 (如学派门禁或学科壁垒)，则系统 A 与 B 仍可以维持各自的均匀热平衡状态。绝热壁可以起到热绝缘 (或学科隔绝) 作用。考虑一个由柔性的绝热壁 (不能传递热，但可以传递公共知识或学术影响力) 所隔离的、自身保持均匀热平衡状态的系统。该系统所做的功可定义为绝热功 ΔW。考虑两个处于均匀热平衡的任意状态，热力学第一定律可以陈述为：(1) 至少可以从一个方向，无论是从 A 到 B 还是从 B 到 A，来以绝热功的形式连通状态 A 与状态 B；(2) 该过程中所做的绝热功的数量仅取决于状态 A 与 B；(3) 绝热功 ΔW 是一个广延量。在理解上述定律的第 (1) 条时应注意：该定律只要求两个处于均匀热平衡的状态 A 与 B 可以至少从一个方向用一条绝热功过程来加以连通，它并不要求连通过程中的所有中间状态都必须处于均匀热平衡状态。

考虑一个参考状态 A。从热力学第一定律之第 (2) 条，并依次将之用于任意多个邻近的状态，并考虑到所选择路径的任意性，可知存在着一个状态函数 $U(C_1,\cdots,C_n,\theta)$；且对绝热过程，我们有 $\Delta W = \Delta U$，即绝热功等于状态函数 U 的增量。对一般过程，$\Delta W \neq \Delta U$，可写为 $\Delta W = \Delta U - \Delta Q$。对无限邻近的两个过程，有

$$\partial W = \mathrm{d}U - \partial Q \tag{11.9}$$

式中，"d" 指对状态函数的、与路径无关的全微分，而 "∂" 指可能与路径有关的微分增量。建立了状态函数 U 的存在性后，我们可将其解释为物理学中的高度或势能。将这一话语体系移植到研究生教育动力学，我们可以将学科空间中某学科的发展高度视为该学科的势能。因此，学科空间的热力学第一定律表明了学科内能的存在性。在学科状态的变迁过程中 (如层间跃迁)，可以不断累积的学科内能将起到重要的作用。该定律给出了学科建设的法理性基础。

进而考虑一个准静态过程。该类过程基于下述两条假设：(1) 对应于任何一个中间阶段，系统都处于均匀热平衡状态；(2) 令 $C_1,\cdots,C_n$ 为广延型运动学变量，则有

$$\partial W = \sum_{\alpha=1}^{n} \tau_\alpha \partial C_\alpha \tag{11.10}$$

式 (11.10) 中的 τ_α 是与所有自变量相关的函数，即 $\tau_\alpha=\tau_\alpha(C_1,\cdots,C_n,\theta)$，它也是 C_α 的功共轭。准静态过程对应于缓慢的加载过程，在载荷变化的每一个瞬间，都能够达到近似的平衡态。在准静态情形下式 (11.9) 可改写为

$$\partial Q = \mathrm{d}U - \partial W$$

$$
\begin{aligned}
&= \sum_{\alpha=1}^{n} \frac{\partial U}{\partial C_\alpha} \mathrm{d}C_\alpha + \frac{\partial U}{\partial \theta} \mathrm{d}\theta - \sum_{\alpha=1}^{n} \tau_\alpha \mathrm{d}C_\alpha \\
&= \sum_{\alpha=1}^{n} \left(\frac{\partial U}{\partial C_\alpha} - \tau_\alpha \right) \mathrm{d}C_\alpha + \frac{\partial U}{\partial \theta} \mathrm{d}\theta \qquad (11.11)
\end{aligned}
$$

上述推导过程的第二个等式利用了 U 的状态函数特征与式 (11.10)。由上式的形式可清晰地表明：∂Q 是其广延型运动学变量 $(C_1, \cdots, C_n, \theta)$ 的微分型 (即微分项的线性组合)。

热力学第二定律有不同的陈述方式，如开尔文、克劳修斯的陈述。这里为求与连续介质热力学的叙述相统一，采取了卡拉西奥多里的陈述 [5,6]：从一个处于均匀热平衡的任意状态出发，存在着一个不可能由绝热且准静态的过程所连通的邻近状态。这一陈述比较抽象，我们进行下述说明。考虑两个邻近的状态“1”和“2”。由热力学第一定律，至少可以从一个方向，由绝热过程来连通状态“1”和“2”。按照卡拉西奥多里对热力学第二定律的表述，存在着状态“2”，使其不能由始发于“1”的绝热、准静态过程来连通。在学科发展过程中，我们总能够找到独进的上行之路；但也始终存在着无法按照独进且安逸的方式抵达的目的地。下面给出上述陈述的数学推论。由微分方程理论，热力学第二定律的卡拉西奥多里陈述说明：由式 (11.11) 所定义的微分型具有可积性。也就是说，存在着两个状态函数 $F(C_1, \cdots, C_n, \theta)$ 与 $G(C_1, \cdots, C_n, \theta)$，使得

$$
\begin{aligned}
\frac{\partial Q}{F} &= \frac{1}{F} \left[\sum_{\alpha=1}^{n} \left(\frac{\partial U}{\partial C_\alpha} - \tau_\alpha \right) \mathrm{d}C_\alpha + \frac{\partial U}{\partial \theta} \mathrm{d}\theta \right] \\
&= \mathrm{d}G = \sum_{\alpha=1}^{n} \frac{\partial G}{\partial C_\alpha} \mathrm{d}C_\alpha + \frac{\partial G}{\partial \theta} \mathrm{d}\theta \qquad (11.12)
\end{aligned}
$$

在数学理论中，式 (11.12) 中的 F 常称为积分因子函数，G 常称为该积分因子的关联函数。注意：这里引入的状态函数 $F(C_1, \cdots, C_n, \theta)$

与 $G(C_1,\cdots,C_n,\theta)$ 并不唯一，而是可能有无穷多组。但在所有的积分因子函数中，仅有一个唯一的积分因子 (可相差一个常数倍数)，它仅与经验温标有关，可将其记为 $T(\theta)$，称其为热力学温标。它所对应的关联函数为 $S(C_1,\cdots,C_n,\theta)$，称其为熵，它既可以视为状态因变量，也可以视为自变量。于是，对一个准静态过程，由热力学第二定律，可将式 (11.12) 化简为

$$\partial Q = T\mathrm{d}S \tag{11.13}$$

将热力学第一定律与热力学第二定律合并，并由该方程右端的等式与状态自变量 S 与 C_α 的任意性，可得

$$\begin{aligned} T &= \frac{\partial U}{\partial S}\mathrm{d}S \\ \tau_\alpha &= \frac{\partial U}{\partial C_\alpha} \end{aligned} \tag{11.14}$$

热力学温标 T 与熵 S，热力学场强 τ_α (又称为热力学力) 与热力学自变量 C_α (又称为热力学流) 分别为对应于状态函数内能 U 的功共轭对。在学科发展时，学科热度与学科熵 (包括混合熵与构型熵)、学科建设力与学科发展流也分别为对应于学科内能函数的功共轭对。

在热力学体系中，能量是蕴藏于体系之中的做功能力的一种量化描述。其中最为基本的应是由于体系本身所产生的能量。除此之外，还有束缚于体系之中的能量，亦称为内能 U；和可以自由释放的能量，亦称为自由能。从拉格朗日力学的叙事结构中，可以轻易地获得对一个运动学系统能量的描述。当体系的内能 U 不显含时间变量时，体系的拉格朗日量 $L = T - U$ 同样不显含时间，可推导得

$$T + U = E \tag{11.15}$$

此式称为广义能量积分或广义能量守恒，此时所代表的 $T + U = E$ 也称为能量积分。在我们所讨论的学科空间中，它代表学科势能。

比照力学理论，学科势能应为学科内能 (即该学科的体量) U 与投入功组成。内能项占优的学科称为内聚式学科，它体现了学科的亲和力；投入功占优的学科称为迁移式学科，它可能随着投入的转移而迁移。无论是学科的内禀式发展，还是学科的迁移式发展，都只代表学科发展的行为，而没有高低之分，均意味着新知识的诞生和新人才的塑造。

11.8 学科间的界面

不同学科间存在着界面。界面体现了学科体系中不同组元在法律层面 (不同的证书)、知识层面 (不同的学科课程)、文化层面 (不同的学术传承)、人脉体系 (不同的班级和学术圈子) 的不同。这些不同可以用学科界面的多层次不协调度来体现。若采用力学描述，可以用学科界面能来表征这种多层次的不协调度。学科界面能的存在彰显了学科间的斥力。造成学科界面能的原因是多方面的。从内涵的角度来看，不同学科的学者群体之间就有界面能，如在学位点评审时评议组专家经常做出某某不是本学科认可的学者这类判断，从而给出对该学位点的负面评价。在专家评审中，往往也会自觉或不自觉地抵制学者的跨界行为。从知识结构与研究手段来说，不同的学科均有各自认可的清单，从而形成各自一统的学科话语体系。从外涵的角度来看，还可以有资源投入路径不同 (如从事两个不同类型重大项目的专家) 产生的界面能，管理分割产生的界面能，留学学派不同所产生的排斥性界面能等等。

与各种分割不同人群的疆界一样，学科界面是一个随时间演化的过渡性界面。当今的学科界面所在地在历史演化的长河中会有着不同学科所曾占据的比例。所以，这类界面实际上是在相邻学科 A

与 B 之间过渡的一个界面层：垂直于界面层，其历史隶属度 (采取褪色记忆描述) 从完全的 A 学科 (A 学科隶属度为 1，B 学科隶属度为 0) 而单调地、逐渐地过渡到完全的 B 学科 (A 学科隶属度为 0，B 学科隶属度为 1)。在过渡区，可以由于学科间在历史和文化上的融合而产生融合能，它是由于不同学科间由于多项表征的差异而产生的应变能。这里对应的应变为相邻学科在某项表征的差异与表征长度的比值 (如不相同的学位课学时数与总学时数的比值)，而应力为与该项应变在学科功效意义上的功共轭。对弹性过程，各分项的应变能可简单地理解为各项应力与应变乘积的一半，对这些分项求和就得到全应变能。将该全应变能沿着学科过渡带进行积分，就可以得到学科界面能。

学科间的界面能越高，学科间的差异就越大，学科间的隔阂也就越大。学科过渡带是减少这一隔阂的有效方法，并可以减缓沿着学科界面的断裂 [7]。

参考文献

[1] 杨卫. 研究生教育动力学——理论框架初探 [J]. 学位与研究生教育，2006，(2): 1–9.

[2] 杨卫. 研究生教育动力学——定性讨论与案例构想 [J]. 学位与研究生教育，2006，(4): 8–14.

[3] G. I. Barenblatt. Scaling, Self-similarity, and Intermediate Asymptotics[M]. Cambridge: Cambridge University Press, 1996.

[4] 国务院学位委员会. 关于设置“集成电路科学与工程”一级学科的建议 (国务院学位委员会第三十六次会议审批文件之二)[A]. 2020-07.

[5] L. Pogliani, M. N. Berberan-Santos. Constantin Carathéodory and the axiomatic thermodynamics[J]. Journal of Mathematical Chemistry, 2000, 28(1): 313–324.

[6] J. H. Weiner. Statistical Mechanics of Elasticity[M]. New York: Wiley, 1981.

[7] W. Yang, C. F. Shih. Fracture along an interlayer[J]. Int. J. Solids & Structs., 1994, 31: 985–1002.

第 12 章 学科演化的稳定性

学科演化的稳定性不仅仅具有理论上的意义，即判断一个或一群学科的兴衰，也具有应用上的意义，即指导资源的配置。学科演化的稳定性有三项内容：一是学科发展能否会趋于一个稳态，此时学科可在有保障的资源输入下得到平稳的发展；二是能否保障学科的团聚性，抑或学科是否会出现由于失稳而导致的分叉或分裂；三是交叉学科之间能否出现稳定的融合态，该状态得以更好地加持可供利用的资源。

本章将从讨论稳态学科的演化斑图入手，探讨这三个稳定性问题，并在最后四节探讨学科的凋亡与互融。

12.1 学科演化的斑图

人才与知识组成学科的内涵。物以类聚、人以群分，学科演化可体现为人才的学科汇聚图和知识的学科繁衍图。前者体现了随学科内聚能的积累和资源投入而产生的各类人才的偏聚作用；后者则体现该学科的专有知识的繁衍过程，直接与原始性创新、集成式创新、协同创新等知识增殖过程相联系。学科演化具有演化斑图 (Pattern) 的特征。产生不同类型演化斑图的外因在于资源的非均匀投入，其内因在于学科的团聚与排斥。学科演化斑图可分为三种类型：(1) 孤立式学科演化，即相邻学科在其各自的演化过程中鲜有交互作用发生；(2) 连通式学科演化，即相邻学科在演化过程中逐渐融于一体；(3) 团聚式学科演化，即相邻学科在演化过程中既发挥了正向的交互作用，又保持了自身的特色。

学科的演化是一个动力学过程，也是一个兼具扩散与相变的过程。可以仿照材料相的斑图形成来说明在研究生教育动力学中的斑图形成。材料的组织由基本的物相来刻画。由一个相组成的组织叫单相组织，由两个或多个相组成的组织叫两相或多相组织 [1]。相图代表各相所占据的区域划分，是体现热力学平衡的产物。确立相图的基础是各物质相所对应的自由能。相变动力学研究相变的发生和发展，相变速度和终止过程，及其影响因素。制约相变动力学的关键是描述相变进程的动理学 (Kinetics) 方程。这类方程描述一个能量上有利、但却要跨越一个能量势垒的过程。[2]

在热力学平衡下，所呈现的相应该是其热力学自由能为最小的相或相混合。在热力学相变理论中，称涉及物态变化的相变 (如固态、液态、气态之间的变化) 为零级相变，这时自由能本身发生阶跃式变化。同在固态中，但原子堆垛形式的变化称为固态相变。根据吉布斯自由能对热力学自变量的高阶导数发生不连续的情况，可以将固态相变进一步进行分级。若相变时其体积或熵 (它们均为对自由能的一阶导数) 发生间断变化的相变为一级相变，它们伴有结构变化和相变潜热。若结构形式基本上保持不变，但其排列方式发生变化，称为二级相变。其例子诸如有序无序转变，这时其对应的自由能函数值的一阶导数值是连续的，但其二阶导数值却发生突变。

学科演化的斑图可视为在学科发展而激发的亚稳分域，类似钢在冷却时由奥氏体转变为珠光体片层的过程。对后者而言，片层的厚度取决于相变动理学，该学说制约着过冷与碳元素的扩散过程。在一个学科分解为多个学科的转变过程中，如从一个建筑学分解为建筑学、城市规划、景观设计三个学科的过程，也同样会出现亚稳分域。这时的控制方程即为相场法 (Phase Field Method) 方程，它是以金兹堡—朗道 (Ginzburg-Landau) 理论 [3] 为物理基础，通过微分方程来体现具有特定物理机制的扩散、有序化势和热力学驱动的综合作用，通过计算机编程求解，从而获取研究体系在时间和空间上的瞬时状态。在不同的学位授予单位的总体环境下，由学科发展而激发的亚稳分域也会不尽相同。

12.2 稳态学科演化斑图

以学科势能为纵轴，以学科发展动量 (扩张速度) 为横轴，可构成学科演化的相空间。如 12.1 节所述，在有节制的资源投入下会出现稳态的学科演化斑图。斑图代表了一个混合的多相组织，这里的“相”指具有确定学科传承的衍生态。多相组织的存在可源于新的科学挑战 (Grand Challenges in Science，涉及多学科)，或归因于新的技术瓶颈 (卡脖子问题)，或归因于资源投入的新热点。多相组织是由具有不同学术传承的学人由于兴趣驱动或资源驱动而形成的协作性组织。其存在需要满足三个条件：一是其复合能力应该大于单相组织的简单混合，即复合相的自由能应小于同体积单相自由能之和

$$\Delta G_v = \alpha G(A) + (1-\alpha) G(B) - G(A+B) > 0 \tag{12.1}$$

式中，α 为 A 相的体积百分比；二是其形核存活时间应该超过研究生教育培养周期，这需要有相当长时间的资源注入；三是其相变核的尺度应该超过其可以稳定生长的临界尺寸。这里对第三个条件做以下解释。多相体形核的实质是：复合相胚体由于其单位体积的自由能减少 ΔG_v 而不断从相邻母相中得到新资源而继续长大。可将该相变时，每单位面积界面的界面能记为 σ_S。对半径为 r 的球形相胚，相变产生的自由能变化为

$$\Delta G = -\frac{4\pi}{3}r^3\Delta G_v + 4\pi^2\sigma_S \tag{12.2}$$

该自由能是相胚半径的 r 函数。当相胚在临界半径形核时，系统的总自由能最高。随后的相胚长大可以自发进行。令式 (12.2) 右端的导数为零，可以得到临界形核半径 $r_{cr} = \frac{2\sigma_S}{\Delta G_v}$。在该半径下的形核功称为临界形核功，它恰为临界晶核表面能的 1/3。该部分能量靠原相中的能量起伏来提供。[2]

当自由能随二元学科相的成分比 x 的变化曲线出现两弧相交的尖点时，任何围绕尖点的成分起伏将导致自由能下降。这时，将自发地触发上坡扩散，形成成分不同的区域，区域大小随学科热度下降而缩小。这种转变被吉布斯称为亚稳限，后来被命名为“Spinodal 分解”，中文意为“亚稳分域”。其定解的数学物理方程是坎恩 (John W. Cahn，1928—2016) –希拉德 (John E. Hilliard, 1926—1987) 方程。亚稳分域的进展速度由其动理学方程来决定。

可根据相空间上的吸引子位置来做出学科演化斑图的定性描述。先以吸引子为不动点的情况为例。若吸引子位于相空间的右半平面 (即其特征根的实部大于零)，学科发展处于扩张态；学科内能 U 的增加 (即经质量加权后的体量增加) 以资源投入的增加为补偿，以保持学科势能 E 的不变。若吸引子位于左半平面 (即其特征根的实部小于零)，学科发展处于收缩态；学科内能 U 的减少是资源投入削减的后果，以保持学科势能 E 的不变。若吸引子位于纵轴之上 (即其特征根为纯虚数)，学科发展处于平衡态；学科内能与资源投入均不变，因此学科势能亦不变。若吸引子为极限环，则学科的发展可趋于一种往复的振荡态，出现学科间或膨胀、间或收缩的周期变化。若吸引子为奇异吸引子，则学科的发展可趋于一种混沌的变化态，但这种混沌属于一种结构性混沌，奇异吸引子的位置，尽管出没不定，还被控制在一定的范围之内。

12.3　学科的分叉

学科建设达到稳态后，由 5.2 节中所对应的学科点作用方程会对学科空间产生横向的张力。产生这一张力有三个原因：(1) 学科所对应的资源输入出现了碎片化的形态；(2) 学科的结构变量出现了向存在内涵差异的学科分支进行团聚化的趋势；(3) 学科的教育产出大于学科的常规需求属地的增长。

该横向张力的作用会随着稳态过程的持续而不断加大。按照欧拉的失稳理论，当这一横向张力小于某一定值时，学科领域的均匀伸张解是唯一存在的伸张形式；但若该横向张力达到某一临界值时，则可能出现解的分叉，类似力学中的拉伸颈缩失稳解。这样。我们就可以把力学理论用于研究学科的分叉问题。

产生学科分叉的临界张力值与多种因素有关，参见力学家柯伊塔 (Warner T. Koiter，1914—1997) 的著作 [4,5]。首先，它与学科发展的不完美性 (Imperfection) 有关，不完美性越大，对均匀解所造成的扰动也越大，临界张力值就越低。其次，它与学科分叉的模式 (Wave Number) 有关，分叉的波形越多，代表对实现该波形所需的能量越大，临界张力值就越高。再次，它与学科发展的动力学频响过程 (Kinetics) 有关；学科的横向流动越容易与某一资源起伏形成共振，说明对应于该频响的扰动发展越大，对应的临界张力值就越低。最后，它与学科建设的缺陷或短板 (Defect) 有关；就像格里菲思 (Griffith) 的断裂力学理论一样 [6]，缺陷尺度越大，其对应的能量释放率就越大，临界张力值就越低。

12.4 投入 / 产出效益的稳态

稳态的学科演化斑图也导致学科建设骨架的稳态，也随即可以实现学科建设变量 Y 的稳态，见 5.6 节。随着投入稳态和产出稳态的相继出现，投入/产出效益也将达到稳态。若把稳态视为一个可以实现局部最优的势阱，则达到稳态的特征时间取决于三个因素：(1) 稳态下的特征投入量与初态投入量之差，该差别越大，所对应的特征时间越长。(2) 稳态下的学科内能，该内能越大，所对应的能垒就越高，达到稳态所需要的特征时间就越长。(3) 学科跃进的活跃度，相当于热力学中代表分子无规振动动能的 KT 项。对研究生教育来讲，政策越宽松，学科跃进的活跃度就越大，实现稳态的特征时间就越短。在稳态下，由于仍然存在着学科发展的动能，还不一定到达学科发展的最优态。只有在平衡态下，所有学科发展的躁动都可以平静下来，实现了一种“教育过程各尽所能、教育资源按需分配”的状态，这才是投入/产出效益的最优长期态。西方资本主义国家的大学，在其发展的黄金时代，曾经得到过这样的投入/产出效益的最优长期态，参见文献 [7]，但近年来风光不再 [8]。我国研究生教育期待于在 2050 年后达到这样的稳态。

12.5 院校层次结构的稳态

学科演化的稳态可以在不同的层次上实现。其中一个重要的层次是院校 (或学位授予单位) 的层次。院校是具有完备功能的一级法人，可以实现对学科的资源配置；学校是学科的物理载体，可以在学校的平台上开展学科建设；院校又是学位条例 [9] 所授予的学位管理单位，对研究生教育的产品负责。我国的大学，作为学位授予单位有两种类型：一种是可以自行开展学位点审核的大学，目前有 33 所；

其他各校的学位点审核均要由国务院学位委员会诸学科评议组 (或得到授予的各省的学位委员会) 来进行。对前一类来讲，稳态的学科演化必然随后导致院校层次结构的稳态，这里既包括现有学科及层次结构的稳态，也包括新增学科或层次的稳态。而后者是借助于稳定的年度比例增加而控制的。院校层次的结构稳态包括三个内容：(1) 院校学科结构的稳态，学科评估为制衡这一稳态提供了工具，比如浙江大学为了在第四次学科评估取得好成绩，取消了原有的近十个一级学科。(2) 院校管理结构的稳态，在全国近百所大学中，均已经建立了具有院、处、科三级管理结构的研究生院，并在不久的将来会对研究生院进行评估；我国也成立了协调各校研究生院发展的“中国学位与研究生教育学会”。(3) 院校资源配置的稳态，很多学校都已经对研究生名额分配、生均拨款分配、导师资源确定、研究生管理条例、研究生培养的导师负责制等事项制定了稳定的政策。

12.6　教育 / 社会需求的稳态

对区域层次或全国层次来说，稳态的学科演化也必然导致社会对研究生教育需求的稳态。大约从十五年前起，我国对新增研究生学位授予单位开始进行旨在实现供需基本平衡的指标配置。这里的需求是以各省的体量 (如人口) 和经济社会发展水平 (如人均 GDP) 来衡量，供给是以现有的研究生学位授予单位数量来衡量，包括博士学位授予单位与硕士学位授予单位两个层次。当然，不能完全依靠这种配平方式来解决问题，因为它有可能造成“等、靠、要”心理。同时，由于研究生就学而引起的人才地缘流动也是社会流动的一个重要组成部分。这一流动可能产生两重具有社会学意义的后果：一是以“孔雀东南飞”所表征的人才流动；二是由这一人才地缘流动而带来的财富由东南到西北的辐射。另一个措施是采用东西部对口支援的形式。比如，其他省市培养的博士很难有主动意愿在青海、贵州工作，但通过东西部大学之间的对口支援，如清华大学与青海大学、浙江大学与贵州大学，使得青海大学与贵州大学迅速形成了博士生规模培养的能力，有助于这些西部省份研究生教育稳态的形成。人们认识到：在区域层次也可能实现研究生教育在不同区域内的稳态，尽管其稳态值可能随着不同的区域有高有低。对全国层次也有可能实现研究生教育在全社会的稳态，尽管这一稳态也必然伴随着研究生及其导师的地域间流动 [10,11]。

12.7 和谐式的学科演化

和谐式的学科演化是内耗最小的学科演化。内耗的来源有三：一是学科的内禀耗散，二是学科的外延耗散，三是学科的界面耗散。学科的内禀耗散要通过体制和机制的改革来解决，如合理地在学科内部配置研究生教育资源，使年富力强的导师有更多的指导研究生机会。其正面的例子包括北京大学、清华大学为准聘/长聘系列教师优先配置博士生资源。此外，还应尽可能少地“微细管理”(Micromanaging)研究生教育；过多的微细管理往往并不能提高研究生教育的质量均值，只能减少其标准差。学科的外延耗散主要由外延成本过大造成，包括学科能力平台的不足、学科评价过于强调其核心文化、对学科扩张的开拓行为缺乏激励等等。要进一步激励学科拓荒，并在学科边界布局 PI 团组而不是大团队。学科的界面耗散主要根由之一在于学科界面能过高，形成对学科发展的约束，进一步造成学科界面内侧的畸变能。界面耗散还与导师队伍的学科密集配置有关，造成学科内部的板块化和团队之间的内界面。要通过学科合作来降低学科界面能，如形成 12.1 节中所述及的复合学科组织或亚稳分域，甚至形成固溶体相。

和谐式学科演化的三个特征是：(1) 在区域和全社会层面上，实现供需比平衡，减少高耗散不合理的人才单向流动，实现在资源和需求框架下的和谐分布，促进以内循环为主的人才双循环。(2) 在学科空间上，实现学科结构的和谐，该种结构和谐应该以互惠共荣、低界面能和混相组织的出现为特征。(3) 在学校层面上，实现学校间发展动力的和谐和学校内部资源配置的和谐，并得以实现兼顾学校历史传承和未来方向的学科布局。

12.8　学科凋亡与互融

对相对成熟的学科，其发展必然出现一定程度的零和博弈现象。这表现在：一是逐步失去对学生的吸引力，如本科生大类招生确定专业时出现单边指向的学生转系，研究生招生时第一志愿生源不足，专业调剂比例增加等等；二是逐步失去追梦的年轻教师，新教师不再关注本学科核心方向的发展，而转至边缘或交叉方向；三是教育方案陈旧僵化，出现经典教案数十年仍可照搬，教学大纲不断被微细管理的情况；四是由于新学科往往环绕老学科分出，致使原有学科的外延扩展被新生学科所束缚，出现了只能在老学科领域内部精耕细作的场景。所有这些表征，均呼唤着成熟学科的重组，它包括学科的凋亡、转移与融通。

学科除了增设、扩展与分裂等拓展手段外，还可以进行凋亡和互融等收缩行为 [10,11]。与细胞的凋亡与互融相类似，这是一种新陈代谢，是一类在体系的调控下所采取的主动收缩行为。与学科的衰竭 (或细胞的坏死) 不同，进入程序式凋亡或互融的学科 (或细胞) 中的全部能量将被纳入到新生或扩张的学科 (或细胞) 之中，从而实现生生不息的学科 (或细胞) 发展循环。

学科的凋亡可采取两种形式：终结式学科凋亡与转移式学科凋亡。前者指由于该学科的内能不断下降而引致的凋亡；后者指由于该学科在学科空间中的不断转移而引致的凋亡。在随后两节中将分别介绍这两种凋亡形式。

12.9 终结式学科凋亡

对前一种过程，学科凋亡的起因可能是内生动力不足，如资源枯竭、知识陈旧、人才凋零等，也可能是由于上一级学位管理组织的主动作为。学科的凋亡可以有四个阶段。其一，下降段：往往由于投入缺失，导致稳态演化的无法维持，学科发展处于收缩态。其二，陈旧段：新知识产出逐渐减少，并由于新形成的知识少于被更新的知识而导致该学科知识内涵的缩减，并进一步引发学科核心知识内容的过时。其三，消散段：由于资源和知识创新的衰竭而导致学科精英的四散，并进而影响学科的教育产出和学术构架的更新。其四，终结段：该学科的体量小于维持一个学科存在所需要的门槛值，导致终结式学科凋亡。

在这一过程中应当注意到下述控制措施：(1) 要做好骨干研究生指导教师的有序转移，为今后可能的凤凰涅槃留下火种；(2) 要尊重每个研究生的教育过程的完整性，维持研究生教育的契约精神与尊严；(3) 要保护该学科的全部知识，以便温故而知新，并尽可能地在相邻学科中得到应用；(4) 要保留该学科文化传承的历史地位，如在北京大学重建工科，在清华大学重建理科，在浙江大学的四校合并，均体现了这种尊重历史传承的精神。终结式学科凋亡既是一项痛苦的决策，也是一个痛苦的过程。有道是“沉舟侧畔千帆过，病树前头万木春”。学科发展就是一个不断磨砺的过程。

12.10 转移式学科凋亡

与终结式学科凋亡不同，在转移式学科凋亡的过程中，原学科的主体 (包括研究生、导师、能力平台、知识体系、培养体系) 均被集中地转移到一个新的学科领域。该过程可以是分次、序贯进行的，也可以是一次完成的。

转移式学科凋亡的过程也有四个阶段。其一，发展转向段：由于投入缺失，导致稳态演化的无法维持，学科发展方向出现偏航以吸收更多的资源；这一偏航往往能得到该学科大部分研究生指导教师的认同。其二，知识转向段：学科核心知识向其他学科偏转，并进一步形成跨学科知识；同时，未转向部分的学科知识逐渐老化。其三，人才转向段：学科精英的群体转移，其与上一过程的区别在于原学科精英的主体均转移到大家所共同认可的领域，这一转向往往会得到其上级学位管理机构的认同。其四，转向完成段：转向的学科已经完全塑造出新的学科构架，原学科的残部逐渐消失，导致转移式学科凋亡。

在这一过程中应当注意到下述控制措施：(1) 所有的骨干研究生指导教师要对所转移的学科有认同感；(2) 要尊重每个研究生的学科选择权和教育过程完整性；(3) 要保护原学科的全部知识和文化传承，做好向转移学科的嫁接，以进一步拓展转移学科的内涵；(4) 转移后的学科，无论是新设立的学科还是处于膨胀期的现有学科，应该有良好的发展性。转移式学科凋亡往往是一项大胆的决策，就像两万五千里长征，是一个“树挪死、人挪活”的过程。

12.11 学科互融与共荣

无论是对转移式学科凋亡的接收，还是现有学科之间的兼并，都有一个学科互融的问题。对所有处于发展阶段的学科，又有一个学科共荣的问题。所以，学科互融与共荣是学校层级的宏观调控应该关注的事宜。

学科互融是逆研究生教育学的四项基本假设而动的举措 (参见 0.5 节)：它背离了学科个体假设而行，将重新诠释学科个体的利己性和有限理性；它抛弃了资源稀缺假设，寻求重新解释供求原理和均衡分析 [12]；它改写了产品继承假设，而是引入融通继承的概念；它在一定程度上响应了控制递减假设，剑指对研究生教育的学科专业目录的自下而上的追求 [13]。

对学科互融而言，需要重新分析学科间的基本作用力。学科互融是 11.5 节中所讨论的学科间横向关联的一种形式，它具有远程弱关联和近程较宽 (可横跨一个一级学科) 的关联幅。这一学科互融行为，受到多种学科间作用力的作用，部分起促进作用，部分起消散作用。一是学科间类似万有引力的长程引力，该引力弱化了学科个体假设，造成了学科互融的长程亲和力，尽管强度有限。在学科互融的情景下，相邻学科出现了万有引力的强化存在，它得益于由于长时期的学术交流而赋予的学术语言共通性、学术规范认同性以及学人之间的互尊性。这种亲和力为跨原一级学科的学术交流提供了驱动力。二是原诸一级学科本身的纵关联力，它彰显学科个体假设和产品继承假设，其内容包括一级学科内的凝聚力和其中诸二级学科间的近程斥力，并对试图接近融通的其他一级学科也产生斥力。这一作用力预示了学科融合的罕见性，而学科之间具有较高界面能的界面，就是这种排斥力的表现。三是横关联力，它指不同的学科基团间，由于知识结构的相似度或互补性，所形成的促进学科交叉的基团作用力 (相当于物理世界中的分子基团作用力)。横关联力为学科互融提供了具有化学媒介意义的关联诱导力，从而在局部撕开了对学科个体假设的突破口。四是由于不均匀的资源场分布而产生的诱导力。在资源快速扩张的情况下，通过学科互融而产生的强化学科点能够造就对外界资源更大的吸引力，从而实现一加一大于二的情景。这一情景可突破研究生教育的资源稀缺假设 (尤其对应于互融后的学科才能够达到该快速发展学科所需的临界质量的情况)，从而形成可称之为融合力或化学力的短程引力。总之，学科互融是在资源性外力的维持下，由物理弱作用，到分子基团的氢键式作用，再进而实现进程的化学价键作用的过程。

当某个领域成为经济、社会与科技发展的优先领域时，由于资源投入的丰袤，其所直接对应的学科也必然得到繁荣。在这类优先发展的学科周围将形成学科间的排斥区、遥吸区和汇聚区。处于排斥区的学科，由于资源投入向相邻的优先学科倾斜，自身的发展受到抑制，因此必然排斥该优先学科的发展。处于遥吸区的学科，由于其人才被相邻的优先发展学科吸走，也必然对该优先学科的资源优先投入持比较复杂的态度。只有处于汇聚区的学科才能够从该倾斜政策中受益。因此，学科的互融有两种可能的模式：(1) 学科的收缩式互融，在收缩的边缘上出现“灯下黑”；(2) 学科的共荣式互融，由于大体量的倾斜投入以及跨学科合作效果，造成学科发展的“一荣俱荣”。

学科共荣的最佳体现为：在现有的历史传承基础上，能够以一种最佳的方式来吸收可争取到的资源，培养更高质量的研究生教育产品，孕育学科共荣体的知识体系、能力平台和人才队伍。如果资源可以用招生选择性与科研经费量来表征，教育产品可以用学位授予质量与数量来表征，知识体系可用学术贡献 (包括研究论文、专利、应用成果与获奖) 来表征，能力平台可用实验室能力 (包括覆盖度、硬件水平、固定资产数等) 来表征，人才队伍可用各类人才量、师资断面和评价体系来表征，就可以得到一个较全面而又抓住了关键表征指标的学科发展轮廓。由学科共荣而产生的学科群将是基于共同利益基础上的最稳定的学科群。从研究生教育的管理角度而言，任何一种学科共荣的优化策略都应该是有指标、但又不唯指标的策略。

自 2014 年来，我国通过“关停并转”等方式，调整了硕博学位点 2600 余个 [14]，其中各学位授予单位累计撤销博士、硕士学位点 1600 余个，增列博士、硕士学位点 1000 余个。这一举措，体现了学科变化的力度，对引导学位授予单位主动优化学科专业结构、提升研究生教育质量发挥了重要作用和实践案例。[14]

参考文献

[1] 徐祖耀. 金属学原理 [M]. 上海：上海科学技术出版社，1964.

[2] M. A. Meyers, K. K. Chawla. 金属力学——原理及应用 [M]. 程莉，杨卫译，黄克智校. 北京：高等教育出版社，1989.

[3] V. L. Ginzburg, L. D. Landau. Towards the theory of superconductivity[J]. Original in Journal of Experimental and Theoretical Physics, 1950, 20: 1064–1082.

[4] W. T. Koiter. On the stability of elastic equilibrium[D]. Delft: Delft University, 1945; W. T. Koiter. Elastic stability and post-buckling behavior[J]. Proc. Symp. on Non-linear Problems, 1963, 257–275.

[5] 黄宝宗，任文敏. Koiter 稳定理论及其应用 [J]. 力学进展, 1987, 17(1): 30–38.

[6] 杨卫. 宏微观断裂力学 [M]. 北京：国防工业出版社，1995.

[7] C. Kerr. The Use of the University[M]. 5th ed. Cambridge: Harvard University Press, 2001.

[8] D. Bok. Our Underachieving Colleges—A Candid Look at How Much Students Learn and Why They Should Be Learning More[M]. Princeton: Princeton University Press, 2006.

[9] 全国人民代表大会常务委员会. 中华人民共和国学位条例 (全国人大常务委员会令第四号)[A]. 颁布时间 1980-02-12，生效时间 1981-01-01.

[10] 杨卫. 研究生教育动力学——理论框架初探 [J]. 学位与研究生教育，2006, (2): 1–9.

[11] 杨卫. 研究生教育动力学——定性讨论与案例构想 [J]. 学位与研究生教育，2006, (4): 8–14.

[12] 王东京. 经济学笔谭 [M]. 北京：中共中央党校出版社, 2005.

[13] 国务院学位委员会办公室. 交叉学科设置与管理办法（试行）[A]. 2021.

[14] 中国教育在线：我国六年调整硕博学位授权点 2600 余个 [N]. 中国科学报，2020-12-29.

第 13 章
投入/产出效益

学位管理与研究生教育既承担着为建设创新型国家所需的拔尖创新人才的培养工作，又承担着与国家中长期科学技术发展纲要相协调的学科发展工作。这两项宏大的任务需要我国研究生教育的和谐发展 [1]。对这一和谐发展的一个适宜的度量是研究生教育与经济、社会、文化、区域发展的和谐程度。从另一方面来讲，研究生教育的投入/产出效益也决定了其发展速度与发展形态。

13.1 投入/产出效益的定量描述

在确定的学科结构变量下，以投入资源为分母，产出的人才、知识和固定资产为分子，便得到表观的投入/产出比

$$\eta = P^*/Z \tag{13.1}$$

式中，P^* 为在式 (4.1) 和式 (4.2) 中所定义的加权产出。投入/产出比是投入/产出效益的一种度量。我们这里再仔细地考查一下式 (13.1) 中的分子与分母。若从历史的发展维度来考察，式 (13.1) 中的分子与分母应当为一段历史时期内产出与投入的时间区间增加量，即

$$\eta = \Delta P^*/\Delta Z \tag{13.2}$$

该式中的分子应该包括人才、新知识与成果和学科建设设施等变量在一定时间区间内 (如 5 年或 10 年) 的增加值。若将某学科新培养的人才与退出活跃研究期的人才之差额 $\Delta P_{人}$ 称为人才的增殖，将其新形成的知识与更新的知识之差额 $\Delta P_{知}$ 称为知识的增殖，将其新形

成的学科平台设施与更新淘汰的学科平台设施之差额 $\Delta P_{设}$ 称为设施的增殖，则有

$$\Delta P=\Delta P_{人}+\Delta P_{知}+\Delta P_{设} \tag{13.3}$$

若进一步考虑产出的质量加权，参见式 (4.2)，则有

$$\Delta P^{*}=\int q\mathrm{d}\Delta P \tag{13.4}$$

再考虑式 (13.2) 中的分母。由于知识是可传授的且具有零边际成本的资源，所以在研究生教育中实际的投入是以人力、物力、财力为表征 (但不包括知识) 的不变资源。因此有

$$\Delta \mathrm{Z}=\Delta Z_{人}+\Delta Z_{财}+\Delta Z_{物} \tag{13.5}$$

所以，以式 (13.1) 所定义的表观投入产出比在实际上 (考虑到知识的零边际成本) 等价于式 (8.2) 所定义的研究生教育效益 (假设对同一历史时期进行统计)。因此，投入产出比可以准确地定义为下述比值：

$$\eta=\int q\mathrm{d}\Delta P/\left(\Delta Z_{人}+\Delta Z_{财}+\Delta Z_{物}\right) \tag{13.6}$$

式中，q 为质量权重函数 $q=\dfrac{Q}{\bar{Q}}$，$\bar{Q}$ 为该学科的平均产出，见式 (8.1)。式 (13.6) 分母上的 $\Delta Z_{人}$ 由演化方程 (5.17) 所制约，$\Delta Z_{财}$ 见对式 (5.25) 中各项的解释，$\Delta Z_{物}$ 代表物质资源的消耗，包括一次性使用与折旧。研究生教育的效益还可以用知识创新指数来衡量，可将其定义为知识产生与知识传授之比，详见 8.6 节。

无论是投入/产出比、人才的增殖，还是知识的增殖，均与学科演化的过程有关。其中，有关学科演化的动力学方程由 5.2 节和 5.6 节给出，人才与知识的增殖由 5.4 节给出。投入与产出都是历史上长期作用的结果。它们不是一时一事之功，而是积跬步行千里之举。所

以，式 (13.6) 中的产出与投入项恰恰为对一定历史时期 (如 5 年或 10 年) 的时间积分。

这里需要指出：η 值的数值水平与变化趋势标志着研究生教育不同形态的发展特征，并由此可以刻画其自激发态、中间渐进态与和谐态。

13.2 自激发态的投入/产出效益

在自激发态下，研究生教育的动力过程既未受到对学科演化边界条件约束，也未遭遇对结构和产出总量的控制约束，且对应的研究生教育结构尚未形成耗散因素 [2,3]。这时的投入/产出效益可实现无约束的最优化，即直接对式 (13.6) 所对应的目标函数进行优化。可将式 (13.5) 中的投入 $\Delta Z_{人} + \Delta Z_{财} + \Delta Z_{物}$ 分为两部分：(1) 门槛投入——指建立一定的学科结构 (如硕士点或博士点) 所必需的投入，对应于相关学科的基本条件 [4] 中有关导师数量与质量的基本要求、师均科研经费要求、学科点教育和科研平台的基本要求等；(2) 再发展投入——指上述门槛投入之上的投入。

$$\Delta Z = \Delta Z_{槛} + \Delta Z_{发} \tag{13.7}$$

前者是基于今后的产出预期而实行的先期投入，对其往往并不期待有近期的回报；而后者是基于近期的产出状况而进行的追加投入，一般期待有更大的回报。根据式 (13.6) 中的 η 值历史变化，可划分为三个变化区间：(1) 学科孕育期，此时仅有可累积至门槛投入 $\Delta Z_{槛}$ 的先期投入，而产出只有些许间接性预备产出 (如研究生导师积累、平台建设、学科知识增强等)，η 值很低且学科往往不能自给，要仰仗公共资源的调入；(2) 学科起飞期，随着学科点的获批，研究生培养量迅速加大，而新增加的投入仅有再发展投入 $\Delta Z_{发}$，η 值跳至高位，且可能进一步上升，学科成为学校研究生教育公共资源的新增长点，开始反哺学校的研究生教育；(3) 学科成熟期，随着学科的进一步发展，资源需求加大，产出与再发展投入趋于一起伏不定的 η 值，学科发展逐渐走出自激发态。

由 η 值变化历史的三个区间段，可见产出/总投入之比刻画了自激发态发展的全过程，包括其动力 (如对未来起飞段的期盼)、机制 (如学科竞争机制、学科评估机制)、调控手段与资源的注入和输出过程 (先期投入 + 中期反哺)。这里不难论证：产出/再发展投入之比随该学科扩张速度加大而下降，但产出/总投入之比随扩张速度的加大有一个先升后降的关系。由该曲线的极值点可得到最佳扩张速度。

13.3　中间渐进态的投入/产出效益

中间渐进态是一种局部自相似态。随着时间的推演，学科球面上更多的面积被覆盖，且被覆盖的层级不断地加大。当外界注入的资源不能相似地增长时，就必然要求学科产出所致的转换资源能够补足这一不足。若学科建设不能实现自主成长时，就必然造成资源的减薄，由此反馈到控制，对结构总量和产出总量的宏观控制开始起到约束作用，研究生招生指标和研究生导师的增列数开始稀缺，从而达不到学科自由生长所对应的扩张速度，而进入一种对应于较缓慢扩张速度的自相似态。按照动力学演化的描述，参见 15.4 节，每个学位授予单位 (或学科授权点) 的即时的投入产出效率 $\mathrm{d}Y/\mathrm{d}Z$ 应该与 Y 成反比。对某一个资源统筹区域来讲，当对研究生教育的年度预算固定时，参与的学位授予单位越多，即时的投入产出效率 $\mathrm{d}Y/\mathrm{d}Z$ 就越小。同理，对一所大学来讲，当该校对研究生教育的年度预算固定时，参与的学科授权点越多，即时的投入产出效率 $\mathrm{d}Y/\mathrm{d}Z$ 也就越小。

在中间渐近态下，在自激发态下形成的研究生教育的多层次结构开始出现耗散因素，如式 (11.3) 所表征的不同层次的激发时间的差距也越来越大，开始不再呈现出初始的线性关系。由于蕴含着耗散因素，中间渐进态下的最佳扩张速度低于自激发态下的最佳扩张速度。为了提高中间渐进态下的投入/产出效益，需要调整其多层次学科结构以降低层间的内耗。在经过对扩张速度和层间结构平顺性调整后，中间渐进态的投入/产出效益可望达到一个稳态渐进值。

尽管存在着耗散，使得投入/产出效益有所降低，但在学科空间中还未出现以边界条件所代表的强制性制约，对学科发展的所有制约都还体现在对总量的增量控制，尚没有出现零和博弈。同时，由于初始的门槛投入无需再增加，其在总投入中的比值会越来越低，这样也可以收割一部分预投入红利。中间渐进态所对应的投入/产出效益介于 (不受约束的) 自激发态和 (在约束下呈饱和发展的) 和谐态之间，是一种仍可随着时间增长而缓慢进展的效益增加。对这种 “减速前进” “逐渐变平” 的中间渐进态的数学表征可借助于力学中的有关理论 [5]。

13.4 和谐态的投入/产出效益

随着研究生教育的发展形态走向成熟，学科空间中可发展的部分逐步充满，不同的发展层次和学位种类 (如学术型与专业型) 也逐步充盈，学科发展在边界与厚度上都将受到约束。在边界条件和资源总量的制衡下，研究生教育可以选择如下两条方略，或兼而有之。一是 “拓荒” 方略，通过开辟新的学科处女地而与其他学科联手造就 “交叉学科”，在 2020 年 8 月召开的国务院学位委员会会议上已经通过了交叉领域的设定，并随后推出了《交叉学科设置与管理办法 (试行)》[6]。二是“深耕”方略，通过不断地优化学科结构，逐渐接近一种深耕后的和谐态。在和谐态下，资源投入的总量受到约束。其结构的演化受到固定资源投入的强烈限制，逐渐逼近于最优结构。对稳态演化的和谐态，其结构仍在惯性的作用下进行稳态的演化；对准静态的和谐分布，可实现研究生教育结构的最佳布局。此时投入已逼近于常数，扩张速度逼近于零，而产出在最优结构下取最大值。所以，准静态和谐分布时的投入/产出效益达到最优发展值。不同学科的投入/产出效益逐渐趋同。按照调和方程著名的最大/最小值原理，学科群体发展时所对应的投入/产出效益的最大值与最小值仅可能在学科群体的边界学科上发生。

和谐态的出现，可以从大学和国家这两个层次来考虑。对大学层次来说，我国大学从 20 世纪 50 年代院校调整开始，就有着五种不同的学科特色大学，分别是：文理综合类、理工类、师范类、专科类、艺术类。针对这一历史状况，必须要借鉴“类型决定发展路径、特色决定组织架构、人才决定上升高度、文化决定历史地位综合”的发展战略[7]。对文理综合类大学，其文理学科门类均已经发展成熟，宜采用峰峦构架、稀疏配置、网状联络的形式，通过建设新工科，来形成真正的综合型大学。这里的“新工科”对不同的大学可以表达不同的含义：它可能是以细胞分裂的方式新分出来的工科，可能是以边沿扩张的方式新成长出的工科，可能是采用稀疏配置的方式而设立的新构架下的工科，可能是通过热点交缘的方式而交叉形成的工科，也可能是在工程科学的新理念下设计的工科。对理工类大学，其工科往往比较厚重，要通过院群构架、团粒结构、分进合击的方式，并建设与之配套的新文科、新理科。对师范类大学，可以采用与文理综合类大学类似的方式，以外延构架、岛状结构、交叉联络为特征，来构筑师范类综合型大学。对专科类和艺术类大学，所对应的学科及有限的相关学科均应实行厚重配置，以山型构架、梯队结构、纵横联络为特征，确保在行业领域的充满度。

从全国研究生教育的层面上看，在研究生教育方面应该实现六个维度的和谐态[1]：(1) 不同教育体系 (国民教育体系、国防教育体系、党的教育体系) 的和谐发展将保证党政军一体的综合效益；(2) 不同管理系统 (自主审核学位单位和中央/地方学位委员会管理的学位授予单位) 的和谐发展将保证研究生教育不同成熟阶段的培养经验的迁移效益；(3) 不同地域 (东部、中部、西部) 的和谐发展将保证地缘政治学意义上的效益，并通过东西部对口帮扶、东中西互动的方式来强化地域辐射效益；(4) 不同培养层次 (博士、硕士、学士、大专高职、中学中专) 的和谐发展可保证在研究生教育供需两侧的配置效益，随着我国从全面小康走向四个现代化强国，培养层次也应从金字塔结构向枣核结构演进；(5) 不同学位类型 (学术型、专业型) 的和谐发展，体现了供与需、白领与蓝领的协同效益；(6) 不同学科领域的和谐发展，体现了人民对不同类型美好生活的向往所对应融合效益。

参考文献

[1] 杨卫. 研究生教育的和谐发展. 消息几则 [J]. 学位与研究生教育, 2005, (12): 37.

[2] 杨卫. 研究生教育动力学——理论框架初探 [J]. 学位与研究生教育，2006, (2): 1–9.

[3] 杨卫. 研究生教育动力学——定性讨论与案例构想 [J]. 学位与研究生教育，2006, (4): 8–14.

[4] 国务院学位委员会. 学位授权审核申请基本条件 (试行)[A] //《关于开展 2017 年博士硕士学位授权审核工作的通知》(学位〔2017〕12 号). 2017-03-17.

[5] G. I. Barenblatt. Scaling, Self-similarity, and Intermediate Asymptotics[M]. Cambridge: Cambridge University Press, 1996.

[6] 国务院学位委员会办公室. 交叉学科设置与管理办法（试行）[A]. 2021.

[7] 杨卫，常若菲. 开放式工程教育 [J]. 科教发展评论，2021，待发表.

第 14 章

质 量 控 制

在寻求研究生教育的高质量发展时，对研究生教育的质量控制是首先需要解决的问题。其难点在于：(1) 时延性，研究生教育质量的现状往往不能用基于当前数据的表征指标来准确且又有说服力地体现出来，这时应该用考虑时延反馈控制的动力学理论来处理这一问题 [1]；(2) 模糊性，无论什么样的判断都可以找出鲜活的反例，统计数据也不能让所有人信服；(3) 主观性，不同的观测个体有不同的判断，对质量的感受因人而异；(4) 演进性，对研究生教育的质量判断缺乏绝对的参照系，每个人都可以用自身 (且不断演化) 的价值观来做出判定，对质量的判定有自评价性。

为克服这些困难，这里试图用一种客观的、确定的、现象学的、因素式的描述方法来预测和控制研究生教育质量的可控部分，而不管其紊动或模糊的特征。这非常类似于流体力学中对湍流的讨论，即用相对确定的湍流结构演化加上湍流的统计理论来给出一种朦胧的预报。

14.1 质量控制的因素法

对研究生教育进行定量描述的难题之一在于对研究生教育质量的刻画。研究生教育的绝对质量可定义为凝结于平均受教育者的广义知识浓度 [2,3]。在 4.2 节中，我们将质量定义为对某一个研究生教育产品的社会感知密度，这是一个相对质量的定义，它表示培养质量与社会期待质量的符合程度。4.2 节还给出了采用质量的权重函数表示法来统一地表达质量与数量，即式 (4.2)。

就这一定义下的质量而言，可将教育质量用其期望值与方差来刻画。对质量的期望应该随投入人均资源上升而上升，随产出总量上升而下降，随结构变量的优化而提高。在 8.3 节中，给出了对质量期望与质量方差的描述方程。比如，对博士生教育的质量均值来说，按其主要影响的因素次序排列来看，分别为：导师的品质均值、研究生教育投入、研究生的敬业精神、研究生的初始品质均值等，且与这些参数均为正相关。对博士生教育的质量方差来说，其主要影响的因素的次序排列为：管理、研究生的品质方差、导师的品质方差等 [4]。博士生教育的质量方差与研究生品质方差和导师品质方差正相关，并随着管理的加强而下降。

下面将按照现象学的表征方法来阐述教育质量的期望值与方差随着这些参数的定性变化。

近年来，研究生导师的品质均值处于稳中有升的状态，且导师的年轻化非常明显。国家自然科学基金面上项目是通过资助导师的科研项目而资助博士生培养的一条重要渠道，每年应该可以新支持 1 万—2 万名博士研究生。如图 14.1 所示，从 2010—2017 年，该类基金项目获得者的平均年龄下降 7—8 岁，标志着博士研究生导师的迅速年轻化。近十五年来，研究生教育的人均投入不断增加。十五年前启动的研究生培养机制改革，其目的是让研究生的研究更好地与导师的研究项目结合起来，其中一个举措就是让导师从研究经费中拿出一部分来支持研究生。从很多导师的观察来看：研究生的敬业精神大致保持了以往的状态，但从事研究的初心逐步从好奇心驱动转变为事业心驱动、甚至是就业心驱动。这也是研究生教育从最初的精英教育逐步转向规模化的高学识人才教育 (其经济学目的是形成一支稳定的中产阶级预备军) 所必然会发生的情景。研究生的初始品质均值和生师比与一二十年前大致持平。针对有些导师出现生师比较高的问题，各校逐步放宽导师资格，让年轻的、有能力的副教授可以通过竞争独立指导博士生。对新一代研究生的评价是：他们具有更强的信息获取能力、学科知识面和英语水平，但其深度分析能力和坐冷板凳的决心有所下降。导师对于研究生的数量需求，不同的学科存在差异。研究生数量巨大的导师通常采取下述若干种指导方式：(1) 对工科、医科、农科中主持重大项目的导师，常采取由集群式研究任务带动的团队式指导方式；(2) 对作为理科著名实验室的负责人的导师，常采取针对大科学挑战的集众智指导方式；(3) 对作为社会科学领域高影响学者的导师，常采取针对热门话题的数据或民调收集项目的指导方式；(4) 对作为人文学科著名教授的导师，常采取针对文化探究的百川汇海型指导方式。对追求宁静致远、以“有限目标”“十年磨一剑”等理念为指导方针的理工农医及社会科学门类的研究生导师，对文科和艺术学科，或追求高雅或特立独行的研究生导师，则往往不需要有过多的研究生。研究生教育改革的一项重要任务是改革研究生统一入学考试。对这一统考不能过于强调、强化，而应该定位于其适度的位置，否则必将对本科教学 (尤其是三年级下学期和四年级上学期) 造成冲击。然后，要进一步加大自主方面的成分，加大导师的权力，形成研究生、导师、学位授予单位之间的命运共同体。当然对于教学型的研究生，比如 MBA、MPA 等，还是要在一定程度上依赖于统一招考。[5]

现在大家经常担心导师权力过大会产生一些弊端。但我认为如果导师使用他自己的资源培养研究生，由于利害关系，他从学风、利益和学术的角度，肯定会希望招到更合适的学生。这既与人才培养的目标一致，也与公权力的目标不发生冲突。当然也不能排除少数导师为获取另外的利益，在招生上不公平、不公正，可以视为一种学术不端行为。但如果仅仅是因为这种概率很小的弊端，就废除大面积的自主权，这显然是因噎废食。所以如果导师通过自己的项目为研究生提供经费支持，应该给予其更大的自主权或自由裁量权。

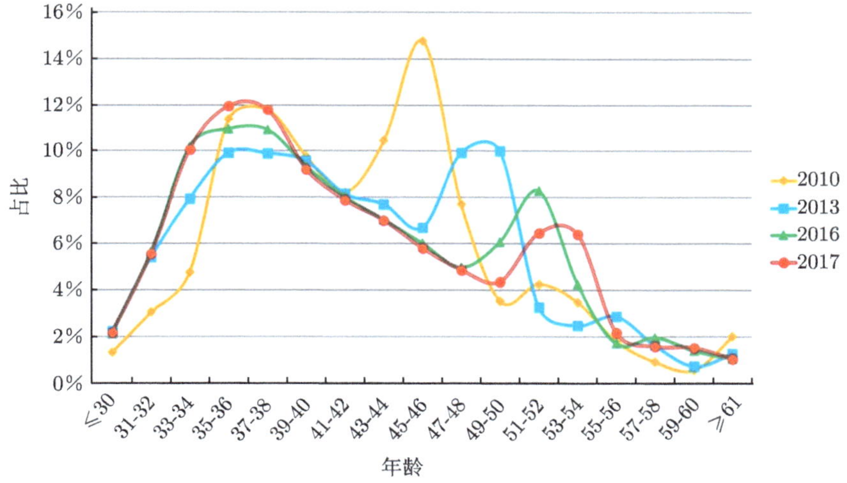

图 14.1　国家自然科学基金面上项目获得者的年龄分布

导师与研究生的关系是一个值得研究的命题 [5]。在研究生教育的早期，学生比较少，导师和研究生的关系是一种基于个人指导的师徒式关系。但学生增多后，需要建立一些公共性质的监督、支持体系，师徒式关系就转变为导师、学生和培养环境 (研究生院) 的协调关系。如果导师带的学生越来越多，导师的水平也不均一，就会出现研究生教育参差不齐现象，于是产生了在一个研究组中，由多个导师构成的导师组。导师组的出现，其实是一把双刃剑：一方面可以有多个导师对研究生培养质量进行监管；另一方面具体的指导老师也可能对研究生的指导不再负有唯一的责任。所以导师和研究生的关系，逐渐从比较单纯的师徒关系，转变为一个培养研究生的整体环境。

有鉴于此，对研究生教育进行质量控制应该从学科、学位授予单位和国家三个层面进行。从学科层面，对研究生教育进行质量控制的主要措施是：(1) 逐步建立研究生的导师资助制和负责制；(2) 博士生的增幅应当小于纵向科研经费的增幅；(3) 博士生的招生资源配置应该与学校中各学科的学术声誉、导师分布、学生意愿等达到基本相匹配；(4) 在动态发展阶段，研究生招生应该向优质导师倾斜，在稳态发展阶段，应该对研究生导师队伍做好断面控制，不应该形成明星级导师对一流尖子研究生的垄断。

从学位授予单位的层面来说，对其内部研究生教育质量的主要控制手段包括：(1) 由学校的学位委员会对诸学位点进行有关学位授予的许可式管理；(2) 由研究生院对诸学位点的日常运行和培养质量进行评估；(3) 每年研究生招生资源的分配；(4) 研究生教育生均拨款的投入；(5) 对学位的政策制定与研究生教育的学风管理；(6) 对优质研究生教育质量的奖励与表彰 (如评选学校优秀博士学位论文等)。

从国家的层面来说，对研究生教育质量的主要控制手段包括：(1) 对学位授予单位和学位点的行政许可式管理；(2) 对现有学位授予单位和学位点的质量评估；(3) 每年招生资源的分配；(4) 研究生教育生均拨款的投入；(5) 对不同学位授予单位和学位点的政策调控 (如学位自主审核单位)；(6) 对优质研究生教育质量的奖励与表彰 (如一度实施的国家优秀博士学位论文等)。

14.2 质量的可控制性

影响质量的因素变量有些是外变量，有些是内变量。质量控制仅针对外变量而言。对质量控制方程可以进行敏感度分析。质量控制的敏感度可定义为质量随参变量变化的方向导数。在参变量空间中绘出这些方向导数的集合，便得到质量控制敏感度的参变量方程。我们把质量控制敏感度较高且控制代价较小的区域，称为质量演化的可控制区域。投入、生师比、管理、机制是最容易进行质量控制的参变量。

投入是保障研究生教育资源的重要因素。世界上很多发达国家(如美国或欧洲国家) 往往是通过控制国家级的科研项目经费总量来控制研究生教育的规模与质量。在国务院学位委员会颁布的《学位授权审核申请基本条件》[6] 中，最重要的一项门槛条件就是要保障在博士学位授权申请单位有每年师均 10 万元的科研经费。对具体的博士点，应有每年师均 20 万元以上的科研经费；对博士生导师，应有年均 50 万元左右的科研经费。拿我所任教的浙江大学来说，2021 年研究生的数目大约比 2006 年前增加一倍，而学校的预算却增加为十五年前的 3 倍以上，生均科研经费一直处于稳步上升的过程。

生师比是控制研究生培养质量的重要指标。在导师质量均值保持不变的前提下，研究生培养质量随着生师比的上升而呈复杂变化。当生师比过高时，如大于 8—10，研究生教育的质量均值一般随生师比的上升而下降；当生师比适宜时，如 3—8，随着生师比上升，导师的生均投入时间缩短，但同门师兄弟之间的互相帮助与互相激励却增强，因此研究生教育的质量均值可能出现比较复杂的变化；当生师比较低时，如 1—3，导师恒可以保证充足的投入时间，且随着生师比上升，同门师兄弟之间的互相帮助与互相激励有所增强，这时研究生教育的质量均值可能随生师比上升而上升。对大多数导师来说，由于其在研究生培养过程中的成果共荣性，都希望有更多的研究生加入其指导团队。因此，通过设立一定的生师比上限来控制这些指导团队的无序扩张是必需的，而这一控制上限要顾及其所在学科和所对应导师的具体情况。学科热度越大、导师可用于研究生培养的经费体量越大，导师以往培养研究生的质量业绩越好，这一上限就可以适度提高。

管理指对研究生教育的规范性程度的贯彻，它可以减少研究生教育的方差。管理有四种类型：一是一般性管理，它用于指定研究生教育的一般性规范，如《研究生手册》《导师手册》，并指定各种评审、评价、评估的程序，类似于优化过程中的目标函数确定；二是底线管理，即确定研究生教育质量的下边界，超越该边界就会采取严厉的惩罚措施，类似于优化过程中所设立的约束条件与对应的罚函数；三是高线奖励，即施加研究生教育质量的上部吸引力，对高端的质量业绩采取额外的奖励措施，类似于学习过程中所设立的加权吸引与对应的峰值奖励；四是结构调整，即优化配置研究生教育的资源与结构，以便于更好地释放研究生教育的内能。

机制可以包括对研究生招生机制和研究生培养机制的改革。从研究生教育动力学的意义来说，机制改革有三方面的内容：一是能量学意义上的改革，即扬弃研究生教育中不必要的禁锢或约束，充分释放研究生教育体系的内能；二是运动学意义上的改革，即调整研究生教育体的内部结构，包括在学科空间的布局和在培养层次的定位，从而得以在今后获得更多的资源，实现更高的质量；三是动力学意义上的改革，即刺激和增强研究生教育体的内生动力，寻求更大的发展目标，吸引新的人才，活化其结构，从而得以在今后可以冲击更高的高度。

14.3 质量控制的优化

进行质量控制 (包括增加投入、减少招生规模、加强管理力度、进行研究生培养机制的改革、改变研究生招生方法等) 往往需要付出代价。所谓质量控制优化就是要使得该代价函数取最优值。为了减少这一代价，需要遵循三个原则：(1) 不回溯以往原则，即当采取惩罚性约束或资源限制措施时，要注意采用“老人老办法、新人新办法”的原则，来回“翻烧饼”往往只能付出更大的代价，造成紊乱与耗散；无论是学科的热力学 (见 11.7 节)，还是物理世界的热力学，都应该避免无谓的熵增，这与力学世界中的时间箭头性是一致的；(2) 先试点后铺开原则，即重要的体制机制改革的大范围铺开前，要先进行试点，取得经验，如当前正在进行的交叉学科设置的改革[7]；(3) 360 度考量原则，即对重要的体制机制改革，要全面地分析改革所涉及的所有利益攸关方，改革的主导方要进行各个方位的换位思考，才能前行。

为了辅助这一决策过程，在质量控制前，应该对所可能采取的质量控制方略进行优化，以得出最优的结论。有两种高选择率的质量控制方略：(1) 最小代价控制；(2) 基于敏感度分析的最优质量改善率控制。对前者来说，应该定量地找出一个代价函数，包括资源代价 (如追加的经费投入)、产出代价 (新产出与原期望产出的差值)、结构代价 (如能力闲置、人才流失等) 等内容。并将这一最小代价与将来质量提高的期待值进行比较。对后者来说，应该定量地找出一个质量函数，并可以将其用控制量的参变量的函数形式来表达。在控制参变量小扰动的情况下，求出质量函数的变化率，即为其敏感度。通过敏感度分析可以得到其最有效的质量控制方向。

很多学位点的发展都遇到是否进行层间跃迁的判断。应该以质量为纲来分析层间跃迁的利弊。若层间跃迁对研究生教育的质量提高有利，便应该促进这一努力，反之则应抑制这一努力。这里的“质量提高”包括三重含意：一是要有利于该学位授予单位或学位点的研究生教育的质量提高；二是要有利于全国同类学位授予单位或学位点的研究生教育的质量提高；三是要有利于全国同类学位授予单位或学位点的研究生教育的资源配置，即可争取到更多的资源而不是摊薄了资源。

参 考 文 献

[1] H. Y. Hu and Z. H. Wang. Dynamics of Controlled Mechanical Systems with Delayed Feedback[M]. Berlin: Springer-Verlag, 2003.

[2] 杨卫. 研究生教育动力学——理论框架初探 [J]. 学位与研究生教育，2006, (2): 1–9.

[3] 杨卫. 研究生教育动力学——定性讨论与案例构想 [J]. 学位与研究生教育，2006, (4): 8–14.

[4] 周文辉, 付鸿飞, 陆晓雨. 培养单位研究生教育质量报告：缘起与实施 [J]. 国家教育行政学院学报，2016, (8): 44–49.

[5] 杨卫. 享受建设世界一流大学的过程 [M]//黄达人. 大学的声音. 北京：商务印书馆，2012：294.

[6] 国务院学位委员会. 学位授权审核申请基本条件 (试行)[A]//出自《关于开展 2017 年博士硕士学位授权审核工作的通知》(学位〔2017〕12 号). 2017-03-17.

[7] 国务院学位委员会办公室. 交叉学科设置与管理办法 (试行)[A]. 2021.

第四篇 案例研究

本篇旨在借助于研究生教育动力学的理论与方法，来诠释四个分析性的案例。在第 15 章中将溯源我国实行规模性研究生教育的历史，给出其对应的规模成长的动力学数据。在第 16 章中，著者结合具有中国特色的从中央到地方再到学位授予单位的多层次递减性控制，给出这一多层次动力学控制过程所释放的发展效益。在第 17 章中，比照流体力学理论，给出了我国研究生教育的多层次结构所对应的发展特征。在第 18 章中，对我国目前正在实施的“双一流建设”，给出了对现状的评述，展望了评估方法演进的路线图。这四个案例旨在拓广研究生教育动力学的分析方法与内涵。

第 15 章

四十年学科演化史

本章中将溯源我国实行规模性研究生教育的历史，给出其对应的规模成长的动力学数据。我们用研究生教育动力学的理论，成功地推演出我国进行规模化研究生教育的四十年的发展史，包括研究生教育的规模演化（见 15.3 节）与学位授权单位和学位授权点的演化模拟（见 15.4 节）。

15.1 宏观控制历史

1980 年 2 月 12 日，第五届全国人民代表大会常务委员会第十三次全体会议审议通过了《中华人民共和国学位条例》，并确定从 1981 年 1 月 1 日开始正式实施 [1]。我国从 1981 年开始大规模授予学位以来，已累计培养了 5000 余万名学士，900 余万名硕士，约 100 万名博士。四十年的学科演化史是一部从宏观控制逐渐演化为多层次控制的历史，并在这一历史进程中逐步释放出研究生教育所蕴含的活力。

这里首先需要提及的是学科目录的演化，它体现了学科空间自身的演变历史，也就是研究生教育动力学中坐标 (自变量) 的演变历程。从 1983 年版的学科、专业目录伊始，历经 1990 年、1997 年、2011 年逐次有关学位授予和人才培养学科目录的修订与拓展，已经形成了学术型学位和专业型学位的两种类型的目录体系。在学术型学位中形成了 14 个门类、113 个一级学科，394 个指导性二级学科；在专业型学位中形成了 47 个种类，每一种类又具有多个领域。将两种学位类型进行协调编目将是今后的一项工作。这一学科、专业目录的演化已经进入约每十年周期进行一次修订的常态化发展过程 [2]。从学科空间的视角来看，目前的学科专业目录体系可以用两种空间框架来加以描述。一种可称为内外互动的双层学科面，这时学术型学位和专业型学位各占一个球壳，它们之间借助于关联线 (指知识上下游之间的关联) 来进行互动。另一种可称为南北互动的单层学科球面，此时学术型学位占据北半球，专业型学位占据南半球，它们之间按照南北映射的方式来实行合作，可用其复合演化来模拟学科空间的演变 [3–5]。学科专业目录演化的数学构架也是一个值得探究的问题。

宏观控制层次的演化也是控制方式变迁的一个重要发展方向。我国在 1981 年恢复学位与研究生教育制度时，实行的是全口径的宏观控制。国家颁布了《中华人民共和国学位条例》[1]，并设置了国务院学位委员会及其日常办事机构——国务院学位委员会办公室，统筹国民教育、党校教育、军队教育中涉及学位与研究生教育的事宜。当时，所有的学位授予单位、学科点、研究生指导教师都由国务院学位委员会或其组织的学科评议组评定，体现了一种全口径的、指令型的、由上至下的控制。其控制过程的数学描述见 7.1 节。研究生教育结构的变化取决于一种行政许可方式，可展开为规范的申请/评估/审批过程。各个有关学位培养组合在升级的冲动下，不断以新的研究生教育建设成效进行试探，以求获得行政许可审批。它相当于统计力学中的不断尝试、跨越势垒的过程。届时，研究生指导实践与学科建设可以被视为一种不断增强动能，从而冲抵跨越势垒的激活能的过程。对指令型宏观控制来讲，国家是唯一的控制主体；其控制实施的依据在于对研究生教育数据的评估，而控制的方式体现为一种简单的标准制定加上赋值控制的过程。具体来讲，研究生教育的生源指标与层次由国家财政对研究生教育的经费拨款所决定，而对应的学科建设 (即研究生教育的授予单位、学科点乃至导师的变化) 则按照研究生教育规模的变化而进行正相关 (但不一定是等比例) 的增加。专业性的数据评估工作可借助于从 1981 年 7 月开始组建的国务院学位委员会学科评议组来提出推荐性意见。从 20 世纪 90 年代开始，我国开始从完全的指令型控制过渡到指令控制与指导控制相结合的阶段 [6]。指导型控制的数学架构见 7.2 节。控制的主体变成以国家控制为主，以地方、学位授予单位控制为辅的多层主辅型复合体。国家控制研究生招生指标、学位授予单位确定和博士点确定，地方和学位授予单位确定研究生导师和硕士点。从 2000 年前后开始，我国逐渐走向全面的多层次控制，出现了一种指令型与指导型控制各擅胜场的局面 [7−9]。国家控制研究生招生指标、学位授予单位和博士点的增长规模，学科评议组确定学位授予单位和博士点的具体选择，地方和学位授予单位确定研究生导师和硕士点。从 2010 年前后开始，我国实施了全面的多层次控制，出现了一种指令型、指导型、统计型控制各司其职的局面，但研究生招生指标、学位授予单位增长规模等仍为国家确定，并开始使用前置性条件 [10]。值得指出的是：这一时间段对博士生招生指标的限制也许略有保守，未能充分发挥出研究生教育动力学的全部潜力。如图 15.1 所示：中国内地的理工科博士学位授予量在 2009—2016 年未能延续之前的动力学发展趋势，而出现相对于同期美国与欧洲六国对应数据的平坦化，见文献 [11]。从 2020 年前后开始，我国在多层次控制的构架下开始减弱国家控制的力度，如开始实施反馈式控制，设置交叉门类 [12]，实施导师负责制并降低对博士生招生指标的限制。

纵览这四十年的宏观控制历史，我国已经从最初的全方位指令型国家宏观控制，发展到今天的多层次宏观控制，体现了我国学位体系的逐步成熟和教育自信的建立 [13]。目前，控制的主体已经由国家的单一主体拓展到涵盖国家、省区、研究生院的多重主体；国家控制的客体已经从学位授予单位、学位点、导师的多层次目标上缩到学位授予单位和博士点等顶层目标，从个性的判别逐渐走向对总量的权衡。宏观控制层次的演化决定着研究生教育动力学的结构类变量的品种和权重，也决定了投入资源的诱导方式。

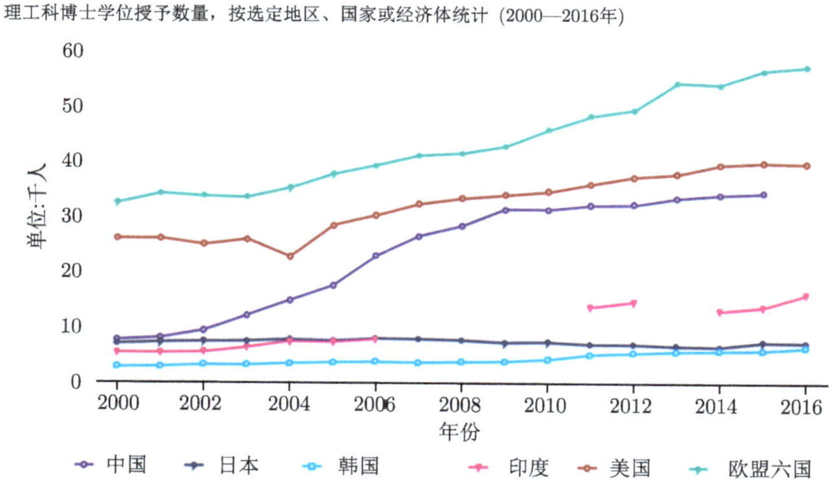

图 15.1　中国、美国、欧盟六国等理工科博士学位授予人数的比较 [11]

15.2　资源投入历史

在研究生教育动力学中，资源类变量的演变史就是资源投入史。它包括：(1) 中央财政对研究生教育的逐年经费投入，它相当于对研究生教育的引导性财政投入，也是起决定性作用的资源投入。(2) 招生规模的分学科历史，它确定了人才资源的学科配置和国家财政的分学科支持力度。(3) 研究经费投入的分学科历史，它确定了财力资源的学科配置。(4) 学科建设投入的分学科历史，它确定了物力资源的学科配置。

为了定量地表达资源投入与研究生教育发展的关系，我们从中央财政经费对高等教育的投入着手进行讨论 (中小学及学龄前教育主要是地方政府的事权与支出责任)。由于现有的数据检索较难于从中央财政的高等教育经费的诸科目中剥离出专门使用于研究生教育的部分，所以著者仅用从 1997—2018 年在中央财政经费中用于高等教育部分的一般公共预算教育经费投入来进行示范性说明，如图 15.2 所示。图中已将每年的财政投入 (以亿元为单位，未经通货膨胀修正) 标于当年的数据柱上。图中的纵坐标为对数坐标。由图可见，尽管在不同年份有所起伏，该财政投入可以近似地用单对数坐标下的一条斜线来近似，如图中的橙色拟合线所示。这一规律可以用公式表达为

$$Z(t) = 280 \times (1.15)^{t-\hat{t}} \tag{15.1}$$

其中，单位为亿元，时间 t 由公元年来表示。囿于可获取的数据，在拟合时将起始零年 $\hat{t}$ 定为 1996 年。该公式表明：我国中央财政对高等教育 (可以延推到研究生教育) 的年平均增长率为 15%左右。在本章的其余部分，我们假定该公式可以外推至 1981—2020 年。

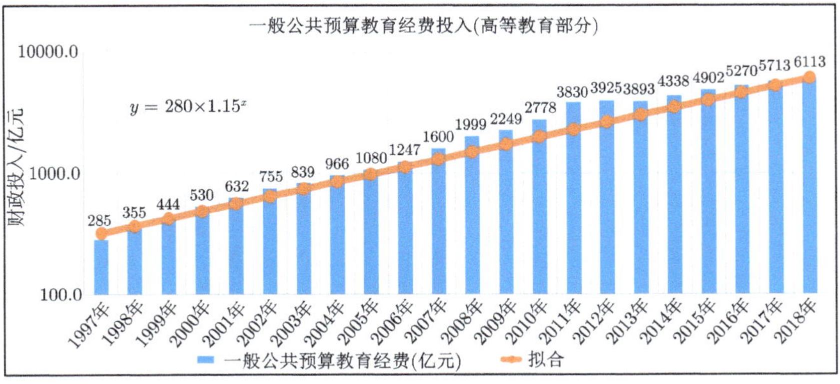

图 15.2 中央财政中列入一般公共预算教育经费投入 (高等教育部分)，1997—2018 年

我们进而讨论招生规模、研究经费投入、学科建设投入的分学科历史。无论是国家科学研究计划的优先领域设置（“863”计划、“973”计划、重大科技专项、重点研发计划），还是国家自然科学基金的学部划分和学科目录，都促成了研究经费颇丰的学科的非常规生长。以“211 工程”、“985 工程”、2011 协同创新计划、“双一流建设”工程、中国科学院知识创新计划、中国科学院率先行动计划、国家实验室、国家大科学工程建设、国家重点实验室、国家工程中心建设等学科建设项目为代表的学科建设发展史，也从一定程度上强化了学科发展的不均衡性。其显学表现之一就是研究生教育中所出现的工学峰值，恰如图 15.3—图 15.7 的统计数据所示。图 15.3 用柱状图的方式绘出了博士点和硕士点在各学科门类的分布情况，工学门类的学位点个数明显超过其他各个门类。图 15.4 与图 15.5 用同样的表达方式绘出了各学科门类授予博士学位、硕士学位、学士学位的人数统计，在学术类型的学位授予中亦以工学为最，理学次之。除常规培养途径外，

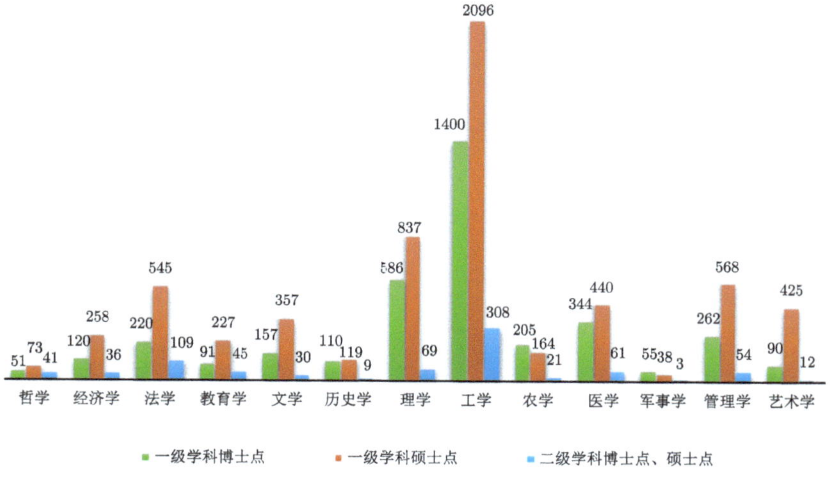

图 15.3 博士点和硕士点在各学科门类的分布情况 [13]

图 15.6 还给出了迄今为止各学科门类授予同等学力人员博士与硕士学位的人数，该数据却以医学为最，管理和经济类学科亦与工学大致相当。这体现了个人努力的再教育进程与国家初次教育优先投入的学科不一致性。

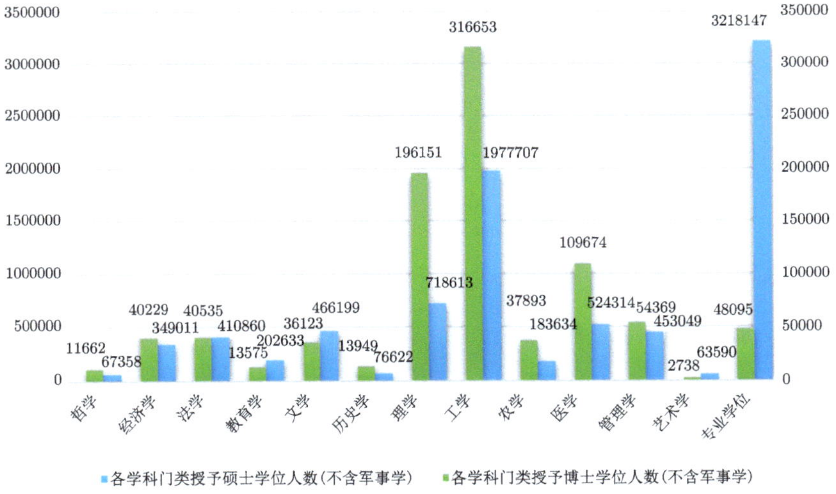

图 15.4　各学科门类授予博士学位、硕士学位的人数统计 [13]

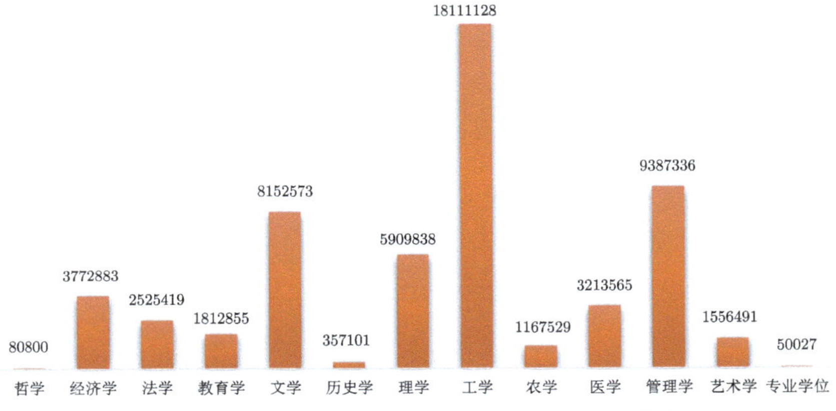

图 15.5　各学科门类授予学士学位的人数统计 [13]

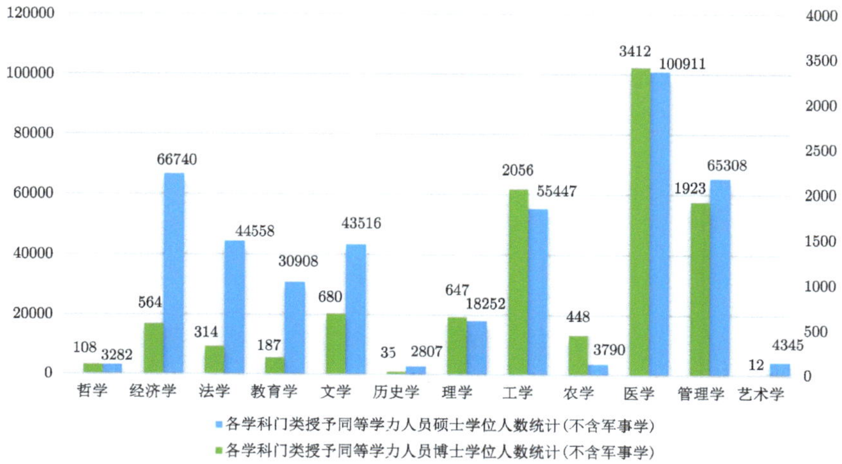

图 15.6　各学科门类授予同等学力人员博士与硕士学位的人数统计 [13]

由于研究生教育的混成性，教育研究者们难于从投入到学科建设、科学研究和能力平台建设等财政项目上的资源中分离出对应于研究生教育的部分。对每一位研究生，国家或地方政府有生均拨款，这一点是比较清晰的。部分硕士研究生还通过成本分担机制交纳一定量的学费，尤其对一些管理类的专业学位 (比如 MBA、EMBA 等)，这笔学费或培养费还比较可观。通过学校或者研究生院发放的助研或助教费用也应该记入研究生教育的资源投入。科研经费的负责人大多是各个学术机构的正式雇员，其中约有一半以上为研究生导师。这些科研经费中的间接费用 (约为总额的 10%—30%) 和劳务费用 (约为总额的 10%—30%) 与研究生教育的投入有关。科研经费中的直接费用中也有一部分用于研究生教育中发生的物力消耗。粗略地估算，科研经费中应该有大约 1/3 被直接或间接地用于研究生教育。对于学科平台和科研能力平台的建设 (如“双一流建设”中的平台建设、实验室建设、研究生教育教学平台建设等，总有一半左右会在建成后用于研究生教育)。同样，导师的薪酬中也有可观的部分 (从 1/3—2/3) 与其所从事的研究生教育有关。以 2020 年的价格状况来看，每一个研究生人年 (硕博比按照 10:1 计算) 的全口径培养费用，大概在 10 万—25 万元。以浙江大学为例：该校在 2020 年底有 25000 名研究生，硕博比大致为 1.5:1，其对应的全口径培养费用大致在每人年 20 万元，其当年的研究生教育全口径费用为 50 亿元左右。我国现有约 300 万研究生，硕博比约为 10:1，其对应的全口径培养费用即使按照上述估计的低限每人年 10 万元计算，当年的研究生教育全口径费用为 3000 亿元左右。

为了体现中央财政对地方财政、学校投入和社会投入的拉动效果，我们用比值系数 C_1 来代表中央财政在成本分担中所拉动的倍数比例。在刚开始进行研究生教育时，该比例为单位值 1；即在 20 世纪 80 年代初，研究生教育的全部经费由中央财政提供，随后该比例逐渐上升，目前已经远超过 1。对教育部直属高校，这一拉动比当今大致为 10 左右，(取研究生生均拨款每年为 2 万左右，而研究生教育的生均年成本为 20 万左右)，且还有近一半的研究生教育由地方政府主导支持，且中国科学院系统的研究生教育由中国科学院自有资源中支持，所以目前该拉动比大概为 20 左右，于是我们粗略有，

$$C_1 = (1.075)^{n-1} \tag{15.2}$$

式中，n 为自 1981 年起计的年数。关于递减控制所产生的效益，可参见第 16 章的论述。

15.3　研究生教育的规模演化

四十年来研究生教育的规模演化，可由方程 (5.17) 改写得到：

$$\dot{P}(t+t^*)/P_0 = T(Z(t))\dot{Z}(t)/Z_0 \tag{5.17$'$}$$

式中，P 代表研究生教育的规模，P_0 代表研究生教育的起点人数，Z_0 代表研究生教育的起点成本，t^* 代表时滞效应，Z 代表中央财政对研究生教育的逐年投入，其编年数据见图 15.2 所示值的一个份额 C_z，或可由式 (15.1) 乘以 C_z 来近似。式 (5.17)$'$ 代表了由资源投入决定的规模演化，它体现了研究生教育所应体现的唯物史观。将上述演化方程的形式应用于研究生教育的规模演化时，需要选取与式 (5.16) 不同的转化函数 T，即写为

$$T(Z(t)) = \frac{C_1(t)}{C_2(t)}[1 + C_3\varphi(Z)] \tag{15.3}$$

式中，C_1 由式 (15.2) 给出；C_2 代表由于通货膨胀、品质增长等原因而导致的研究生培养成本的上升，是从 1 开始而逐渐上升的系数，由下式给出；

$$C_2 = (1 + \alpha_1 + \alpha_2(t))^{n-1} \tag{15.4}$$

这里，α_1 代表年通货膨胀率，$\alpha_2(t)$ 代表研究生期待品质的年均改善率。后者包括其生活质量的改善率，及中央政府出于对研究生质量保障与监控而额外投入的生均拨款 (或招生人数限制)。C_3 代表研究生教育的规模效益，是一个不大的正值。函数 $\varphi(z), z = Z/Z^*$，仍为激活函数，其各种表达式见表 5.1，如可采用 sigmoid 函数作为激活函数。对式 (5.17)$'$ 进行年度积分，并取向前差分格式，可得

$$\Delta P(t_{n+n^*})/P_0 = T(t_{n-1})\Delta Z(t_n)/Z_0 \tag{15.5}$$

联立求解式 (15.5) 与式 (15.3)，再借助于式 (15.1)，可以得到研究生培养规模的预期变化。

根据文献 [13] 的数据，我们在图 15.7 与图 15.8 中分别绘出了四十年来我国授予学士、硕士/博士的编年数据。图 15.8 中的硕士学

位人数 (绿线) 按照左侧的绿色纵坐标所绘制，而博士学位人数 (红线) 按照右侧的红色纵坐标数值所绘制，两者的年度发展趋势近似一致。

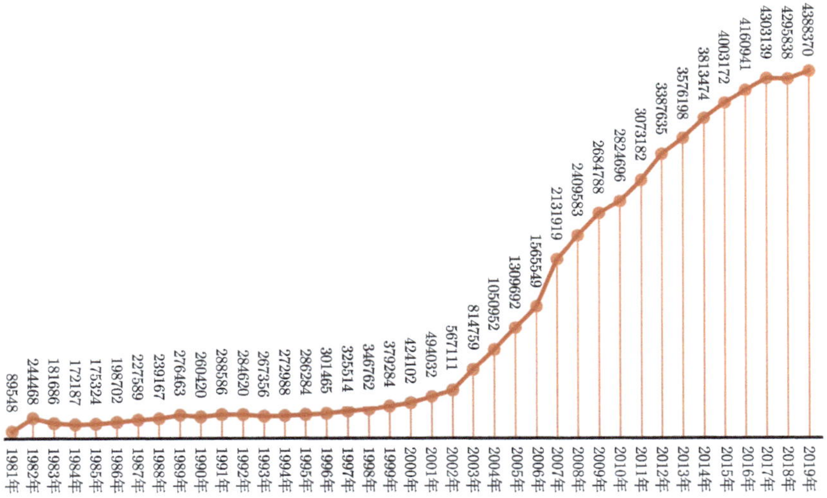

图 15.7　授予学士学位的人数统计 (不含军事学)(1981—2019 年)[13]

根据硕士学位和博士学位的培养数据，著者在图 15.9 中绘出了按照研究生教育动力学所预测的变化曲线。取 1981 年中央财政对高等教育投入为 30 亿元，对于硕士学位培养，我们由图 15.8 中 1982—1983 年两年的均值取 $P_0 = 4000$，且取 $Z_0 = 1.8$ 亿元，$\alpha_1 = 0.03$，$C_3 = 0.15$，$C_z = 0.06$，$Z^* = 1740$。对于博士学位培养，我们只模拟 1988 年以后的数据，在此之前为爆发增长期。于是，可外推至 1981 年，取 $P_0 = 450$，$Z_0 = 4500$ 万元，$\alpha_1 = 0.03$，$C_3 = 0.15$，$C_z = 0.015$，$Z^* = 1740$；在所有的公式中 n 均代表从 1981 年起计的年数。对于长期演化，可大致将激活函数 $\varphi(Z)$ 取为阶梯函数。这里要专门说明的是 α_2 值的选取。在 2007 年前，中央政府对研究生入学数基本按

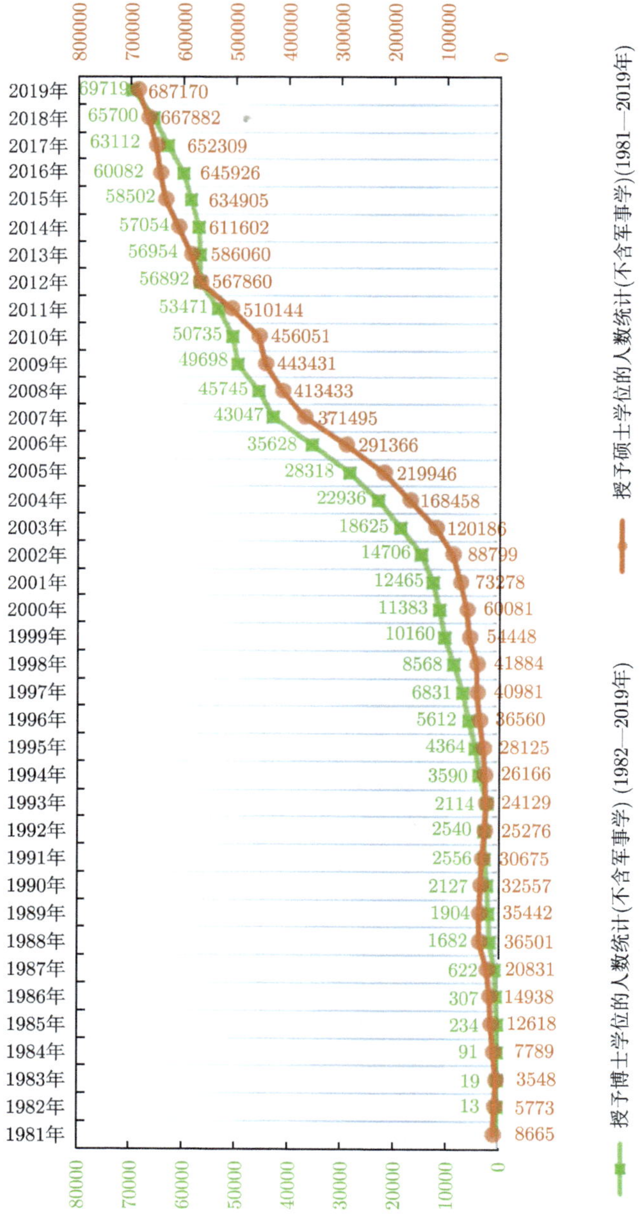

图 15.8 授予硕士学位的人数统计（红线，不含军事学）(1981—2019 年）及授予博士学位的人数统计（绿线，不含军事学）(1982—2019 年)[13]

照中央财政经费的增幅来控制。在 2007 年 1 月 24—25 日召开的国务院学位委员会第二十三次会议，讨论了“博士质量分析”工作方案；在 2007 年 9 月 24 日召开的国务院学位委员会第二十四次会议，讨论了“中国博士质量报告”的阶段成果 [13]。此后，中央开始启动研究生质量保障工作，并且开始了对研究生 (尤其是博士生) 培养质量的评估 [14]。有鉴于此，我们取：

$$
\begin{aligned}
&\text{硕士生：}\alpha_2=\begin{cases}0.00, & t<2007\\ 0.13, & t\geqslant 2007\end{cases}\\
&\text{博士生：}\alpha_2=\begin{cases}0.00, & t<2007\\ 0.15, & t\geqslant 2007\end{cases}
\end{aligned}
\tag{15.6}
$$

该式表明对博士生质量的控制力度大于对硕士生的控制力度，其原因在于对后者的控制已经部分地下放到地方学位管理部门。

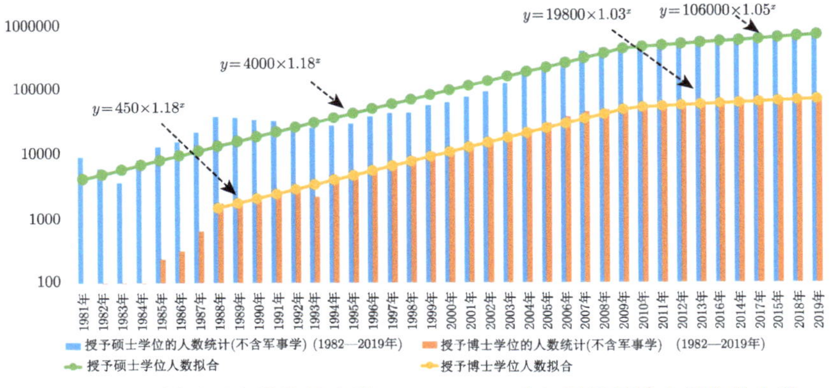

图 15.9 对授予硕士学位的人数 (1981—2019 年) 及授予博士学位的人数 (1982—2019 年) 的研究生教育动力学模拟曲线

从图 15.9 绘出的单对数坐标下的博士与硕士授予数中可以明显看出：在中央财政对高等教育约为 15%的年化增长率下，研究生学位授予的年化增长率呈两段线性分布，与式 (15.6) 的控制趋势相同。考虑培养周期 t^* 所造成的时滞效果，硕士学位授予的转折点可取为 2009 年，博士学位授予的转折点可取为 2010 年。按照研究生教育动力学的预测：硕士学位授予年化增长率在 2009 年以前应为 18%，在 2009 年以后应为 5%；博士学位授予年化增长率在 2011 年以前应为 18%，在 2011 年以后应为 3%。如图 15.9 所示，基于研究生教育动力学的这些预测与实际完成的学位授予数据甚为符合。

由中央财政经费拉动的还有同等学力人员的学位授予数字，见图 15.10。其中红线 (由左侧的纵坐标所标度) 为硕士学位授予人数，绿线 (由右侧的纵坐标所标度) 为博士学位授予人数。由于该两项数字并不大，所以在图 15.9 的模拟中未予以考虑。

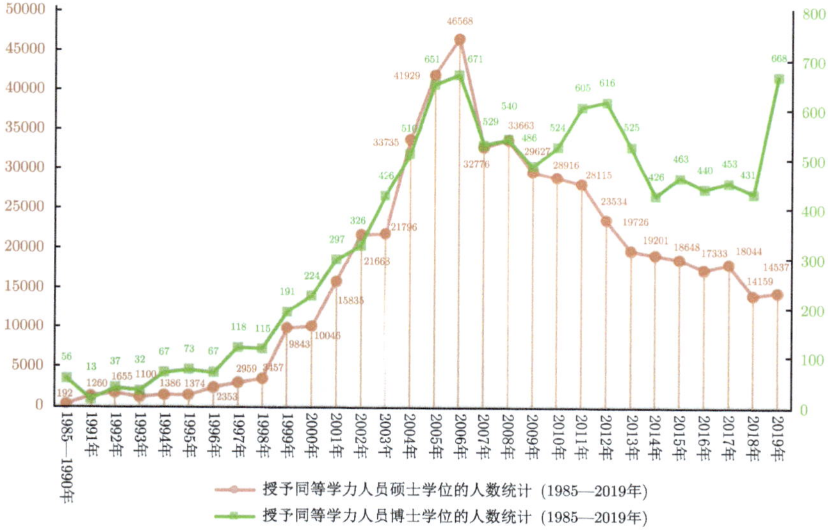

图 15.10　授予同等学力博士和硕士学位的人数统计 (1985—2019 年) [13]

中国目前已经成为世界上最大的留学生源国、亚洲最大的留学目的国，来自全球 203 个国家和地区的 9.1 万名研究生在中国攻读博士、硕士学位，见图 15.11。其动力学演化与留学生教育的资源投入相关。

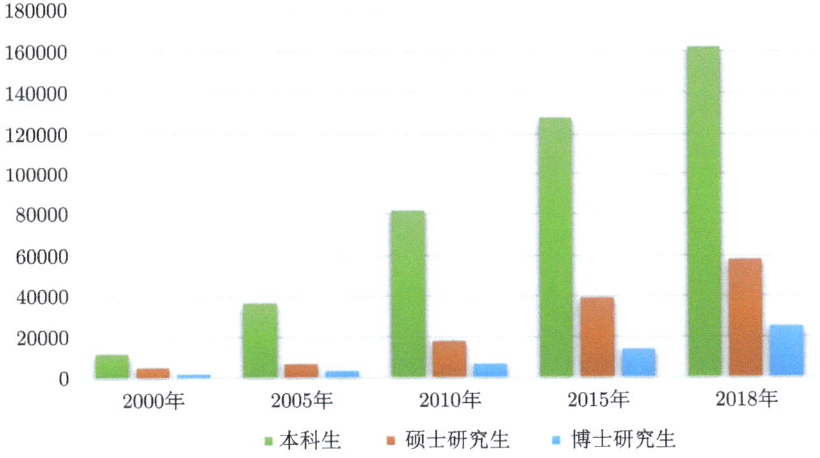

图 15.11　在华学习的国际留学生情况 (2000—2018 年)[13]

15.4　学科演化模拟

若给定学科空间、学科结构变量种类和资源类变量的学科演化函数，可在研究生教育动力学的理论框架下进行学科演化模拟。其相关的主要假设、控制方程、初边界条件等均在前述各章节以及文献中有所叙述 [3,4]。在正确的模型参数下，可以进行演化模拟计算。为验证模型的正确性，并确定模型参数，可以将演化模拟的预测结果与现状进行比较。可供比较的数据有：(1) 四十年某个特定学科门类的发展 [13]，这也可以广延至学科目录某个一级学科的博士点或硕士点的编年演变史，参见图 15.3；(2) 四十年人力资源的分学科发展，即在学科目录某个学科门类或一级学科上博士或硕士学位授予数量的编年演变史，参见图 15.4；(3) 四十年学科建设的主要结构 (如重点学科) 的编年演变史。可根据预测结果与现状的对比，按照最小二乘法的原理来确定模型参数；(4) 全国层面上的学位授予单位 (参见图 15.12) 与学位点数量 (参见图 15.13) 的编年演化史。

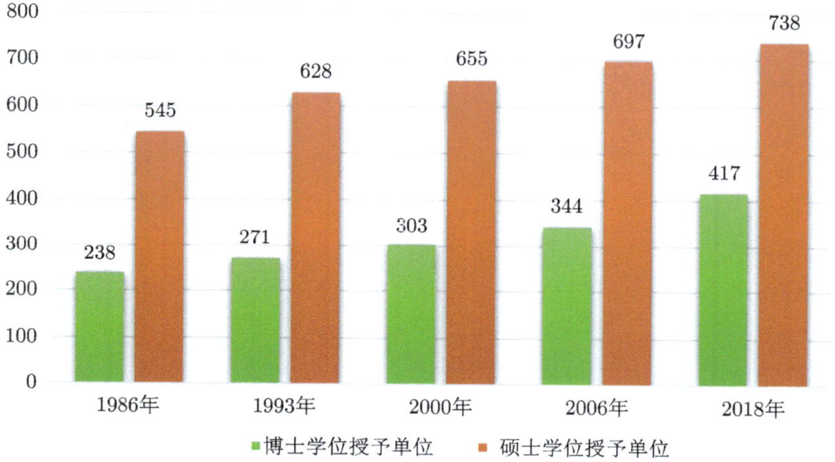

图 15.12　博士、硕士学位授予单位数量的编年演化史 [13]

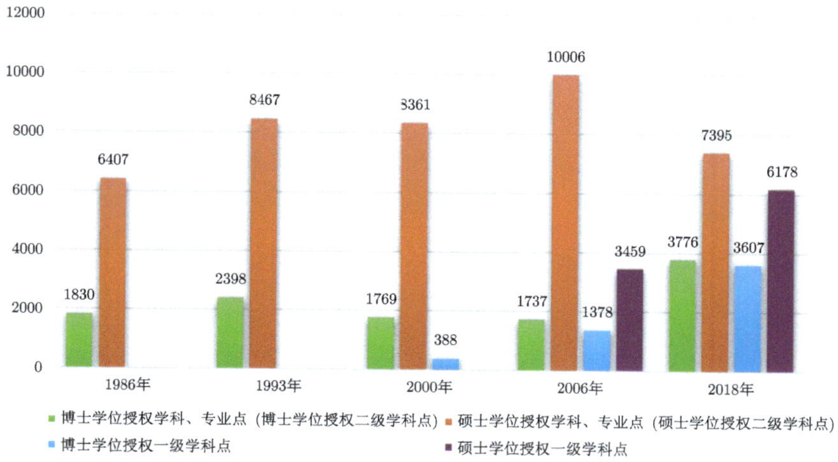

图 15.13　博士、硕士学位点数量的编年演化史 [13]

可以按照 5.6 节的学科建设方程来量化讨论学位授予单位和学位点的演化。这里仅给出一个简要的估算公式：

$$\dot{Y}/Y_0 = T\left(Z\right)\left(Y_0/Y\right)\dot{Z}/Z_0 \tag{15.7}$$

式中，Y 既可为学位授予单位数，也可为学位点数。Y_0 为 Y 在起始演化点 (如 1981 年) 的初值。式 (15.7) 中右端的 $T\left(Z\right)\dot{Z}$ 项代表了学位授予单位建设和学科点建设所对应的资源输入。与描述研究生学位获得者的动力学方程不同，式 (15.7) 彰显了学位授予单位数或学位点数的资源剖分作用——在该式右端分母中的 Y 表示了现有的学位授予单位或学位点对研究生教育资源的剖分以及由此必然造成的排斥后来参与者的行为心理。资源等效系数 $T\left(Z\right)$ 的表达式与式 (15.3) 类似，可以对应地改写为

$$T\left(Z\left(t\right)\right) = \frac{C_1\left(t\right)}{C_2\left(t\right)}\left[1 + C_3\varphi\left(z\right)\right] \tag{15.8}$$

式中，C_1、C_2、C_3 与激活函数 $\varphi\left(z\right)$ 的意义同前。对式 (15.7) 进行年度积分，可得

$$Y = Y_0\sqrt{1 + 2\Delta Z/Z_0} \tag{15.9}$$

式中，ΔZ 为考虑了成本分担、生均培养费用上升与团聚效应后的等效累计资源投入，由下式给出：

$$\Delta Z = \int_{t_0}^{t} T\left(Z\left(t\right)\right)\dot{Z}\mathrm{d}t \tag{15.10}$$

式中，$T\left(Z\left(t\right)\right)$ 的表达式见式 (15.8)。根据学位授予单位与授权学科点数据，我们在图 15.14 和图 15.15 中绘出了按照研究生教育动力学所预测的各对应变化曲线。对应于这些预测曲线，我们仍取下述参数值：$\alpha_1 = 0.03$，$C_3 = 0.15$，并将激活函数简化为阶梯函数。对于学位授予单位，我们由图 15.12 中的 1986 年数据取博士授予单位初值

为 $Y_0 = 238$，取硕士授予单位初值为 $Y_0 = 545$；而 Z_0 亦取为该年的中央财政的对应投入值。对学位授予单位，其质量控制的门槛提高率是贯穿始终的，相当于将式 (15.4) 中的 α_2 值取为

$$\begin{aligned}&\text{硕士授予单位：}\quad \alpha_2 = 0.16\\&\text{博士授予单位：}\quad \alpha_2 = 0.14\end{aligned}\tag{15.11}$$

这里，对硕士授予单位控制取较高的 α_2 值可归结于我国教研型大学数量不足的历史原因。其结果见图 15.14：其中硕士授予单位的年化增长率为 1%，博士授予单位的年化增长率为 2%。

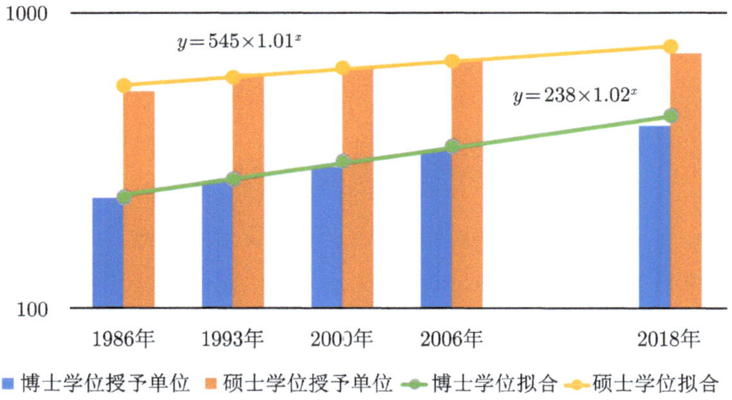

图 15.14　博士、硕士学位授予单位数量的动力学预测

对于学科授权点，我们可由图 15.13 中的数据按照一个一级学科点折合为 3.5 个二级学科点加以折算出等同的二级学科点数目；当前数据表明 [15]：我国现有 113 个一级学科，可涵盖 394 个二级学科，相当于二级/一级学科个数比为 $394/113 = 3.4867 \approx 3.5$。该数据在图 15.15 中展示，该图表明在单对数坐标下，可以由斜线来进行数据拟合。

现采取研究生教育动力学的列式 (15.9) 来预测学科点的演化过程。由 1986 年数据，取博士点的初值为 $Y_0 = 1830$；取硕士点的初值为 $Y_0 = 6407$，而 Z_0 亦取该年的中央财政的对应投入按照学科点等分的均值。对于长期演化，可大致将激活函数 $\varphi(z)$ 取为阶梯函数。对应于这些预测曲线，可仍取下述参数值：$\alpha_1 = 0.03$，$C_3 = 0.15$。对 α_2 值确定应该考虑到下述原因：(1) 由于下放自主权，学科点数在很大程度上由学位授予单位自主确定，其自发膨胀趋势必然大大地削弱式 (15.11) 中的 α_2 对应数值；(2) 在学位培养的基层，对博士点的扩容需求比对硕士点更为急迫，所以对博士点的 α_2 值必然小于对硕士点的 α_2 值；(3) 成为博士点后，可以引来更多的可用于研究生教育的拖带资源，因此在保障基本品质下，对博士点的 α_2 值应该尽可能地低。有鉴于此，可取：

$$\begin{aligned} &\text{硕士点：} && \alpha_2 = 0.08 \\ &\text{博士点：} && \alpha_2 = 0.03 \end{aligned} \tag{15.12}$$

演化预测的结果见图 15.15，左图为硕士点的变化，右图为博士点的变化。硕士点的年化增长率为 5%，博士点的年化增长率为 7.5%，均不高于中央财政拨款的年化增长率的一半 (7.5%)。由图 15.14 和图 15.15 可见，研究生教育动力学可以较好地刻画学位授予单位与学

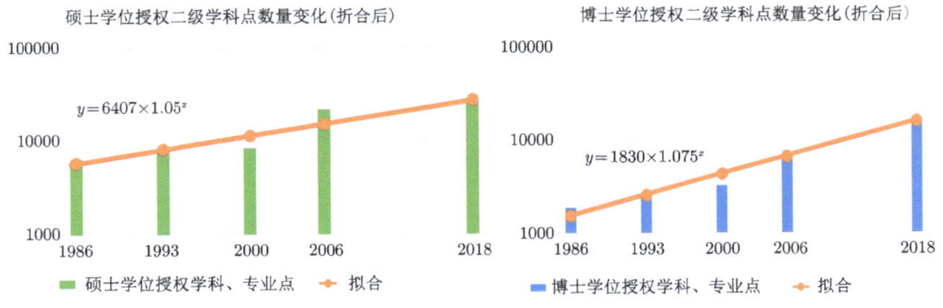

图 15.15　折合二级学科学位点数量的编年演化史

位点的四十年演化历史。这说明式 (15.9) 近似地刻画了学科点繁衍的内在规律。

参考文献

[1] 全国人民代表大会常务委员会. 中华人民共和国学位条例 (全国人大常务委员会令第四号)[A]. 颁布时间 1980-02-12，生效时间 1981-01-01.

[2] 王峰. 教育部：新一轮学科专业目录修订将启动[N]. 21 世纪经济报道，2020-11-24.

[3] 杨卫. 研究生教育动力学——理论框架初探 [J]. 学位与研究生教育，2006, (2): 1–9.

[4] 杨卫. 研究生教育动力学——定性讨论与案例构想 [J]. 学位与研究生教育，2006, (4): 8–14.

[5] 赵沁平. 开拓、创新、求真，科学构建研究生教育学学科体系 [J]. 研究生教育研究, 2014, (06): 4–6.

[6] 中国学位与研究生教育发展报告课题组. 中国学位与研究生教育发展报告: 1978—2003[M]. 北京：高等教育出版社, 2006.

[7] 国务院学位委员会, 教育部. 关于下放学士学位授予单位审批权的通知 (学位〔1999〕3 号)[A]. 1999-02-23.

[8] 国务院学位委员会, 教育部. 关于做好博士学位授权一级学科范围内自主设置学科、专业工作的几点意见 [A]. 2002-10-24.

[9] 国务院学位委员会, 教育部. 博士、硕士学位授权审核办法改革方案 [A]. 2008-01-14.

[10] 国务院学位委员会. 学位授权审核申请基本条件 (试行)[A]//关于开展 2017 年博士硕士学位授权审核工作的通知 (学位〔2017〕12 号). 2017-03-17.

[11] The State of U. S. Science and Engineering 2020, NSB Science & Engineering Indicators[OL]. https://ncses.nsf.gov/pubs/nsb20201/ conclusion[2021-5-13].

[12] 国务院学位委员会办公室. 交叉学科设置与管理办法 (试行)[A]. 2021.

[13] 国务院学位委员会办公室. 1981—2021 中国学位四十年 [R]. 2021-01.

[14] 国务院学位委员会教育部人事部. 关于开展全国博士质量调查工作的通知(学位〔2007〕30 号)[A]. 2007-09-28.

[15] 教育部. 学位授予和人才培养学科目录[A]. [2018-04].

第 16 章
递减式控制

针对具有中国特色的从中央到地方再到学位授权单位的多层次递减性控制，本章给出该复杂控制过程得以释放的发展效益。16.1 节阐述了在我国实行多层次递减控制的数学基础；16.2 节描述该控制过程可能促成的多级拖带资源；16.3 节建立了可以定量地评价多层次递减性控制的比对基准；最后在 16.4 节描述了递减控制效益。

16.1 多层次递减控制

经过四十年的学位管理和研究生教育的发展，我国已经渐进式地从完全的国家控制转变为现行的多层次递减控制。递减式控制的精髓在于控制力度的多层次递减。对学位授予单位这一牵动学位管理全局的层次，仍采用国家层次的指令型控制。其控制模型是对整体条件的门槛控制、对总量的宏观控制和对学术水平的专家评审控制。对学位点这一层次，针对博士与硕士不同层次、一级学科与二级学科不同体量，以及所依附的学位授予单位的自律能力，采取有区别的国家、地域、学位授予单位的混合控制。对指导教师这一层次，则逐步下放到学位授予单位进行自主控制 [1,2]。

在多层次递减控制的模式下，其结构变量可以在放松约束的情况下来加以演化，以释放出研究生教育体系中的活力。参见 13.1 节，考虑一个对研究生教育的投入/产出比的优化过程。根据式 (13.6)，我们有

$$\max \eta = \max \int q \, \mathrm{d}\Delta P / \left(\Delta Z_{人} + \Delta Z_{财} + \Delta Z_{物}\right)$$

$$\text{s.t. } C_i \leqslant C_{i\text{cr}}, \quad i = 1, \cdots, n \tag{16.1}$$

这里，$C_i \leqslant C_{i\text{cr}}$，$i = 1, \cdots, n$ 为 n 个多层次约束。式 (16.1) 可以根据约束变分优化的方法来予以求解：可将 $\int q\mathrm{d}\Delta P/(Z_{人} + Z_{财} + Z_{物})$ 设为目标函数，并通过罚函数的方法 (如通过拉格朗日乘子) 将 n 个多层次约束引入目标函数，然后实行约束变分求解。根据约束变分优化的基本原理，若逐步放松这 n 个多层次约束，则可能达到更大的 Max η 数值，也就是更高的研究生教育最大效益。有鉴于此，从数学上可以严格证明：当约束放松时，可能在人才培养和知识创新等方面实现更高的产出量。

考虑一个在非严格凸的研究生教育效益地貌上的优化过程。从该效益地貌图的任一点出发，若没有施加任何约束，则优化解必然收敛到一个相邻的极值点。该点一般仅是一个局部极值点，而不是我们想要寻找的 (从总体意义上的) 最佳效益点。出于导向的诉求而施加的多层次约束，实际相当于修改效益地貌图，使其变为以最优效益点为控制焦点的严格凸曲面。也就是说，相当于效益地貌图在最优效益点附近的外包型严格凸曲面。随着研究生教育过程的演化，其发展点沿着该外包凸曲面下行，不断接近最优效益点。但这样一个导航过程，可能由于约束过强，内在活力没有得到充分发挥，而进展缓慢。这时可以通过逐步放松多层次约束来加快这一走向最佳效益点的趋近过程。也就是说，通过不断地弱化约束，快速贴近在真实 (或无约束) 效益地貌图的最佳效益点处的严格凸曲面，并最后进入仅有单势阱的严格凸曲面。一旦接近其吸引域，便可以进行无约束的研究生教育的效益优化。

本书在 0.5 节中阐述过控制递减假设，并将其作为研究生教育四项基本假设之一。我们曾经说明：该假设可类比于宏观经济学中的国

家干预假定 [3]。在我国实行研究生教育的起步初期，其主管部门曾作为一个教育理念来强加实行递减式控制 [4–6]。随着四十年的实践，人们已经发现该理念是一个构建在坚实的数学原理和广阔的实践经验的科学过程。多层次递减控制得以连接从国家学位到学校品牌学位、从国家投入到多层次成本分担、从单一积极性向多种积极性的过渡过程，是中国特色的研究生教育的成功举措。

16.2 多级拖带资源

除此之外，多层次递减控制的模式还得以引入多级的拖带资源，参见式 (15.2)。在该种控制模式中，放权往往以刺激投入为目标。比如，在各级重点学科的建设、学科评估，“985 工程”高校、“211 工程”建设高校、“双一流建设”高校的审核过程中，多层次的人力、物力、财力资源的引入往往会增加对行政许可和审核通过的权重。在学科点的申报和建设过程中，也经常伴随着虚拟资源的引入 (当然本书著者不鼓励这一现象)，这包括不同类型的学术机构和学术人员的合作。这些多级拖带资源作用的合力促进了在人才培养和知识创新等方面的更高产出。

考察式 (16.1)，我们发现式中的分母 $\Delta Z_{人}+\Delta Z_{物}+\Delta Z_{财}$ 是学科点 (或学位授予单位) 自身的投入，是本体投入。如 $\Delta Z_{人}$ 对应于学科点的人员 (指人事关系在学科点的人员) 增加，$\Delta Z_{财}$ 对应于学科点的财力资源 (如学科建设经费和研究生生均拨款) 增加，$\Delta Z_{物}$ 对应于学科点的物化资源改善。该分母项不包括各类兼聘人员，不包括专业学位的合作企业与事业单位的相关人员，不包括联合培养的国外合作导师，不包括研究生导师获得的竞争性研究经费，不包括地方政府对学科建设的经费支持，不包括学科点获得或参与的各种竞争性学科能力平台，不包括各类地方政府的实验室建设平台。所有这些不包括的部分，都是我们这里所说的多级拖带资源。而式 (16.1) 中的分子，$\int q\mathrm{d}\Delta P$，也就是研究生教育的产出量，却是在所有投入作用下 (包括本体投入与多级资源拖带) 的共同产出结果。因此，多级拖带资源相对于本体资源的比值越大，研究生教育的效益就越高。

有鉴于此，每个与研究生教育有关的学位授予机构，都无一例外地争取获得更多的多级拖带资源。这一争取过程主要包括四种手段。一是校地合作，吸引地方资源。如浙江大学是全国第一个成立地方合作处的高校，地方合作的对象从浙江全省到全国各省市和中央各部门。清华大学在深圳市、长三角地区、河北省等地都成立了很有规模的研究院，争取地方支持，同时服务于地方。二是校企合作，吸引企业资源。一部分通过研究生 (尤其是专业学位研究生) 的联合培养来落实，一部分通过产学研合作来完成，再一部分可以通过科研成果的转换来获得。如西北工业大学与航空企业、民航企业、航空制造企业建立了联合培养飞行、导航、乘务、飞行器设计制造等领域高层次人才的研究生教育体系。哈尔滨工业大学在航天领域与国防工业诸集团形成了持续不断的人才输送机制。三是校际合作，取得学校间取长补短的作用。如横跨东部和中西部的“对口支援计划”，像清华大学帮助青海大学、新疆大学，北京大学帮助石河子大学、山西大学，浙江大学帮助贵州大学、太原理工大学等，为中西部大学在研究生教育的腾飞赢得了宝贵的拖带资源。再如学校间的强强合作，像“C9 联盟”的成立，为我国一流大学的理念、政策、做法的交流起到了搭台唱戏的作用。四是国际合作，尽可能地形成国际性的拖带资源。中外合作的各类研究生教育机构也在大力发展的过程中，如上海交通大学与美国密歇根大学的联合办学，上海复旦大学的布达佩斯学院、深圳北理莫斯科大学等。

当然，多级拖带资源的获得，也不是没有成本的。这些成本包括多地办学的成本，管理机构庞杂的成本，和研究生导师有时无法聚焦于导师职责的代价。合理、适度地获得研究生教育的多级拖带资源，是一个要在实践中反复探讨的问题。

16.3 比对基准

为了定量、客观地评价多层次递减控制的效果，需要将其与作为参照的控制过程加以比较。如何选取比对基准是一个有趣的问题。其选取要遵循三个原则：(1) 应当摈除瞬态和周期性震荡变化的因素；(2) 应该彰显全方位控制的特征；(3) 根据单因素比较原则，一般只能体现单一层次的控制境况。为满足第一项原则，我们可选取稳恒状态；为满足第二项原则，我们可选取全局式的指令性控制；为满足第三项原则，我们选取单纯的宏观控制。综上所述，可将稳恒状态下的宏观指令性控制作为比较基准。

稳恒宏观指令性控制作为一种平稳的、按部就班的指令性控制，是国家全方位控制的典型工况。此时，可用整个国家的研究生教育作为投入产出的计量范围。式 (16.1) 中的分母 $\Delta Z_{人}+\Delta Z_{财}+\Delta Z_{物}$ 为全国范围的资源投入，如 $\Delta Z_{人}$ 为经过国家研究生导师资格审查的导师资源，$\Delta Z_{财}$ 为国家财政下拨的研究生教育经费 (在过去几十年间一直按照 15%的比例增长，见图 15.2)，$\Delta Z_{物}$ 为国家级的学科建设设施投入 (如学科建设经费、实验室建设经费等等)。式 (16.1) 中的分子 $\int q\mathrm{d}\Delta P$ 为全国范围的研究生教育产出，其数量由国家许可的研究生招生指标来控制。应该注意：这里的产出量系指人才培养与知识创新的数量经质量加权的计算量，其质量由国家学位管理机构的质量监督部门来进行监督。在这种比对基准模式中，其控制决策服从于投入代价原则，即在国家可能投入的约束下，按照投入/产出比进行优化，从而得到可导致最大产出量的结构变量，并以该变量作为宏观控制的决策量。

16.4　递减控制效益

递减控制的效益可采用三把尺度来衡量。(1) 产出量效益——即在国家可能投入的约束下，按照多层次递减控制和稳恒宏观指令性控制这两种模式所能实现的最大产出量之比，来确定递减控制的效益。(2) 质量效益——即在国家可能投入的约束下，按照多层次递减控制和稳恒宏观指令性控制这两种模式所能实现的质量均值之比，来确定递减控制的效益。这时既可能由于控制的放松而产生不良教育结构，从而导致质量劣化；也可能由于资源的优化配置而产生质量上扬。(3) 自由度效益——即在国家可能投入的约束下，按照多层次递减控制和稳恒宏观指令性控制这两种模式所能实现的在培养研究生方面的个性化程度之比，来确定递减控制的效益。

在上述的三类效益的计算中，我们均陈述了“在国家可能投入的约束下”，也就是假设式 (16.1) 中的分母 $\Delta Z_{人} + \Delta Z_{财} + \Delta Z_{物}$(它代表国家投入所可能产生的在学位授予单位或学科点的本体投入或转移资源) 应该为一个约束定值。该定值可由图 15.2 中的有关数据中用于研究生教育的比值来进行折算。而式 (16.1) 的分母却可能有所不同。最主要的不同体现在三点，将在以下三个段落中分别说明。

一是虽然国家的投入被约束为一个定值，但在国家投入之外的多级拖带资源 (见 16.2 节) 却可能大量地引入到研究生教育之中。从“211 工程”与“985 工程”的二期建设开始，一直到目前实施的“双一流建设”，国家一直要求地方对所建设的高校的投入不小于国家财政的投入。除上述配套性财政投入之外，地方和军队上为了争取所属高校的竞争实力，还仿照国家的一流大学、一流学科的建设，开展了类似的地方和军队一流大学与一流学科的建设计划。再有，一些原来研究生教育不强、但地方经济与财政实力较强的市县，也纷纷具有建设高水平大学和高水平学科的积极性。根据粗略估算，国家投入之外的多级拖带资源可以达到国家本级财政投入的 1.5—3 倍。

二是对式 (16.1) 的分母来讲，研究生教育的产出数量却可以由控制的方式不同而出现较大的不同。在放宽控制的方式下，处于研究生教育稳恒期的学术机构可以通过不同的试点计划扩招研究生，如近二十年来，北京大学、清华大学、浙江大学的本科生教育的产出增量均低于 20%，但研究生教育的产出增量均高于 200%。对刚进入研究生教育系列的学术机构，为了迅速提高其头部师资的水平，也往往是举全校之力，加大研究生培养的速度。即使对尚未进入研究生教育的学术机构，也往往采用挂靠招生、联合培养等办法，促成其在研究生教育上的起飞。所以，在多层次递减控制的方略下，其对应的学位产出数量，参见文献 [7]，显著高于稳恒宏观指令性控制下的产出数量；后者在 2007 年以来一直设定在 3%左右。由图 15.9 所揭示的实际数据，在 2010 年之前，授予硕士学位人数的年增量为 18%，授予博士学位人数的年增量为 18%，大大高于稳恒宏观指令性控制下的产出数量。

三是式 (16.1) 的分母可定性地解读为 $\int q\mathrm{d}\Delta P=\bar{q}\Delta P$。其中，$\Delta P$ 为研究生教育的产出 (当量) 数量，$\bar{q}$ 为研究生教育的平均质量。在稳恒宏观指令性控制下，每个研究生教育所能够得到的平均资源，即为其平均学费加生均拨款；在多层次递减控制下，由于多级拖带资源的注入，其实际生均资源可能达到前者的 2—3 倍。在多层次递减控制下，导师的平均学术水平可能略低于国家评审通过的资深博导、资深硕导的水平，但相对年轻一些的导师则往往能把更多的精力投入到研究生的课题中。总而言之，在多层次递减控制下，研究生教育的平均质量大致相当于在稳恒宏观指令性控制下的平均质量，但前者可能具有更大的分布方差与个性化程度。

因此，若粗略地对比多层次递减控制和稳恒宏观指令性控制两种方式，我们可以得知：(1) 前者拥有比后者更高的产出量效益，年化率在 1.1 左右；(2) 前者拥有与后者大致相等的质量效益；(3) 前者拥有比后者高得多的自由度效益。当然，上述推断都是建立在精细把握的多层次递减控制的操作之上。研究生教育的内涵式发展 [8,9] 有其操作原则。这些原则可大致归结为三条：(1) 多级拖带资源应该大于中央本级为研究生教育下达的资源，但不应过度增加地方的负担，否则不利于研究生教育的可持续区域发展。(2) 研究生教育的产出增量应该大于国家研究生教育的计划增量 (该增量应小于国家对研究生教育的财政拨款增量)，但不应该过度大于国家研究生教育的计划增量，这是因为后者往往参照了国家对研究生数量的预测需求。(3) 尽管实行多层次递减控制，但还应该以双一流建设高校，尤其是设有研究生院的高校，作为研究生教育的主力军。

参考文献

[1] 杨卫. 研究生教育动力学——理论框架初探 [J]. 学位与研究生教育，2006，(2): 1–9.

[2] 杨卫. 研究生教育动力学——定性讨论与案例构想 [J]. 学位与研究生教育，2006，(4): 8–14.

[3] J. M. Keynes. The General Theory of Employment, Interest and Money[M]. New York: Harcourt, Brace, 1936.

[4] 国务院学位委员会，教育部. 关于下放学士学位授予单位审批权的通知 [A]. 1999-02-23.

[5] 国务院学位委员会，教育部. 关于做好博士学位授权一级学科范围内自主设置学科、专业工作的几点意见 [A]. 2002-10-24.

[6] 国务院学位委员会，教育部. 博士、硕士学位授权审核办法改革方案 [A]. 2008-01-14.

[7] The State of U. S. Science and Engineering 2020，NSB Science & Engineering Indicators[OL]. https://ncses.nsf.gov/pubs/nsb20201/conclusion[2021-05-12].

[8] 赵沁平. 开拓、创新、求真, 科学构建研究生教育学学科体系 [J]. 研究生教育研究, 2014, (6): 4–6.

[9] 赵沁平. 探索研究生教育规律, 实现研究生教育内涵式发展——访中国学位与研究生教育学会会长、中国工程院院士赵沁平 [J]. 中国研究生, 2018, (3): 4–6.

第 17 章

研究生教育结构的形成

本章讨论研究生教育结构的形成，主要包括两种结构，即由于快速发展而形成的激波结构与由于协同发展而形成的多层次动力学结构。

17.1 快速发展与激波形成

由于国家的强力意志 [1] 和社会的共识，研究生教育的早期发展采取了快速发展的态势。该态势不仅体现在某一学科点随时间的成长速度上，还体现在其发展浪潮在学科空间的推扫速度上。对任一类具有学科横向覆盖的研究生教育结构，如学位授予单位或研究生院，可定义一个学科空间或超平面。超平面的有效域可覆盖该研究生教育结构已经开始研究生教育的学科领域，在其上可取不同学科的资源占有量与产出贡献量作为基本自变量，并对它们进行赋值。以学科超平面为底，引入各类教育结构变量 (如学科点数目、学科点覆盖率、学科贡献量等等) 为高，可构筑对应的教育结构空间。我们将注意力集中于这些教育结构变量在学科超平面上的动力学时空演化。

根据 5.6 节中关于学科建设的描述，在学科建设的早期，学科空间尚呈无序或短程有序态，各个学科点之间的交互作用相对较弱，只能对学科空间的压缩表现出抗力，不能抗拒长时下学科间的剪切滑移。因此可以用流体模型 (如黏性牛顿流体) 来加以描述 [2]。在学科建设的中后期，学科空间已呈长程有序态，诸学科点间的交互作用已经形成长程构架。作为可变形介质，学科空间不仅仅可以承载拉压作用，也能抗拒长时的学科剪切。这时可以用固体模型 (如胡克弹性体) 来加以描述 [2]。本节先讨论第一种情况。

学科之间的相互作用可由路德维希 · 玻尔兹曼 (Ludwig Edward Boltzmann，1844—1906) 的统计力学模型来加以刻画。可将学科空间的相互作用表述为一团学科粒子之间的无规碰撞。当粒子的分子自由程远大于其半径时，就简化为麦克斯韦的分子运动学说，其对应于气体模型。当粒子的分子自由程与其半径相当时，就可以根据其不同的矩分布特征来加以描述 [3]。若将稠密粒子体系等价为连续介质，玻尔兹曼统计律下最简单的二阶矩截断便对应于流体力学中著名的纳维–斯托克斯方程 (N-S 方程)。于是，可将研究生教育结构空间类比流体力学中波浪起伏的水池，以学科超平面为底，以结构高度为水深，观察结构高度随学科位置 $\boldsymbol{x}$ 和时间 t 的动力学变化。对于刚刚步入发展阶段的研究生教育的动力学系统，其对应的学科超平面相对比较浩渺辽阔，但水深相对较浅，因此按照流体力学理论，可将 N-S 方程简化为浅水波方程 [4,5]。浅水波是指水深小于波长的 1/2 时的波浪起伏，该方程对于研究海洋洋流及大气流动有着重要的作用。浅水波波速 v 与深度 d 有如下关系：

$$v = \sqrt{gd} \tag{17.1}$$

式中，g 为重力加速度。

研究生教育的快速发展过程类似于水波中出现的后浪推前浪的过程，该过程可以用浅水波类型的方程来进行动力学描述。其对应的数学描述方程为伯格斯方程 (Burgers Equation)[5]，它指一类模拟动能波的传播和反射的非线性偏微分方程。

$$\frac{\partial Y}{\partial t} + Y\frac{\partial Y}{\partial x} = \mu\frac{\partial^2 Y}{\partial x^2} \tag{17.2}$$

式中，Y 为结构高度，x 为条件超平面的坐标，μ 为结构演化的黏度。伯格斯方程在数学上可解 [6]，该方程中所蕴含的间断性数学结构诠释了激波产生的浪峰和浪谷。对研究生教育动力学，式 (17.2) 中右端项中的黏度值可解释为政策阻力。对于无黏的情况，即政策完全放开，式 (17.2) 的右端为零，我们得到无黏的伯格斯方程，如下式所述：

$$\frac{\partial}{\partial t}Y+\frac{\partial}{\partial x}\left(\frac{1}{2}Y^2\right)=0 \tag{17.3}$$

式 (17.3) 是一个典型的双曲型非线性方程，可用特征线方法求解。该式说明：沿着一条

$$\mathrm{d}x/\mathrm{d}t=Y \tag{17.4}$$

的直线，Y 为一固定值。也就是说，若考虑任一 Y 为定值的高度，无黏的伯格斯方程的解即为特征线解，特征线的斜率为 Y。由于该斜率随着 Y 的增加而不断加大，其解在 $(x,\, t)$ 平面必然产生特征线的重叠，因此所对应的波形必然导致激波。但在激波的两侧，该解答仍旧适用。考虑在如下初始条件下

$$Y\left(x,t\right)_{t=0}=f\left(x\right),\quad \forall x\in(-\infty,\infty) \tag{17.5}$$

求解式 (17.5)，其解为

$$Y=f\left(\xi\right),\quad \text{on}\quad x=\xi+f\left(\xi\right) \tag{17.6}$$

对无黏的伯格斯方程来讲，其激波位置处于两侧适用解边缘点的平均值处，且其激波的传播速度恰为两侧速度的均值。由此类比研究生教育动力学，将对应无政策约束 (对应于无阻尼情况) 时的研究生教育快速发展过程。在研究生教育的学科建设一旦取得突破 (对应在浅水波方程上作用一个初始边界扰动)，其对应的发展动能 (伯格

斯方程中左端的第二项即为动能项) 将沿着特征线向两侧传播。由于初始边界上的结构高度不同，其对应的特征线会逐步产生重叠，导致研究生教育结构演化中的激波形成，就像在高速行驶的舰船两侧形成的尾部激波一样。这一数学结构说明：在不施加政策约束下，教育结构空间中的动力学演化往往会伴随着激波形成，该激波分割了研究生教育结构高度发展和发展不充分的区域。激波的前缘为两侧重叠波形的平分点，它较稳定地徘徊于资源占有量和产出贡献量的一个组合关系上。该前缘以两侧波速的平均值移动。

举例说明：若初始条件为一平头阶跃冲击凸台，

$$f(\xi)=\begin{cases} C_1=C_0+H, & \text{for } \ 0<\xi<L \\ C_0, & \text{for } \ \xi<0,\ \xi>L \end{cases} \tag{17.7}$$

则发生激波的断点位于 $x=C_0t-\sqrt{LHt}$，其激波高度为 $\sqrt{LH/t}$。

对有黏的伯格斯方程，可以通过科尔–霍普夫 (Cole-Hopf) 变换来进行线性化求解 [5]：

$$Y=-2\mu\frac{1}{\varphi}\frac{\partial\varphi}{\partial x} \tag{17.8}$$

将其代入式 (17.1)，可得下述线性的扩散方程，

$$\frac{\partial\varphi}{\partial t}=\mu\frac{\partial^2\varphi}{\partial x^2}+f(x)\varphi \tag{17.9}$$

其中，$f(x)$ 是取决于初始条件 (17.5) 的函数。该扩散体现了沿着激波前沿的黏性过渡。求解该扩散方程，可以得到借助于科尔–霍普夫变换的伯格斯方程解为 [3,5]

$$Y(x,t)=\int_{-\infty}^{\infty}\frac{x-\eta}{t}\mathrm{e}^{-G/2\mu}\mathrm{d}\eta\Big/\int_{-\infty}^{\infty}\mathrm{e}^{-G/2\mu}\mathrm{d}\eta \tag{17.10}$$

式中，

$$G(\eta;x,t)=\int_0^{\eta}f(\zeta)\,\mathrm{d}\zeta+\frac{(x-\eta)^2}{2t} \tag{17.11}$$

对研究生教育动力学来说，这一解答体现了在存在政策约束的条件下，研究生教育结构的时空演化。由于政策阻尼 μ 的作用，该结构演化不再具有激波，而以涌浪结构来代替。若初值为狄拉克 δ (Dirac delta) 函数

$$f(x) = A\delta(x) \tag{17.12}$$

则其解答为

$$Y(x,t) = \begin{cases} x/t, & \text{in} \quad 0 < x < \sqrt{2At} \\ 0, & \text{otherwise} \end{cases} \tag{17.13}$$

若在式 (17.3) 的基础上进一步考虑研究生教育结构对 x 的三阶导数项，便得到当年荷兰数学家科特韦格 (Diederik Korteweg，1848—1941) 和德弗里斯 (Gustav de Vries，1866—1934) 在研究浅水中的小振幅长波运动时，共同发现的单向运动浅水波偏微分方程。该方程以他们的姓氏首字母命名为 KdV 方程。KdV 方程是孤立波理论的基础，它可以用逆散射技术求解 [7,8]。在研究生教育动力学中，研究生教育结构在学科空间的转移对应着孤立波解。这种转移对应着一种单向运动浅水波的小振幅长波运动，其所对应的动力学方程与 KdV 方程类似，其中的三次导数项起到一种定向、偏置且为长波的性质导向。

17.2 层次跃迁的数学结构

探索多层次研究生教育结构的形成过程是另一个有趣的案例，其关键在于层次跃迁的数学结构。假设在某一较低的研究生教育层次 (如硕士生教育层次) 已经在若干学科范围内构建了其对应的研究生教育结构，则这时其对应的学科空间可以用稠密的流体 (比如像水一样的液体) 来表示。类似于水波方程 [4]，由于演化过程的非线性，无

黏滞阻尼的层次跃迁结构呈行进激波态。在注入的能量 (或资源) 为 $U = LH$ 初始条件作用下 (这里 L 为注入面长度，H 为注入结构的初始高度)，则激波边缘的跃迁高度大致可由 $\sqrt{U/t}$ 来刻画。若在边界上不断注入能量，则激波边缘的跃迁高度大致可由 $\sqrt{UT}$ 来刻画，此处 T 为能量注入的时长。由此可见：在持续注入能量式，其对应的跃迁高度可以不断加高，类似海啸的形成。

对层次跃迁来讲，在采取固定标准的控制模式下，其跃迁的门槛高度取决于新增学位授予单位或新增学科点的门槛条件 [9]，见 9.2 节。在总量控制的模式下，由资源注入而导致的学科建设过程可参见 5.6 节的论述。随着时间的演化，其引致的激波前缘高度取决于该结构的资源注入力度 (U) 与建设周期 (T，在学位点审核实践中也等同于审核周期) 之乘积的开根。因此，跃迁高度是否能够达到所需要的层间跃迁高度，应依赖于该研究生教育结构 (如学位授予单位、学科点) 的建设周期 (即资源注入的时长 T) 与资源注入率 (即资源注入的强度 U)。该研究生教育结构的建设周期越长、资源注入率越快，其所激发的层次跃迁高度就越高。若在研究生教育多层次结构的演化过程中引入黏滞阻尼，如层间跃迁所需要的资源与能源耗散，则可进一步厘清层次间的过渡结构。其对应的方程类似式 (17.2)，其解答由式 (17.10) 与式 (17.11) 给出 [4,5]，在层次过渡处形成边界层，其过渡陡度与系统黏度相关。

17.3 自相似层次演化

可采用同样的研究思路来考察含有多重阶跃的多层次演化过程。多层次演化的基本理论和演化形态描述见第 10 章。该演化过程的主要步骤是：(1) 在学科空间的某一区域开始建设低层次 (如硕士层次) 的研究生教育结构；(2) 随着持续的资源投入与学科建设 (见 17.2 节)，形成了一处较高的激波前沿；(3) 该前沿的高度超过层次跃迁的门槛条件，且在随之而来的审核周期上通过审核，完成跃迁；(4) 由此形成在一个新的、更高层次上的学科建设；(5) 两层学科建设间按照 10.1 节中所描述的方式进行层间传递；(6) 两个层次上的学科建设实现协调的自相似发展，并通过学科经轴来实现互相支撑；(7) 在核心学科区出现贯通培养过程；(8) 择机考虑下一次层间跃迁。

对多层次的研究生教育，可以在教育结构空间中引入多层次激波的描述，这类似于浅水波方程所描述的潮汐时的一浪接一浪的冲击。多层次激波的间距体现了不同结构层次所需资源/产出的差别。若满足相应的自相似条件 (如各阶跃边缘长度与资源注入量的自相似性)，可以得到多个学位层次的自相似演化过程，参见 11.3 节。自相似的层次演化体现了学科建设最优的渐进过渡形态。不同学位层次的教育结构量 (如学位授予单位数、学科点数) 之比称为自相似比。若举当前的全国数据为例，我国每年招收本科生近 1000 万人、硕士生约 100 万人、博士生约 10 万人，其对应的自相似比大致为 10。该自相似比有可能在 2050 年以前下降为 5—6，类似美国现在的情况 [10]。自相似比依赖诸多参数，如不同层次教育的建设门槛比值、建设周期比值、社会需求量比值等等。而社会需求又反映出一个社会所对应的经济发展水平。为保证研究生教育多层次结构的稳定孕育，还需要探讨自相似多层次演化的稳定性。这一稳定性包括两项额外的内容：(1) 高层次研究生教育发展过快，而初级层次研究生教育发展过慢所导致的层次失稳过程；(2) 初级层次研究生教育发展过快，而高层次研究生教育发展过慢所导致的人才流失过程；(3) 贯通培养与分层次培养之间的竞争失稳过程。

17.4 教育结构的总体演化

我们进而在全国的尺度上探讨教育结构的总体演化。该演化包括每一研究生教育层次的扩展与从低层次向高层次的跃迁。若取某一教育结构变量 (如学位授予单位、学科点等) 的发展层次为纵坐标，取其对应层次的体量为横坐标，可得到该教育结构的层次剖面图。以学位授予单位为例，可以有一流大学建设高校 (42 所)、设有研究生院的高校 (66 所)、一流学科建设高校 (140 所)、拥有博士授予权的学位授予单位 (417 所)、拥有硕士授予权的高校 (738 所) 等层次。在一流大学建设高校中，又有一类 (36 所) 与二类 (6 所) 的区分，这里一并考虑。该层次剖面图随时间的演化标志了该教育结构的总体变化。层次剖面体的演化宛若诸航行元在流体中的航行。其动力来自两个方面：一是对各个研究生教育机构注入的资源，二是各个研究生教育机构的内涵建设，包括 5.4 节—5.6 节讨论的产品转化、质量实现和学科建设。这里特别要强调：由于知识、人才与能力平台的继承性，产品、质量和学科建设都始终是向前发展的动力。用工程科学的语言来说，资源相当于航行所需的燃料，而学科相当于所对应的发动机。

考虑该研究生教育结构的总体前行与拓展。该结构的每一个航行元都有自身的携带燃料与发动机，它们提供上行的动力；而每一个航行元前行 (即层次跃迁) 时所需要的资源耗散相当于每个航行元所遇到的阻力。在学位授予单位的合作机制下，可将诸航行元的集合作为一个航行体来考虑。注入资源的总和相当于对航行体的驱动力，而沿层次剖面体边界的阻力总和相当于对航行体的总阻力。这里我们用连续介质的比拟来描述对教育结构前行的阻力。层次跃迁的过程总可以用碰撞跃迁的玻尔兹曼统计过程来描述，该过程可以以航行体与环绕介质的界面分子碰撞过程来加以量化。若国家对每个学位授予单位的层次跃迁完全没有控制，则该航行体在真空介质中向前航行，层次跃迁完全不受介质阻力；若国家对每个学位授予单位的层次跃迁仅有少量控制，则该航行体在气体介质 (如空气) 中向前航行，层次跃迁仅受到与速度正相关的少量介质阻力；若国家对每个学位授予单位的层次跃迁具有门槛与总量的控制，则该航行体在体积变形量受限的液体介质 (如水) 中向前航行；若国家对每个学位授予单位的层次跃迁进行完全控制，即总量上基本不增加，仅考虑少数特例，则该航行体在固体介质 (如冰) 中向前破冰航行，该介质可以发生少量变形，但具有长时的剪切抗力；若国家对每个学位授予单位的层次跃迁进行刚性控制，则该航行体在刚体介质中陷于停滞。根据我国四十年来关于学位管理与研究生教育的实践，国家的控制方略一直在气体、液体、固体三种模拟介质间变化。目前，我国研究生教育的国家方略 [13,14] 大致相当于液体介质的情况。这时可以用在水介质中前行的航行体来描述研究生教育结构的总体演化，航行体的船头形状即为层次剖面体的形状。

对研究生教育结构不同的发展速度 (系指层间跃迁的总体平均速度)，存在着最适宜层次剖面体航行的流线型。流线型是一个源自流体力学的名词，即在流体中穿行的物体与其流线相贴合 [2]。当物体穿行于流体之中时，会受到阻力。阻力可分解为两个分量：摩擦阻力与压差阻力。摩擦阻力系指流体在物体表面产生与物面相切的摩擦力的合力；压差阻力系指与物面相垂直的压力合成的阻力。当阻力由黏性阻力主导时，称其为流线体；若其由压差阻力主导，则称之为钝体。究竟是黏性阻力主导还是压差阻力主导，取决于航行体的形状。对于给定的头部截面积和速度，流线体具有比钝体低得多的流动阻力。我国研究生教育的层次剖面体正处于高速前行的发展中。按照流体力学的一般原理，高速运行的层次剖面体的流线型顶端必为尖体。

对照我国研究生教育结构的细分层次组成情况，在其头部的 42 所世界一流大学建设高校中，又有 36 所相对突前，而在这 36 所中又有“C9 联盟”(9 校) 这一前行的层次，而在这 9 校中，又有一个“2+7”的结构，即北京大学与清华大学就是这个上行的层次剖面体的尖点。

对我国研究生教育层次剖面体来说，其在高速航行时会从尖体的顶端发出激波。这类激波有两种情况。一种体现了双曲线方程的锥形自激发解，参见式 (11.2)，

$$S\left[(\boldsymbol{x}-\boldsymbol{x}_0) \pm \boldsymbol{c}\,(t-t_0)\right] \tag{17.14}$$

其激波与特征线相重合，表征了水介质间影响区域与未影响区域的边界。这里水波的介质特征由 $\boldsymbol{c} = c\boldsymbol{\omega}$ 来刻画，其中 c 为传播速度，$\boldsymbol{\omega}$ 为单位长度的传播特征向量。另一种体现了高速前行尖点的局部激发解，锥角斜率为

$$\mathrm{d}x/\mathrm{d}t = v \tag{17.15}$$

式中，v 代表尖点的上行速度。在一定的介质黏性阻力下，存在对研究生教育层次剖面体造成最小阻力的尖度。而该夹角依赖于跨层次跃迁体系的参数。由式 (17.15)，该尖度也对应着形成激波的夹角，即尖体的突前航行速度。这些都是值得进一步加以分析的理论问题。

对多层次演化，其两个领先层次的对应体量比定义了层次演化的尖度。对自相似多层次演化，见 11.3 节与 17.3 节，层次演化的尖度即为自相似比。该尖度与演化速度有关：演化速度越高，尖度就越高。整个研究生教育结构的体量与教育结构层次数之比称为研究生教育层次剖面体的扁度。该量取决于教育结构层次的定义，如是取细分层次还是粗分层次。但在恪守同一定义的情况下，演化域的扁度刻画了研究生教育结构的特征。扁度小的研究生教育结构属于动力发展型，扁度大的研究生教育结构属于和谐发展型。研究生教育结构的

扁度与资源投入结构有关：资源投入越体现国家的强力发展意志 (如尽快建成研究生教育强国)，研究生教育结构的扁度就越小；资源投入越体现教育公平 (如国家财政转移支付向中西部、东北老工业区倾斜)，研究生教育结构的扁度就越大。研究生教育结构的扁度还与宏观控制有关，宏观控制越严格，研究生教育结构的扁度就越小；宏观控制越宽松 (或自主权越大)，研究生教育结构的扁度就越大。

参考文献

[1] 弗里德里希・尼采. 权力意志——重估一切价值的真理 [M]. 张念东，凌素心译. 北京：商务印书馆. 1998.

[2] 杨卫, 赵沛, 王宏涛. 力学导论 [M]. 北京：科学出版社，2020.

[3] 陈伟芳. 稀薄气体动力学矩方法及数值模拟 [M]. 北京：科学出版社，2017.

[4] G. B. Whitham. Linear and Nonlinear Waves[M], New York: John Wiley & Sons, 1976: 30, 94.

[5] G. K. Batchelor. An Introduction to Fluid Dynamics[M]. Cambridge: Cambridge University Press, 2000.

[6] Eberhard Hopf. The partial differential equation $y_t + yy_x = \mu y_{xx}$[J]. Communications on Pure and Applied Mathematics, 1950, 3(3): 201–230.

[7] D. J. Korteweg and F. de Vries. On the change of form of long waves advancing in a rectangular canal, and on a new type of long stationary waves[J]. Philosophical Magazine, 1895, 39: 422–443.

[8] H. Segur. The korteweg-de Vries equation and water waves. Solution of the equation. Part 1[J]. Journal of Fluid Mech., 1973, 50: 4, 721–736.

[9] 国务院学位委员会. 学位授权审核申请基本条件（试行）[A]//关于开展 2017 年博士硕士学位授权审核工作的通知 (学位〔2017〕12 号). 2017-03-17.

[10] The State of U. S. Science and Engineering 2020，NSB Science & Engineering Indicators[OL]. https://ncses.nsf.gov/pubs/nsb20201/conclusion[2021-5-13].

[11] 杨卫. 研究生教育动力学——理论框架初探 [J]. 学位与研究生教育，2006，(2): 1–9.

[12] 杨卫. 研究生教育动力学——定性讨论与案例构想 [J]. 学位与研究生教育，2006，(4): 8–14.

[13] 国务院学位委员会. 2020 年博士硕士学位授权审核工作方案 (国务院学位委员会第三十六次会议审议文件之二)[A]. 2020-07.

[14] 国务院学位委员会. 国务院学位委员会关于高等学校开展学位授权自主审核工作的意见 (学位〔2018〕17 号)[A]. 2018-04-19.

第 18 章 “双一流建设”的上行式评估

作为本书的最后一个案例研究，本章讨论对“双一流建设”的上行式评估，其内容亦刊于文献 [1]。从“双一流建设”的历史使命与未来走向出发，本章将试图说明如何从研究生教育动力学的角度上来把握对其建设的上行式评估，着重表达在不同的动力学发展阶段所体现的六层评估境界。对“双一流建设”序列的入门遴选，关键在于特色学评估，该评估具有集聚型的特征动力学的形式；对已经确立“双一流”发展目标而处于上升期的大学，要把握其通用动力学评估，关键在于梳理其加速发展的动力；对行进至呈健康形态且进入全面发展阶段的大学，要观测其统计学评估；对已经长期处于国际一流水准的大学，要监测其生态学指标，考察其稳恒发展的保持力，考察其融合力；对处于一流大学高端的大学，要考察其在全球范畴的教育学感召力与引领力；对位于一流大学之巅的高校，要观测其哲学意义的引领高度，即动力学发展的上界。

18.1 历史观——“双一流建设”的历史使命

“双一流建设”是实现社会主义强国的核心目标 [2−5]。社会主义强国只能在创新驱动的发展模式下建成。要形成我国在世界范围内的创新驱动主导能力，就必然要求我国自身建成科技强国。要实现科技强国，其前置条件为需要我国成为高等教育强国，来提供人才和思想的源泉。而后者需要世界一流大学和世界一流学科。

在改革开放百废待兴的 1978 年，邓小平同志先抓科技、抓教育，力排众议推出海外留学计划，让大批留学生去海外学习先进科技。他就是要为我国数十年后的科技腾飞、大学腾飞打下基础。从“211”/“985”到“双一流”，二十余年的时间中国的大学绘出了可称之绚丽的发展轨迹，乃至于美国科学理事会在其 2020 年度的《科学与工程索引》报告中对中国的挑战给予了特殊的关注 [6]。

“双一流建设”要低调务实。我们之所以取得让世界惊艳的进展，其关键在于坚持了中国特色。特色之一在于改革开放的国策，现在已经看到大量高端人才回流和民间科研国际合作。特色之二在于因地制宜的发展方略，抓住经济转型的机遇进行大学硬件转型，没有照搬欧美的大学发展模式。特色之三在于动力型发展的思路，以增量发展来迅速更新师资队伍，使得各主要“双一流建设”高校的人才梯队在竞争中砥砺前行。特色之四在于中国知识分子的勤劳智慧，只要看到希望，就会闷头拼搏，由个人业绩的不断上升造成学校总体数据的迅速充盈。特色之五在于日益充沛的资源支持。长此以往，中国高校的“双一流建设”有望成功。

世界正处于百年未有之大变局中。中国国际地位的变化引人瞩目，中华民族的伟大复兴已经成为“它是站在海岸遥望海中已经看得见桅杆尖头了的一只航船，它是立于高山之巅远看东方已见光芒四射喷薄欲出的一轮朝日，它是躁动于母腹中的快要成熟了的一个婴儿 [7]。”我国 GDP 在未来十年间有大概率的可能性跃居世界首位，人均 GDP 已经超过 1 万美元，经济的发展和转型升级的需求开始牵引技术的发展与国防事业的进步。技术与产业的发展以 5—10 年为一代，而教育与学术的发展以 20—30 年为一代。百年老店、百年公司难见，数百年的大学却不下百所。与经济和技术的发展相比，在我国建设一流大学、哺育一流的基础研究可能需要的时间要长得多。一流大学建设周期长，能力的提升相对较慢，需要几代人的传承。与经济与高新技术发展相比，我国一流大学可能较晚才能引领世界，但一旦引领，将长期持续。我国"双一流建设"的历史使命就是为中华民族的伟大复兴和长期兴旺保驾护航。

18.2 现实观——"双一流建设"的实施步骤

"双一流建设"是一项国家行为，是国家牵头、地方争先、人民踊跃支持的国家大计。在第一期建设中，世界一流大学建设高校有 42 所，分"36+6"两个层级配置；一流学科建设高校有 95 所，涉及建设学科 465 个。中央政府在"十三五规划"中主导投入人民币 980 亿元，比"十二五规划"中对"985 计划"与"211 计划"的联合投入还要大幅度增加。地方政府的相应配套比中央投入应只多不少。随着"双一流建设"的不断展开，人们期待到 2035 年，能够在世界百强大学中，中国能够占有至少 10 席 (目前各种大学排行榜中，中国内地大概占 3—5 席)，初步跻身于世界高等教育强国的行列；到 2050 年，中国将建成高等教育强国。

"双一流建设"采取了一种主观与客观评价相结合的遴选方式。当前的学科评价系统，尽管林林总总，却不外乎客观评价与主观评价两类。客观评价通过在科学数据之上的指标体系设计来实现。它在公开和内部独有的基础数据上，通过构建评价的基本框架和分级指标，再通过德尔菲法确定各项指标的权重，进而构建出评价的矩阵，实现对评估对象的结构化评价。但是，在现实情境中，该方法的应用受到数据通用性、可靠性、公平性等诸多因素考验和制约，也存在着评价范式的非包容性。主观评价的组织实施过程采取同行评议的方法，同行可能是"小同行"，也可能是"大同行"。主观评价是基于 (所邀请的) 专家知识与经验的一种判断，是学术共识型评价，是对专家型评审人才的一种尊重。但是，在具体实践中，同行的学术价值观、学术观点、信息对称性、学术判断的可塑造性等因素会直接影响到评价结果。一言以概之，主观评价取决于评价专家的学术世界观之共识，有唯学、唯心的风险；客观评价取决于公式、权重、数据，有机械唯物论的风险。除此之外，也可以采取客观评价与主观评价相结合的模式。如国家自然科学基金评审采用了在充分客观信息条件下的专家评审方式。

"双一流建设"的遴选采取了主观评价与客观评价"两混合"的方式：对一流学科遴选采取了专家委员会投票认同规则下的客观评价方式，而一流大学建设高校的遴选采取了客观数据辅助下的专家投票方式。在一流学科遴选中，具体的步骤可表达为"一前置、四渠道"。"一前置"是将教学评估作为前置条件，实行教学一票否决。"四渠道"是设立了四条并行渠道来通过学术评估关，这四条渠道分别是：(1) 对应一级学科评估的前 2 名或前 5%；(2) 国际五大评估体系 (Essential Science Indicators (ESI)、Times Higher Education (THE)、Quacquarelli Symonds (QS)、U. S. News & World Report (USNews & WP)、Academic Ranking of World Universities (AWRU)) 的学科排名前 50 位；(3) 做出杰出研究贡献 (国家高等级科技奖和高规格的政府人文社科奖)；(4) 区域特色、民族特色与新学科。这类先确定规则、后输入数据的方法，其优点在于论理在先，这时专家们并不详知各校数据，摆脱了本位主义；而缺点在于规则一经确定，便无法根据数据进行必要修正，所以不乏粗放之处，且无法微调，会产生明显不合理的个别案例。尽管有上述不足，"双一流"遴选的结果还是得到了各高校主体的接受，并认为是基本上公平的。

"双一流建设"已经开展三年有余了。目前，教育部与"双一流建设"专家委员会建议采用动态观测数据库与评价方法相结合的方案来评价"双一流建设"的成效。评价步骤可体现为"一前置、六核心、三视角"。"一前置"是把党的领导与治理体系改革成效作为前置条件。"六核心"是按照六个核心性维度来展开评估，分别是：人才培养、师资队伍建设、科学研究、社会服务贡献、文化创新传承、国际交流合作。"三视角"是从学校或学科的成长提升程度、整体发展水平、可持续发展能力三个视角来考察其进步。

18.3 未来观——"双一流建设"评估的六层境界

"双一流建设"是一个动态的过程，对其评估也必然是一个动态演进的过程，体现我国大学的不断进步和双一流建设文化的演进。上行式评估体系有不同的评估境界。本节旨在阐述"双一流建设"评估的六层境界：即特征学、动力学、统计学、生态学、教育学、哲学的不同境界，这将在以下各小节中逐一展现。

1. 第一层境界：特征学 (Characteristics)

对要进入"双一流建设"序列的学校或学科，其关键在于展现特色，这时可从特征学的角度上进行评估。有特色就是要从"专项一流"的角度上启动"双一流建设"。所选取的"特色"必须是认真、有分量的，符合该校的主体内涵并得到全校大多数师生员工的认同。然后，一张蓝图干到底，把这个特色发扬光大。这里的特色可以是下列五类之一：

(1) 学科特色。学科特色是一流学科建设的应有之意。学科影响力是体现学科实力的重要指标，也是我国具备了评估学基础的指标。目前，中国内地的学术影响力已经在 ESI 的 22 个学科领域全面发力。中国已经在 4 个学科 (材料科学、化学、工程、计算机科学) 的影响力为世界第一名，10 个学科为世界第二名。此外，学术产出可以在一定程度上视为学术影响力的先行指标。中国的学术产出已经在 7

个学科 (材料科学、化学、工程、计算机科学、物理学、数学、农学) 为世界第一名，另有 11 个学科为世界第二名。见表 18.1。

表 18.1 我国 (不包括港澳台地区) 在 22 个 ESI 学科的影响力与学术产出 (从 2011 年 1 月—2021 年 5 月的累计量) 的国家排名

学科	2021 年 5 月影响力	2021 年 5 月论文量
数学	2	1
物理学	2	1
化学	1	1
地学	2	2
空间科学	13	6
心理学	9	7
工程	1	1
材料科学	1	1
计算机	1	1
生物	2	2
分子生物	2	2
微生物	2	2
神经科学	5	2
免疫学	5	2
临床医学	4	2
药学	2	2
农学	2	1
动植物学	2	2
环境科学	2	2
社会科学	7	7
经管	5	4
多学科	3	2
综合	2	2

(2) 文化特色。文化特色是国学国粹的特征。要建立中国特色哲学与社会科学的评价体系，着重点不应放在学术产出的数量，而应该放在学术产出的分量，尤其要关注经史子集类标志性巨著 (如新儒学

等现代人文进展)；不仅要注重 SSCI、Scopus 等国际数据库的数据，也要在同质等效的原则下，吸取人大报刊文摘、中国知网 (CNKI) 等中国数据库的数据，注重对国家 (地方) 大政方针的智库服务和对政策制定的咨询贡献；要不唯帽子，但应注重全国学科领军人才和国际人文艺术大师的作用。

(3) 领域特色。我国很多专科性的大学是依据领域设置的，如农林水、地矿油等。“双一流建设”不应该泯灭这一类大学的初心与特色。要以此为基础，形成学科的山型结构或门型结构。

(4) 德育特色。我国的德育特色体现在学校的治理体系和全校师生坚定的政治方向。对教师来说，中国特色评价体系要监督所在高校的师德师风以及全体教师在道德伦理和诚信教育方面的水平，如师德负面报道、伦理投诉率、学风一票否决状况、撤稿率等可能的指标数。对研究生来说，中国特色评价体系要监督所在高校的研究生教育立德树人成效，对学生在世界观、价值观、方法论等方面的调查数据，思政课成效、论文查重一次通过率等等。

(5) 教育特色。在中国特色的评价体系中，教育教学要把握 KSV (知识、能力、价值观) 全方位评价。除考察学校在传授知识的数据外，还要看思政、看能力、看实绩。对博士创新人才培养质量，要注重考查其学位论文的突破度、完整性、学术影响，可参考的评价指标包括质量抽查优良率、全国学会的优博论文数、领域加权引用率、5 年薪酬/成才率等。专业学位人才的培养质量应以行业评价为主，其主导指标不应是传统的学术指标，而应该是衡量职业胜任力的指标，如行业成才量、企事业中晋升速度、跨专业迁移率、技术进步关键性贡献等。

2. 第二层境界：动力学 (Dynamics)

对已经确立“双一流”发展目标，而处于上升期的大学要把握其发展的动力学特征，考察其“成长提升程度”。在动力学的评估境界，应着重考察学校或学科的成长提升速度。动力学评估要表明该学校或学科在全世界高等教育评估的典型公认指标上，已经形成了清晰的动力学上升态势，从而确立了后发制人的追击地位。这里所说的典型公认指标有四类，即 ERRR：(1) 教育指标 (Education)，如生源质量 (或就学选择性)、培养质量等。(2) 学术指标 (Research)，如师资水平、学术产出、学术影响力、标志性贡献等。(3) 资源指标 (Resource)，如资源投入、硬件条件等。(4) 排名指标 (Ranking)，包括学校排名和学科排名，如 THE、QS、AWRU、ESI、USNews & WR 等。作为动力学评估的一个例证，图 18.1 展示了来自中国的“C9 联盟”高校与国际几大高校联盟在前 1%高引论文产出所占的百分比随年代发展的动力学变化。二十五年间，“C9”高校前 1%论文的产生占比从 1996 年的 0.25%增加至 2019 年的 2.8%，超过了日本学术研究恳谈会 (RU11) 联盟，甚至已经相当于北美大学联盟 (AAU) 与英国的罗素大学集团 (Russell Group) 的平均水平，但与著名的“常春藤联盟”尚有可观的差距。若这一动力学趋势延续下去，“C9”的高引论文产出比将在 2050 年达到“常春藤联盟”的水平。

3. 第三层境界：统计学 (Statistics)

“双一流建设”的第三层境界是指从统计学的角度上，学校或学科的总体数据 (以各主要排名榜的均值来衡量) 达到世界一流水平。这是从“整体发展水平”的视角上进行评估。在 42 所一流大学的建设方案中，对学校在 2050 年的建设总体目标有 (1) 进入世界一流大学行列 (20—25 校)，(2) 进入世界一流大学前列 (10—15 校)，(3) 进入世

界顶尖大学行列 (北大、清华等 5 校)，(4) 进入世界顶尖大学前列 (1 校) 等不同提法，在表示进入程度的动词中采取了“跻身、成为、牢固占据、当然成员”等提法。如果在这一境界上“破五唯”的话，就是不能靠模糊统计下的加法定理来误判进入世界一流大学的程度。

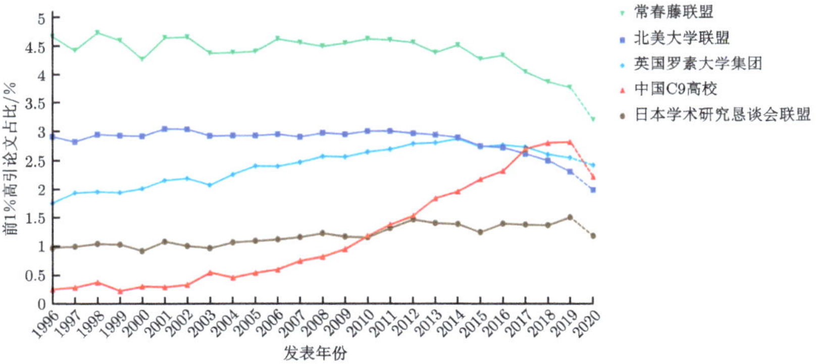

图 18.1 几大高校联盟前 1%高引论文占比变化*

近年来，源自中国的学术产出呈急剧攀升态势。以国际知名的数据库 WoS 及 Scopus 为例，中国学者发表的被 WoS 数据库收录论文在 2018 年已经达到 40.9 万篇，仅次于美国的 59.6 万篇。在 Scopus 数据库中，中国学者的成果数从 1996 年的每年 3.3 万篇激增至 2020 年的 77 万篇，超过了美国的 70 万篇，见图 18.2。

在学术产出数量急剧攀升的同时，中国学术产出的质量也在稳步上升。这一态势可用学科归一化的影响因子 (FWCI) 来说明，见图 18.3。该因子的世界均值为 1.0。在 Scopus 数据库中，主要发达国家近二十年的 FWCI 值呈稳定状态，几乎没什么变化，而中国则在这个时间段有 3 倍的成长，同时增长比较快的还有印度与俄罗斯。在 WoS 数据库中，2018 年源于中国的学术产出的 FWCI 值为 1.08，

* 数据来源: Scopus/SciVal，检索日期：2021 年 4 月 26 日。

高于世界平均值，但仍显著低于美国的 FWCI 值 (1.33)。

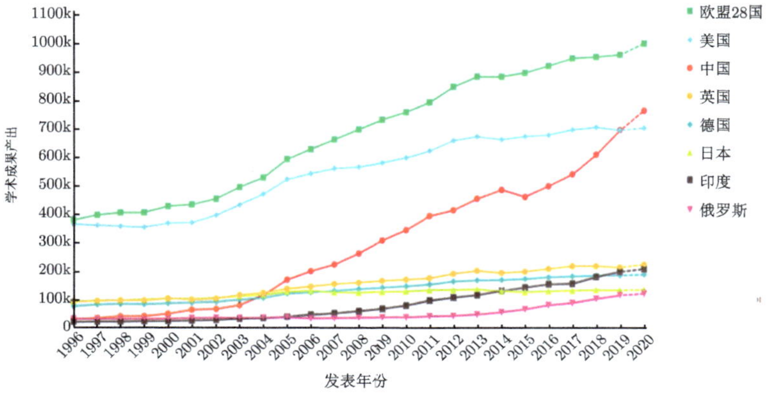

图 18.2 Scopus 数据库历年收录各国的成果数*

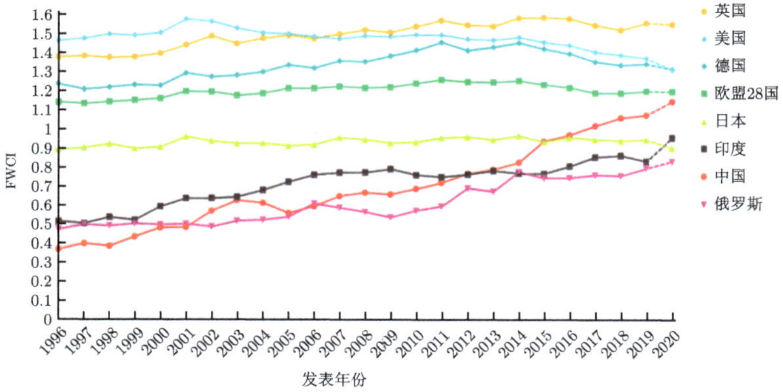

图 18.3 基于 Scopus 数据库的各国/联盟历年 FWCI 值*

另一个更为迅速的变化是世界各国前 1%高引论文数的变化情况，见图 18.4。中国在这个指标上增加尤为惊人，在最近几年直接拉低了欧盟与美国的数值。我国在 2018 年高影响力论文的数量已经非

* 数据来源: Scopus/SciVal，检索日期：2021 年 4 月 26 日。

常接近美国的对应数量，也非常接近欧盟 28 国的总贡献。数据表明，在 2019 年已经出现了历史性的跨越。

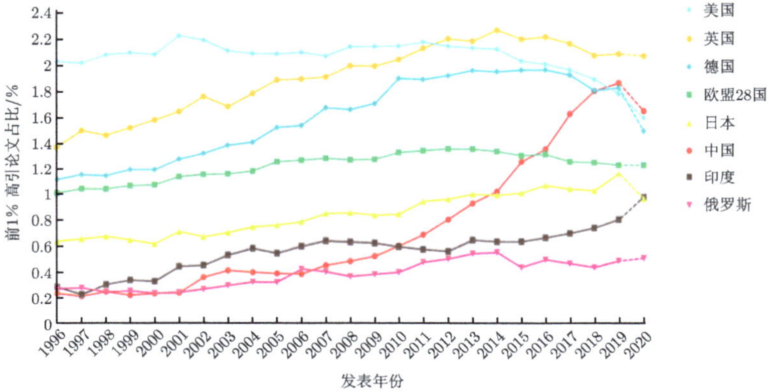

图 18.4 基于 Scopus 数据库的各国/联盟历年前 1%高引论文数*

4. 第四层境界：生态学 (Ecology)

若一所大学或学科进入了“双一流建设”的第四层 (即生态学) 的境界，就应该从“可持续发展能力”的视角加以度量。从“破五唯”的角度来说，此时学校或学科的建设已经不再唯评估指标，而进入了“自在”的层次。我国的清华大学与北京大学正在进入这一层境界。对学校来讲，已经是一流大学的当然成员，正在实行从“必然王国”走向“自由王国”的跃迁，应该以健康的学术生态作为发展的第一要务，以雇主调查作为评价依据；应该不再追求各种排名，而应该确保具有长期保持一流的能力。对学科来讲，应该以学科的质量与成熟度，不断发育培养学科成熟度、育人成熟度、质量稳定性和师资的倒三角结构。这时可用研究生培养质量指数作为质量指标，以学术诚信指数 (学校 (学科) 撤稿率与世界均值之比) 作为学风指标。

* 数据来源：Scopus/SciVal，检索日期：2021 年 4 月 26 日。

根据撤稿观察网 (Retraction Watch) 的数据，见图 18.5，中国经历了 2010 年前后撤稿高峰后，每年的撤稿量快速回落。这在很大程度上得益于中国科协和教育部在近十年来的科研诚信教育工作。2019 年，我国相对撤稿率为 1.36，仍高于世界均值 (1.0)；但与 2010 年时的峰值 5.8 相比，已经大有好转。对比日本、德国等国的撤稿数据：他们也出现过明显的撤稿高峰后，随着加强科研诚信的措施，撤稿率趋于平稳下降的情形。图 18.5 表明：中国科研总体的科研生态在复苏之中，源自中国的学术产出的国际声誉将会上升，但构建一个健康的科研生态环境注定是一项长远工作。

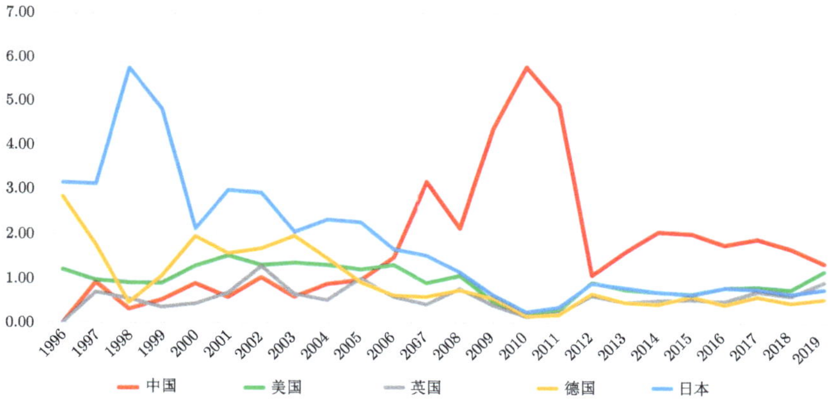

图 18.5　世界诸国的相对撤稿率的编年数据*

5. 第五层境界：教育学 (Education)

在能够长期确保世界一流大学的健康生态后，就可以准备迎接一流大学建设的第五层境界，即教育学的境界。最优秀的大学应该以教育作为自身的最高追求。在全球学界桃李满天下之日，便是第五层境界实现之时。教育学境界的一流大学追求下述五方面的目标：

* 致谢：康晓伶，Elsevier。

(1) 拥有全球最优秀的学生，成为全球生源选择性最高的因材施教学府；(2) 可培养一流大学的师资，成为一流大学家族的教育培养基地；(3) 可孕育学术界的新学派，大学中每一位教授都以开辟新方向为荣；(4) 形成新的大学教育理念，在教育学的意义上引领世界一流大学；(5) 成为全球的教育中心，进入“自为”状态。

国际引领是“双一流建设”在这一境界的折射维度，我国一流大学在这一境界的发展征程尚十分漫长。尚需时日，才能成为优秀国际生的集聚地，成为世界学术交流中心结点。但千里之行始于足下，各级政府正在发力做好这一事业：如国际合作的资助经费日益充裕，在某些领域与学科开始出现学科领导力，开始造就一批重大国际合作研究平台等等。

6. 第六层境界：哲学 (Philosophy)

哲学是抓总的。一流大学建设的最高境界应该是哲学层面上的境界，是至真、至善、至美的境界。所谓“真”就是要成为全球的知识宝库，成为真理的象征；所谓“善”，就是塑造良法善治，造就各学科、行业的规范指南；所谓“美”，就是实现大音无声、大象无形、大道至简、大师云集，拥有像当年引领百科全书派的亚里士多德先贤，探索星空、力陈道德三批判的康德先哲和举国仰慕的钱学森先生这样的顶峰学者。

“双一流建设”评估的六层境界是相互连通和相互激励的，它将记录我国一流大学在全世界的崛起过程。

参考文献

[1] 杨卫. 双一流建设的上行式评估 [J]. 大学与学科，2020, 1(1): 145–153.

[2] 国务院. 统筹推进世界一流大学和一流学科建设总体方案 (国发〔2015〕64

号)[A]. 2015-11-06.

[3] 教育部, 财政部, 国家发展和改革委员会. 统筹推进世界一流大学和一流学科建设实施办法（暂行）[A]. 2017-01-24.

[4] 教育部, 财政部, 国家发展和改革委员会. 关于公布推进世界一流大学和一流学科建设高校及建设学科名单的通知 [A]. 2017-09-20.

[5] 教育部, 财政部, 国家发展和改革委员会. 关于高等学校加快 “双一流” 建设的指导意见 [A]. 2018-08-08.

[6] The State of U. S. Science and Engineering 2020，NSB Science & Engineering Indicators[OL]. https://ncses.nsf.gov/pubs/nsb20201/conclusion[2021-5-13].

[7] 毛泽东. 星星之火，可以燎原 [M]//毛泽东选集 (第 1 卷) 第 2 版. 北京：人民出版社，1991.

结　束　语

在中国这一高等教育的大舞台上，四十年来上演了一部波澜壮阔的研究生教育史诗。研究生教育以在世界教育史上从未见到过的广度、速度和深度发展起来。总结这一发展的教育学特色，是我们这一代人所面临的历史任务。赵沁平曾提出关于我国研究生教育的二十个问题 [1]，即：(1) 研究生教育在一个国家经济、社会发展中的根本作用是什么？(2) 我国应当构建什么样的研究生教育现代治理体系？(3) 研究生教育的规律有哪些？(4) 应当建立什么样的研究生教育发展规模调节机制？(5) 如何形成具有中国特色的研究生教育学学科体系？(6) 我国三级学位设置及其培养目标和学制是否合理？(7) 如何评价和改革我国现行的学位授权审核体系和办法？(8) 如何构建有利于培养研究生，特别是博士生创新能力的培养模式？(9) 如何构建我国两类研究生教育质量的展示、评价与保证体系？(10) 如何保证研究生指导教师的素质和水平？(11) 硕士和博士研究生应当具有何种素质？(12) 我国对研究生的资助机制和办法是否科学合理？(13) 研究型大学在一个国家及其高等教育中的地位和作用是什么？(14) 学科建设对研究生教育的意义和作用是什么？(15) 我国 "在职人员以同等学力申请学位" 是否合理？(16) 现代教育技术的发展会对研究生教育带来哪些影响？(17) 为什么应当尽快修订《学位条例》？(18) 如何走出我国研究生教育国际化办学的路子？(19) 我国距离研究生教育强国还有多远？(20) 研究生教育文化的精髓是什么？全面回答这些问题将呼唤着研究生教育学的兴起 [2,3]，呼唤着其宏大的叙事架构和全新的论理逻辑。从政治学角度来观察，其着眼点应为中国特色的研究生教育学；从数学角度来观察，其着眼点应为定量的研究生教育学；

从控制学角度来观察，其特征应为优化发展的研究生教育学；从社会学角度来观察，其特征应为和谐的研究生教育学。

本书不求回答上述二十个问题的全部，而只能从一个力学工作者和研究生教育学者的视角，遵循牛顿所开创的动力学原理[4]，为回答这些问题提供一些分析问题的思路。作为本书的结束语，著者想从以下四个角度论述研究生教育动力学在整个研究生教育学中的地位。

中国特色的研究生教育学

探索具有中国特色的研究生教育学是我国研究生教育工作者面临的一项战略任务。中国特色体现国家在研究生教育方面的投入力度，体现在我国学位管理的国家学位价值取向及其品牌效应，体现在中国研究生教育实践中折射出的对规模效益的追求，体现在我国各级教育行政部门所实行的多层次调控，体现在学位管理单位对研究生教育的带节奏，体现在我国开始出现的在研究生培养机制上与国际接轨。从研究生教育动力学的语言体系上：这一中国特色反映了考虑不同层次的动力学与控制的理论体系，从设计思路上体现了中国特色社会主义在结合市场经济与国家调控方面的成就，如陈云同志在 1982 年提出的“鸟笼理论”，又如林毅夫提出的借助于“市场之手”和“国家之手”来联合控制经济的新结构经济学理论[5]。

定量的研究生教育学

发展定量的研究生教育学说是一个有前途的学术方向，其关键在于建立一个合理的定量化体系。本书对定量化的把握在于用动力学的框架来进行定量演绎。定量化研究的优势在于它具有预测性，并能够将研究生教育学提升为一门精细科学；而这一预测性只有通过动力系统的构建才能实现，才能被检验。随机过程和统计理论提供了定量化的观测视角，动力学与控制提供了定量化的作用抓手。定量化研究也必然有其局限性，如它相对于定性分析的滞后性和不鲜明性。人们有可能在扭曲的愿景下，从不合理剪裁的数据中，得到错误的预测。但通过对动力系统的定性分析，如吸引子分析、动力发展的李雅普诺夫指数分析、统计演化分析等 [6]，我们可以在研究生教育动力学的框架下得到前瞻性的趋势预报。

从更有利于实用的角度，应该发展定量与定性相结合的研究生教育学理论。更确切地说，应该发展兼具分析推理 (其代表即为本书所展述的研究生教育动力学) 和数据驱动 (其代表为基于卷积神经网络的深度学习理论 [7]) 的定量理论，让人工智能的三大流派 (符号主义、行为主义、连接主义) 都在研究生教育动力学的发展中绽放异彩。

优化发展的研究生教育学

对研究生教育学的研究目的有二：一是促进形成有利于优化发展的研究生教育学；二是促进形成有利于和谐发展的研究生教育学。优化发展的研究生教育学有其发展社会公益事业的政治学意义；有其优化资源/产出效益的经济学意义；有其优化教育结构的教育学意义；也有其改进多层次优化方法的方法论意义。

在研究生教育动力学的框架下，教育学家将易于开展对优化发展的研究生教育学研究。其核心优点在于：(1) 它对优化量 (即各种效益指标) 有着明确的表达；(2) 可以在选定的任意发展时间段 (包括过去、现在与将来) 对优化量的历史累积效果进行评估；(3) 可以通过动力系统的敏感度分析来探讨最佳优化路径；(4) 可以在国家、区域、学位授予单位、学位点等不同层次来探讨所对应的优化发展策略。

和谐的研究生教育学

和谐发展的研究生教育学有着丰富的内容。这些内容在研究生教育动力学的框架下得到了贴切的表达 [8−10]。从研究生教育动力学的角度上，我们得以系统地展开包括稳态下的和谐、动态下的和谐、多层次演化的和谐等内容，可以讨论由于高度动态且不平衡的发展而在不同国家、不同区域、不同学校、不同学科之间产生的对人才和物质资源产生的吞噬作用和激波效应。

和谐是有着其力学把握与美感的。对音乐学来讲，和谐即美妙的交响乐，即动力学频谱的和谐；对光学来讲，和谐即全色光，也就是白光，即光谱的和谐；对教育学来讲，和谐即不同教育阶段接轨的和谐，不同区域教育发展的和谐，教育学供给与教育学需求的和谐；中国特色发展与国际接轨的和谐。

从研究生教育动力学的角度上，和谐的研究生教育学应该具有下述四项特征：(1) 动力和谐，要从资源配置和政策制定上保证在研究生教育的每个阶段都有昂扬的发展动力；(2) 结构和谐，在研究生教育的结构上应保证权力和责任的配平与和谐；(3) 效益和谐，指研究生教育在整个学科空间的效益均质度，并据此来调整研究生招生的学科分布；(4) 流程和谐，指不同区域、不同类型学校、不同学科、不同类型学位在研究生教育流程上的协调性 (如平均培养年限的差别)，确保我国当前国家学位体制下的公平性。

研究生教育动力学是一门新学科，有着层出不穷的学科问题和无尽的发展前沿。其自身的特色性、定量性、动力性与和谐性必然催生其更新的步幅。让我们进一步优化其理论框架、锐化其预测潜力，在新世纪绽放其异彩吧！

参考文献

[1] 赵沁平. 开拓、创新、求真，科学构建研究生教育学学科体系 [J]. 研究生教育研究, 2014, (6): 4–6.

[2] 赵沁平. 关于我国研究生教育的二十个问题 [J]. 研究生教育研究，2015，(6):

1–2.

[3] 赵沁平. 探索研究生教育规律, 实现研究生教育内涵式发展——访中国学位与研究生教育学会会长、中国工程院院士赵沁平 [J]. 中国研究生, 2018, (3): 4–6.

[4] Newton I. Philosophiae Naturalis Principia Mathematica[M]. London，1687.

[5] 林毅夫. 新结构经济学——反思经济发展与政策的理论框架 [M]. 苏剑译. 北京：北京大学出版社，2012.

[6] 刘永清. 大型动力系统的理论与应用: 分解, 稳定与结构: 卷 1[M]. 广州：华南工学院出版社, 1988.

[7] Y. LeCun, Y. Bengio. Convolutional networks for images, speech, and time series[M]// M. A. Arbib Eds. The Handbook of Brain Theory and Neural Networks. Cambridge: MIT Press, 1995: 3361.

[8] 杨卫. 平衡行政权力与学术权力 [J]. 中国医院院长，2010，(24): 15.

[9] 杨卫. 研究生教育动力学——理论框架初探 [J]. 学位与研究生教育, 2006, (2): 1–9.

[10] 杨卫. 研究生教育动力学——定性讨论与案例构想 [J]. 学位与研究生教育, 2006, (4): 8–14.